高等职业院校基于工作过程项目式系列教材
企业级卓越人才培养解决方案“十三五”规划教材

MongoDB 数据库实战

天津滨海迅腾科技集团有限公司　编著

图书在版编目(CIP)数据

MongoDB数据库实战 / 天津滨海迅腾科技集团有限公司编著. —天津：天津大学出版社，2019.8
高等职业院校基于工作过程项目式系列教材　企业级卓越人才培养解决方案“十三五”规划教材
ISBN 978-7-5618-6474-6

Ⅰ.①M…　Ⅱ.①天…　Ⅲ.①关系数据库系统－教材
Ⅳ.①TP311.132.3

中国版本图书馆CIP数据核字(2019)第165474号

主　编：孙志敏　徐均笑
副主编：王春丽　尹婉君　黄祥书
　　　　马　骋　陈桂芳　郭　惠

出版发行　天津大学出版社
地　　址　天津市卫津路92号天津大学内(邮编:300072)
电　　话　发行部:022-27403647
网　　址　publish.tju.edu.cn
印　　刷　廊坊市海涛印刷有限公司
经　　销　全国各地新华书店
开　　本　185mm×260mm
印　　张　16
字　　数　400千
版　　次　2019年8月第1版
印　　次　2019年8月第1次
定　　价　59.00元

凡购本书，如有缺页、倒页、脱页等质量问题，烦请与我社发行部门联系调换
版权所有　侵权必究

高等职业院校基于工作过程项目式系列教材
企业级卓越人才培养解决方案“十三五”规划教材
编写委员会

指导专家　周凤华　教育部职业技术教育中心研究所
李　伟　中国科学院计算技术研究所
耿　洁　天津市教育科学研究院
张齐勋　北京大学
潘海生　天津大学
董永峰　河北工业大学
孙　锋　天津中德应用技术大学
许世杰　中国职业技术教育网
郭红旗　天津市软件行业协会
周　鹏　天津市工业和信息化委员会教育中心
邵荣强　天津滨海迅腾科技集团有限公司

主任委员　王新强　天津中德应用技术大学

副主任委员　张景强　天津职业大学
宋国庆　天津电子信息职业技术学院
闫　坤　天津机电职业技术学院
史玉琢　天津商务职业学院
王　英　天津滨海职业学院
刘　盛　天津城市职业学院
邵　瑛　上海电子信息职业技术学院
张　晖　山东药品食品职业学院
杜树宇　山东铝业职业学院
梁菊红　山东轻工职业学院
祝瑞玲　山东传媒职业学院
赵红军　山东工业职业学院
杨　峰　山东胜利职业学院
成永江　东营科技职业学院
陈章侠　德州职业技术学院

王作鹏　烟台职业学院
郑开阳　枣庄职业学院
景悦林　威海职业学院
常中华　青岛职业技术学院
张洪忠　临沂职业学院
宋　军　山西工程职业学院
刘月红　晋中职业技术学院
田祥宇　山西金融职业学院
任利成　山西轻工职业技术学院
赵　娟　山西旅游职业学院
陈　炯　山西职业技术学院
范文涵　山西财贸职业技术学院
郭社军　河北交通职业技术学院
麻士琦　衡水职业技术学院
娄志刚　唐山科技职业技术学院
刘少坤　河北工业职业技术学院
尹立云　宣化科技职业学院
廉新宇　唐山工业职业技术学院
郭长庚　许昌职业技术学院
李庶泉　周口职业技术学院
周　勇　四川华新现代职业学院
周仲文　四川广播电视大学
张雅珍　陕西工商职业学院
夏东盛　陕西工业职业技术学院
许国强　湖南有色金属职业技术学院
许　磊　重庆电子工程职业学院
董新民　安徽国际商务职业学院
谭维齐　安庆职业技术学院
孙　刚　南京信息职业技术学院
李洪德　青海柴达木职业技术学院
王国强　甘肃交通职业技术学院

基于产教融合校企共建产业学院创新体系简介

基于产教融合校企共建产业学院创新体系是天津滨海迅腾科技集团有限公司联合国内几十所高校，结合数十个行业协会及 1 000 余家行业领军企业的人才需求标准，在高校中实施十年而形成的一项科技成果，该成果于 2019 年 1 月在天津市高新技术成果转化中心组织的科学技术成果鉴定中被鉴定为国内领先水平。该成果是贯彻落实《国务院关于印发国家职业教育改革实施方案的通知》（国发〔2019〕4 号）的深度实践，开发出了具有自主知识产权的“标准化产品体系”（含 329 项具有知识产权的实施产品）。从产业、项目到专业、课程，形成了系统化的操作实施标准，构建了具有企业特色的产教融合校企合作运营标准“十个共”，实施标准“九个基于”，创新标准“七个融合”等全系列、可操作、可复制的产教融合系列标准，取得了高等职业院校校企深度合作的系统性成果。该成果通过企业级卓越人才培养解决方案（以下简称解决方案）具体实施。

该解决方案是面向我国职业教育量身定制的应用型技术技能人才培养解决方案，是以教育部—滨海迅腾科技集团产学合作协同育人项目为依托，依靠集团的研发实力，通过联合国内职业教育领域相关的政策研究机构、行业、企业、职业院校共同研究与实践获得的方案。本解决方案坚持“创新校企融合协同育人，推进校企合作模式改革”的宗旨，消化吸收德国“双元制”应用型人才培养模式，深入践行基于工作过程“项目化”及“系统化”的教学方法，形成工程实践创新培养的企业化培养解决方案，在服务国家战略——京津冀教育协同发展、中国制造 2025（工业信息化）等领域培养不同层次的技术技能型人才，为推进我国实现教育现代化发挥了积极作用。

该解决方案由初、中、高三个培养阶段构成，包含技术技能培养体系（人才培养方案、专业教程、课程标准、标准课程包、企业项目包、考评体系、认证体系、社会服务及师资培训）、教学管理体系、就业管理体系、创新创业体系等，采用校企融合、产学融合、师资融合“三融合”的模式在高校内共建大数据（AI）学院、互联网学院、软件学院、电子商务学院、设计学院、智慧物流学院、智能制造学院等，并以“卓越工程师培养计划”项目的形式推行，将企业人才需求标准、工作流程、研发规范、考评体系、企业管理体系引进课堂，充分发挥校企双方的优势，推动校企、校际合作，促进区域优质资源共建共享，实现卓越人才培养目标，达到企业人才招录的标准。本解决方案已在全国几十所高校实施，目前形成了企业、高校、学生三方共赢的格局。

天津滨海迅腾科技集团有限公司创建于 2004 年，是以 IT 产业为主导的高科技企业集团。集团业务范围覆盖信息化集成、软件研发、职业教育、电子商务、互联网服务、生物科技、健康产业、日化产业等。集团以科技产业为背景，与高校共同开展“三融合”的校企合作混合所有制项目。多年来，集团打造了以博士研究生、硕士研究生、企业一线工程师为主导的科研及教学团队，培养了大批互联网行业应用型技术人才。集团先后荣获全国模范和谐企业、国家级高新技术企业、天津市“五一”劳动奖状先进集体、天津市“AAA”级劳动关系和谐企业、天津市“文明单位”、天津市“工人先锋号”、天津市“青年文明号”、天津市“功勋企业”、天津市“科技小巨人企业”、天津市“高科技型领军企业”等近百项荣誉。集团将以“中国梦，腾之梦”为指导思想，深化产教融合，坚持围绕产业需求，坚持利用科技创新推动生产，坚持激发职业教育发展活力，形成“产业+科技+教育”生态，为我国职业教育深化产教融合、校企合作的创新发展作出更大贡献。

前　言

随着互联网数据的逐渐增长，数据结构的多样化，使用传统的关系型数据库（Oracle、MySQL 等）不再能很好地进行数据的存储，MongoDB 数据库的出现很好地解决了不同结构数据的存储问题，在给开发人员进行数据的管理和存储提供便利的同时，使项目的开发效率得到了提升。

本书以 MongoDB 数据库为主线，使用 Fettler 杀毒软件的数据库项目贯穿全书进行讲解，包含 MongoDB 集合和文档的操作、文档关系及管理、数据过滤、安全设置等知识。全书知识点的讲解由浅入深，使每一位读者都能有所收获，也保证了整本书的知识深度。

本书包含八个项目，即 Fettler 数据库选型部署、Fettler 日志存储分析、Fettler 日志引用设计、Fettler 用户行为快速过滤、Fettler 用户行为索引设计、Fettler 日志安全管理、Fettler 数据库副本集、Fettler 数据库运维，严格按照生产环境中的操作流程对知识体系进行编排，采用循序渐进的方式从数据库的安装、集合的创建、文档的存储、数据的查询、索引的使用、数据库安全设置、副本集的使用，一直到数据库的运维对知识点进行讲解。

本书结构条理清晰、内容详细，每个项目都通过学习目标、学习路径、任务描述、任务技能、任务实施、任务总结、英语角和任务习题八个模块进行相应知识的讲解。其中，学习目标和学习路径模块对本项目包含的知识点进行简述，任务实施模块对本项目中的案例进行步骤化的讲解，任务总结模块作为最后陈述，对使用的技术和注意事项进行总结，英语角解释本项目中的专业术语的含义，使学生全面掌握所讲内容。

本书由孙志敏、徐均笑担任主编，王春丽、伊婉君、黄祥书、马骋、陈桂芳、郭惠担任副主编，孙志敏和徐均笑负责全书的编排，项目一和项目二由王春丽、伊婉君负责编写，项目三和项目四由伊婉君、马骋负责编写，项目五和项目六由黄祥书、马骋负责编写，项目七和项目八由陈桂芳、郭惠负责编写。

本书理论内容简明、扼要，实例操作讲解细致，步骤清晰，实现了理实结合，操作步骤后有对应的效果图，便于读者直观、清晰地看到操作效果，牢记书中的操作步骤。希望本书使读者对 MongoDB 相关知识的学习过程更加顺利。

天津滨海迅腾科技集团有限公司

2019 年 8 月

目　录

项目一　Fettler 数据库选型部署 …… 1
学习目标 …… 1
学习路径 …… 1
任务描述 …… 2
任务技能 …… 3
任务实施 …… 24
任务总结 …… 32
英语角 …… 33
任务习题 …… 33
项目二　Fettler 日志存储分析 …… 34
学习目标 …… 34
学习路径 …… 34
任务描述 …… 35
任务技能 …… 36
任务实施 …… 74
任务拓展 …… 78
任务总结 …… 79
英语角 …… 80
任务习题 …… 80
项目三　Fettler 日志引用设计 …… 81
学习目标 …… 81
学习路径 …… 81
任务描述 …… 82
任务技能 …… 83
任务实施 …… 95
任务拓展 …… 100
任务总结 …… 103
英语角 …… 103
任务习题 …… 104

项目四 Fettler 用户行为快速过滤 …… 105

学习目标 …… 105
学习路径 …… 105
任务描述 …… 106
任务技能 …… 107
任务实施 …… 128
任务拓展 …… 133
任务总结 …… 135
英语角 …… 135
任务习题 …… 135

项目五 Fettler 用户行为索引设计 …… 137

学习目标 …… 137
学习路径 …… 137
任务描述 …… 138
任务技能 …… 139
任务实施 …… 157
任务拓展 …… 161
任务总结 …… 162
英语角 …… 163
任务习题 …… 163

项目六 Fettler 日志安全管理 …… 164

学习目标 …… 164
学习路径 …… 164
任务描述 …… 165
任务技能 …… 166
任务实施 …… 190
任务拓展 …… 194
任务总结 …… 196
英语角 …… 197
任务习题 …… 197

项目七 Fettler 数据库副本集 …… 198

学习目标 …… 198
学习路径 …… 198
任务描述 …… 199
任务技能 …… 200
任务实施 …… 206

任务总结 …… 211
英语角 …… 211
任务习题 …… 211

项目八　Fettler 数据库运维 …… 212

学习目标 …… 212
学习路径 …… 212
任务描述 …… 213
任务技能 …… 214
任务实施 …… 237
任务总结 …… 241
英语角 …… 241
任务习题 …… 241

项目一　Fettler 数据库选型部署

通过本项目 Fettler 数据库选型部署的实现，了解非关系型数据库的相关知识，熟悉各个存储平台的特点、优势，掌握 MongoDB 数据库服务的启动与停止，具有使用 MongoDB 核心工具操作数据库的能力，在任务实现过程中：

- 了解非关系型数据库的相关知识；
- 熟悉各个存储平台的特点、优势；
- 掌握 MongoDB 数据库服务的启动与停止；
- 具有使用 MongoDB 核心工具操作数据库的能力。

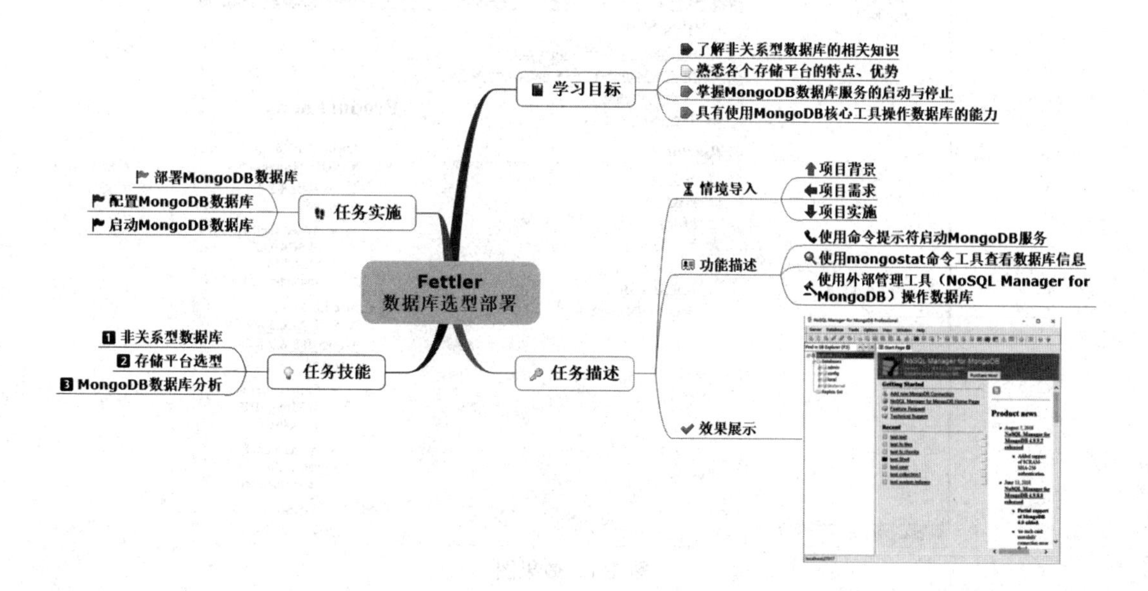

【情境导入】

在这个互联网高速发展的时代，产生了海量的数据，那么这些数据存放在哪里呢？答案是这些数据都存放在数据库中。使用数据库可以极大地方便开发人员管理数据、查看数据之间的联系、提高开发效率。本项目通过对数据库相关知识的讲解，最终完成对 MongoDB 数据库的学习。

【功能描述】

- 使用命令提示符启动 MongoDB 服务；
- 使用 mongotop 命令工具查找热点集合并实时查看集合读写时间；
- 使用外部管理工具（NoSQL Manager for MongoDB）操作数据库。

【效果展示】

通过对本任务的学习，能够实现 MongoDB 数据库的下载与安装，效果如图 1-1 所示。

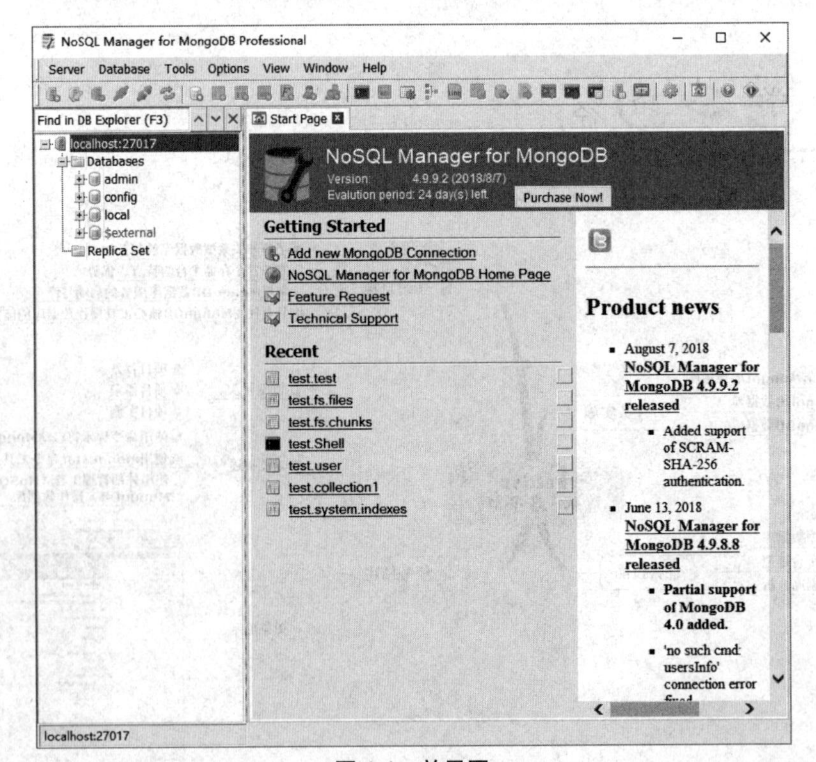

图 1-1　效果图

技能点一　非关系型数据库

数据库是一个将相关数据存储在一起的集合，分为关系型数据库和非关系型数据库，可以按不同的数据结构联系和组织。其中，关系型数据库通过关系模型创建，安全、容易理解，但浪费空间；非关系型数据库的数据之间没有联系，容易扩展，查询速度快。下面主要对非关系型数据库进行介绍。

1. NoSQL 简介

NoSQL 全称为“Not Only SQL”，泛指非关系型数据库，是与传统的关系型数据库不相同的数据库管理系统的统称。NoSQL 概念树如图 1-2 所示。

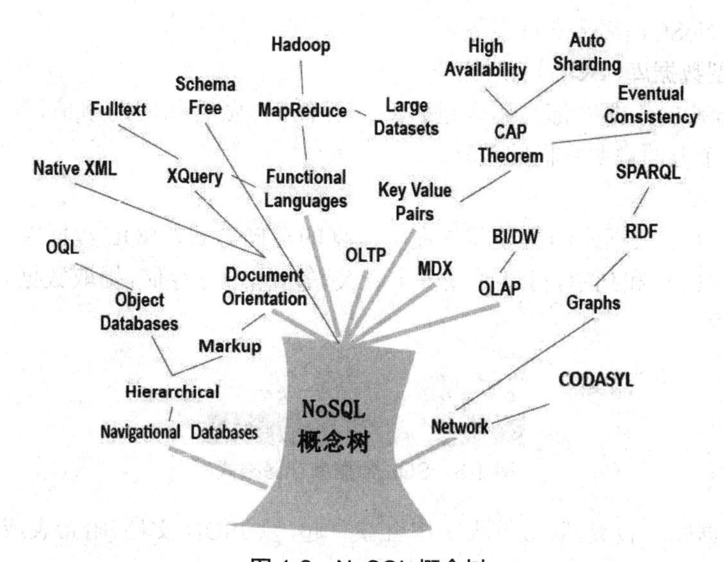

图 1-2　NoSQL 概念树

随着互联网的兴起，在应对大规模、高并发的项目时，传统的关系型数据库显得力不从心，遇到很多难以解决的问题。例如：

- 对海量数据的高效率存储和访问；
- 数据库的写实性和读写时性；
- 数据库事务的一致性；
- 对复杂 SQL 的查询，特别是对关联的查询。

因此，NoSQL 诞生了，它可以解决大规模数据集合多重数据种类的问题，主要针对大数据应用的难题，是非常高效、强大的海量数据存储与处理工具。

NoSQL 最早出现在 1998 年，是由 Carlo Strozzi 开发的一个轻量、开源、不提供 SQL 功能的关系型数据库。2009 年，在由 Johan Oskarsson 发起的一次关于分布式开源数据库的讨论中，NoSQL 的概念被 Eric Evans 再次提出，这时的 NoSQL 是非关系型、分布式、不提供 ACID 的数据库设计模式。其于同年被定为“非关系型”数据存储，相对于关系型数据库，这一概念无疑是一种全新思维的注入。

开发 NoSQL 最初是为了大规模 Web 应用。它的快速发展不是没有原因的，相对于传统的关系型数据库，它的优势如下。

- 易扩展。
- 分布式计算。
- 成本低。
- 架构具有灵活性，半结构化数据。
- 没有复杂的关系。

尽管 NoSQL 有很多优势，但它也有如下缺点。

- 没有标准化。
- 不支持 SQL 这样的工业标准查询，学习成本比较高。
- 作为初创产品，不够成熟，和经过几十年不断完善的传统数据库不可同日而语。
- 大多数 NoSQL 都不支持事务。

2. 与关系型数据库（SQL）的对比

SQL 与 NoSQL 数据库都是用来进行数据存储的，做着相同的事情，只是使用方式不同，通过以下几个方面说明它们的差异。

（1）存储方式

SQL 与 NoSQL 数据库的主要差异在于数据的存储方式。SQL 数据库是表格式的，数据存储在数据表的行和列中，可以通过多个表关联协作进行存储，提取数据容易，数据格式标准，如图 1-3 所示。

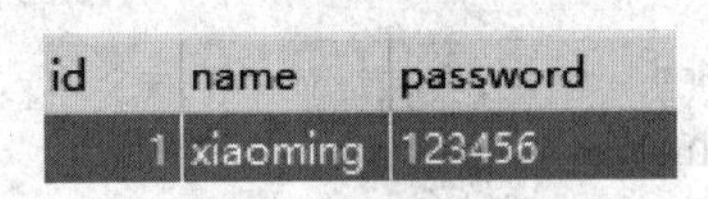

id	name	password
1	xiaoming	123456

图 1-3　SQL 数据库存储格式

NoSQL 数据库比较灵活，数据大多组合在一起，以 JSON 文档、哈希表或者其他方式存储在数据集中。JSON 存储形式如图 1-4 所示。

（2）存储结构

SQL 数据库对应的是结构化数据，必须定义好表和字段的结构后才能添加数据，例如定义表的主键（primary key）、索引（index）、触发器（trigger）、存储过程（stored procedure）等，虽然预先定义结构带来了可靠性和稳定性，但要修改这些数据较为困难。SQL 预先定义的结构如图 1-5 所示。

```
{
    "_id" : ObjectId("5b6a9b6d7ded8907038cdf04"),
    "name" : "xiaoming",
    "password" : "123456",
    "title" : [
        {
            "title" : "1"
        },
        {
            "title" : "2"
        }
    ]
}
```

图 1-4　JSON 存储形式

栏位　索引　外键　触发器　选项　注释　SQL 预览

名	类型	长度	小数点	不是 null	
id	int	11	0	☑	🔑1
name	varchar	255	0	☐	
password	varchar	255	0	☐	

图 1-5　SQL 预先定义的结构

NoSQL 数据库基于动态结构和非结构化数据，很容易适应数据类型和结构的变化，数据可以在任何时候任何地方添加，不需要先定义表。NoSQL 添加数据如图 1-6 所示。当 NoSQL 数据库中包含 runoob 表时，直接进行数据的添加；当不包含时，自动创建 runoob 表并添加数据。NoSQL 数据库更加适合初始化数据还不明确或者未定的项目。

```
db.runoob.insert(
    {
        "name":"xiaoming",
        "password":"123456"
    }
)
```

图 1-6　NoSQL 添加数据

（3）存储规范

SQL 数据库对数据存储有着很强的规范性，它将数据分隔成很小的关系表，避免了数据的重复，提高了空间的利用率。尽管数据规范会使数据管理更清晰，但通常也会带来复杂性，尤其是单个操作涉及多个关系表的时候，数据管理就有点麻烦。SQL 数据规范化存储如图 1-7、图 1-8 所示。

编号	姓名	性别	工作年限
1	小明	男	1
2	小华	女	2

图 1-7　SQL 数据规范化存储 1

学号	姓名	书名	借阅时间	审核人编号
1	张三	《如何学习》	2018-08-08	1
2	李四	《如何学习》	2018-08-08	1

图 1-8 SQL 数据规范化存储 2

NoSQL 数据库的数据存储在平面数据集中，数据可能存在重复。单个数据库很少被分隔开，而是存储成一个整体，这样是为了使整块数据更容易读写。NoSQL 采用非规范化方式把外部数据直接放到原数据集中，以提高查询效率。但其缺点也比较明显，更新关联表中的数据时会比较麻烦。NoSQL 非规范化定义数据如图 1-9 所示。

```
db.runoob.insert(
    {
        "学号":"1",
        "姓名":"张三",
        "书名":"《如何学习》",
        "借阅时间":"2018-08-08",
        "增加人":{
            "审核人编号":1,
            "审核人姓名":"小明",
            "审核人性别":"男",
            "工作年限":"1"
        }
    }
)
```

图 1-9 NoSQL 非规范化定义数据

（4）查询方式

SQL 数据库通过结构化查询语言（SQL 语言）来操作数据。SQL 支持数据库增加、查询、更新、删除等数据操作，功能非常强大，是标准用法，还可以用一条简单的查询语句将多个关系数据表中的数据查询出来。如图 1-10 所示，通过 SQL 查询语句实现图 1-7 和图 1-8 中数据的联合查询。

```
select * from play,user where play.审核人编号=user.编号;
```

图 1-10 通过 SQL 查询语句实现多表查询

NoSQL 数据库操作数据是没有标准的，以块为单元，使用非结构化查询语言（UnQl）进行数据操作，不支持对多个数据集中的数据进行查询。其查询语句如图 1-11 所示。

```
db.getCollection('runoob').find({})
```

图 1-11 NoSQL 查询语句

（5）数据耦合性

SQL 数据库不允许删除已经被关联使用的数据，例如一个表关联了另一个表中的数据，那么不允许删除另一个表中已被使用的数据，以保证数据的完整性。而 NoSQL 数据库没有这种强耦合的概念，可以在任何时候任何情况下删除任何数据。

（6）性能

SQL 数据库为了维护数据的一致性付出了巨大的代价，读写性能比较差，面对海量数据的时候效率非常低。而 NoSQL 数据库存储的格式类型相同，非常容易存储，而且对数据的一致性也没有严格要求；另外，NoSQL 不需要 SQL 语句的解析，提高了读写性能。

（7）成本

常见的 SQL 数据库有微软公司的 SQL Server、MySQL、SQLite、Oracle 和 PostGres。主流的 NoSQL 数据库有 Couchbase、MongoDB、Redis、BigTable 和 RavenDB。大多数 SQL 数据库都是付费的并且价格高昂，成本较高，而 NoSQL 数据库通常是开源的。但两种类型的数据库都有开源的和商业的，使用成本也根据使用者的需求而异。

3. NoSQL 分类

现有的 NoSQL 数据库大体上可以分为四个类别：键值（Key-Value）型、列型、文档型和图形型。

（1）键值存储数据库

键值存储数据库是一个键值对的集合，可以存储大量数据，简单、易部署，通过 key 进行数据的添加、查询等操作，是 NoSQL 数据库中最简单的一种。键值对如图 1-12 所示。

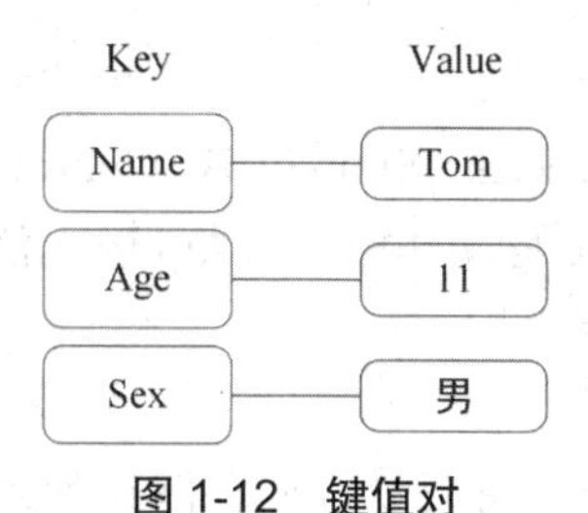

图 1-12　键值对

在键值存储数据库中，键所对应的值可以是任何类型的值，如字符串、数字、数组或封装在对象中的键值对等。键值结构如下。

```
{
    "internal data":[
        {
            "entities":[
                {
                    "customer":[
                        {"id:1,"name":"Freddy"},
                        {"id:2,"name":"Fritz"}
                    ]
                },
                {
                    "legal entities":[
```

```
                        {"id":1,"company":"Maiton"}
                    ]
                }
            ]
        },
        {
            "Products":[
                {
                    "furniture":[
                        {"id":1,"name":"Octopus Table","stock":1}
                    ]
                }
            ]
        }
    ]
}
```

键值存储数据库包含 Redis、Riak、SimpleDB、Chordless、Scalaris、Memcached 等产品。它们扩展性、灵活性好，进行大量写操作时性能好，但无法存储结构化信息，条件查询效率较低。

（2）列存储数据库

列存储数据库使用分布式方式将海量数据存储在列族中，键仍然存在，每个列族中存储的是经常被一起查询的相关信息。如图 1-13 所示，尽管列存储数据库的数据存储形式跟关系型数据库中用数据表展示数据的形式类似，但两者的存储结构有本质的不同，列存储是将表中每一列的所有数据单独放在一起进行存储。

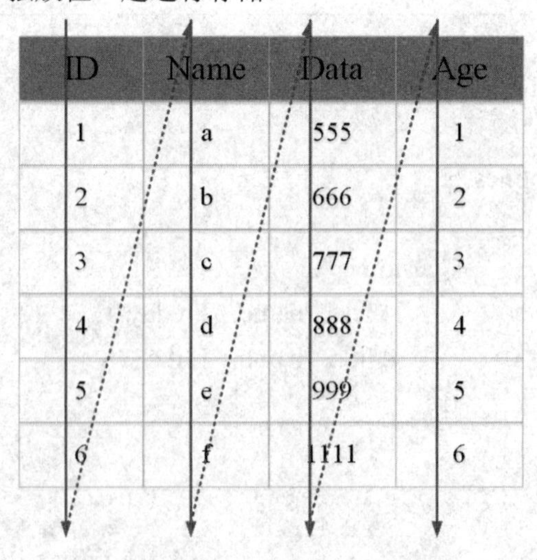

图 1-13 列存储数据库的数据存储形式

列存储数据库包含 BigTable、HBase、Cassandra、OceanBase、HadoopDB、Greenplum、PNUTS 等产品。它们查找速度快，扩展性强，容易进行分布式扩展，复杂程度低。

(3)文档型数据库

文档型数据库将数据以文档的形式（如 XML、JSON、JSONB 等）储存。每个文档都包含多个数据单元，是一系列数据项的集合。每个数据项都有一个名称与对应的值，值既可以是简单的数据类型，如字符串、数字、日期等；也可以是复杂的类型，如有序列表和关联对象。同一个表中存储的文档属性可以不同，不需要规范化，只要将数据存储在一个有意义的结构中就可以。文档型数据库可以看作键值存储数据库的升级版，允许嵌套键值，而且查询效率更高。文档型数据模型如图 1-14 所示。

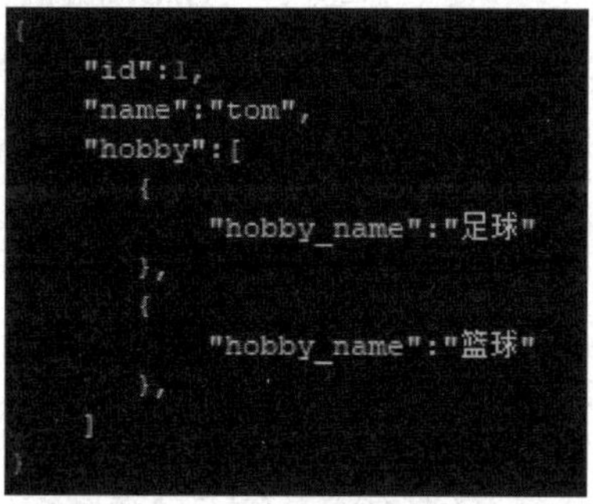

```
{
    "id":1,
    "name":"tom",
    "hobby":[
        {
            "hobby_name":"足球"
        },
        {
            "hobby_name":"篮球"
        },
    ]
}
```

图 1-14　文档型数据模型

文档型数据库包含 MongoDB、CouchDB、ThruDB、CloudKit、Perservere、Jackrabbit 等产品。它们性能好，灵活性强，复杂程度低，数据结构灵活，但缺乏统一的查询语言。

(4)图形数据库

图形数据库与行列及 SQL 数据库不同，允许使用图形模型将数据以图的方式储存，能够高效地存储实体之间的关系，是最复杂的 NoSQL 数据库类型。在图形数据库中实体作为顶点，实体之间的关系作为边。其主要用于社交网络、推荐系统等方面的数据存储。图形数据库存储效果如图 1-15 所示。

图形数据库包含 Neo4j、OrientDB、InfoGrid、GraphDB 等产品。它们灵活性强，支持复杂的图形算法，可用于构建复杂的关系图谱，但复杂程度高，只能支持一定的数据规模。

4. NoSQL 使用场景与实例

NoSQL 数据库不是在什么场景下都可以优于 SQL 数据库的，通过以下几方面了解 NoSQL 数据库的应用方向。

(1)数据库表 schema 经常变化

数据库表需要经常进行字段的添加，对此 SQL 数据库需要进行 ORMapping 层的代码和配置的更改，当数据量较大时，新增字段将带来大量的额外开销。而 NoSQL 数据库能很好地应用在这种场景中，能够提升可伸缩性，节省开发人员的时间，提高开发效率。如新浪微博使用的就是 NoSQL 数据库，其界面如图 1-16 所示。

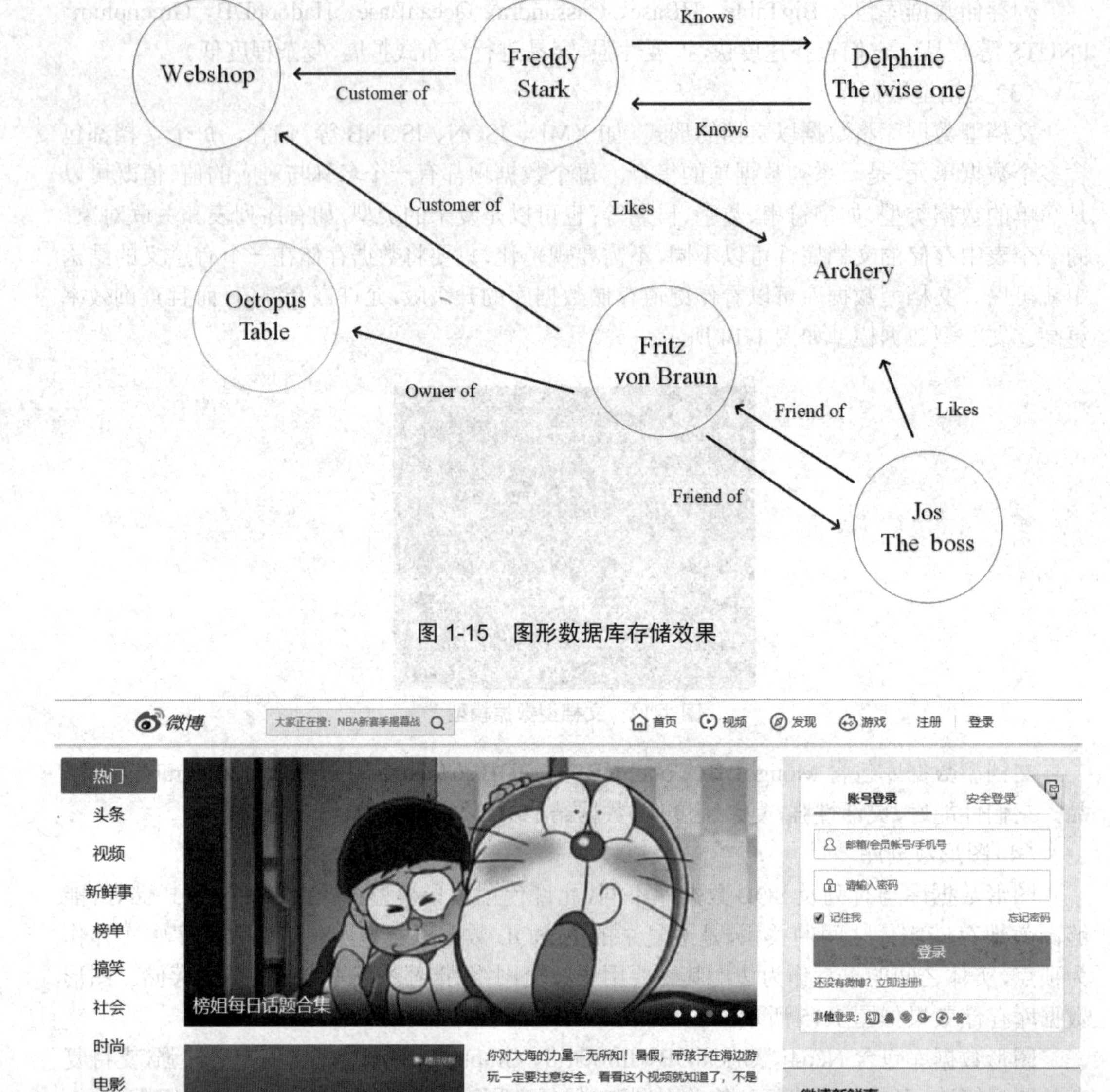

图 1-15　图形数据库存储效果

图 1-16　新浪微博界面

由于新浪微博的用户逐渐增加，每天新增的数据量都是百万级、千万级的，数据的存储形式需要经常改变，数据模式也不固定，如果使用 SQL 数据库，会影响开发效率，因此可以使用 NoSQL 数据库以降低项目的难度。目前，新浪微博有 200 多台物理机和 400 多个端口操作 NoSQL 数据库，为微博用户提供强大的服务。

（2）海量数据的分布式存储

面对海量数据的存储，如果选用大型商用数据库成本非常高，需要满足硬件要求，而 NoSQL 的分布式存储可以部署在廉价的硬件上，很好地解决了这一问题。如淘宝数据平台就是通过分布式进行数据存储的，淘宝数据平台如图 1-17 所示。

图 1-17　淘宝数据平台

淘宝拥有大量数据，且数据增长迅速，使用传统的数据库会给业务需求造成很大的压力，因此采用了分布式数据存储方式，该存储方式能够支持高效的跨行跨表事务，可以更好地为淘宝用户服务。

（3）数据库表中的字段是复杂的数据类型

对于非常复杂的数据类型，一些 SQL 数据库提供了可扩展性的支持，像 XML 类型的字段。但数据库表中的字段不管是查询还是更改，效率都非常低。主要原因是 DB 层对 XML 字段很难建立高效索引，应用层又要进行从字符流到 DOM 的解析转换。NoSQL 以 JSON、JSONB 等方式存储，效率高于 SQL 数据库，并且不必改变数据模式就可以存储不同的信息。如优酷网就使用 JSON 形式存储信息。作为热门的视频网站，其经过多年的发展积累了海量数据，但数据种类不同，使用 NoSQL 数据库可以进行数据格式的自定义。优酷网界面如图 1-18 所示。

NoSQL 数据库正逐渐发展成为数据库领域不可或缺的一部分，能够弥补 SQL 数据库的不足，但 NoSQL 数据库也有不足，因此具体使用哪个数据库应根据实际需求进行选择。

图 1-18 优酷网界面

技能点二 存储平台选型

1. Redis 简介

Redis 是一个开源、免费、高性能的键值存储数据库，由意大利 Merzia 公司的创始人 Salvatore Sanfilippo 于 2008—2009 年开发，主要是为了避免 MySQL 的低性能。Redis 支持多种存储的 value 类型，如 string（字符串）、list（列表）、set（集合）等，并可以采用 push/pop、add/remove 等方式操作数据。另外，Redis 还支持多种不同方式的排序。作为一个高性能的数据库，它将数据缓存在内存中，以保证效率。Redis 的特点如下。

- 支持持久化操作，能够将缓存在内存中的数据保存到磁盘中，重新启动后进行加载。
- 读取速度为 110000 次 /s，写入速度是 81000 次 /s。
- 通过 Master-Slave 机制，可以实现数据的同步复制。
- 支持多种数据结构。
- 单线程，所有命令串行执行。
- 支持事务需求和设置过期数据。

经过近几年的发展，Redis 的用户数量增长迅速，如新浪微博、GitHub、暴雪等都是 Redis 的用户，其中新浪微博是世界上最大的 Redis 用户。

2. HBase 简介

HBase（全称为 Hadoop Database）是一个构建在 HDFS（Hadoop 分布式文件系统）基础

上的分布式、面向列的列存储数据库，数据由 HDFS 保存，具有可靠性高、性能好、可伸缩等优势。在廉价的 PC Server 上可以利用 HBase 技术进行结构化存储集群的搭建；如需要进行数据的实时读写及随机访问数据集，也可使用 HBase。HBase 的特点如下。

- 容量大。一个表可以有上亿行和上百万列。
- 稀疏。如果列为空，则不占用空间。
- 无模式。每一行都有一个主键和多个列，列可以动态添加；在同一张表中，不同的行可以有不同的列。
- 数据类型单一。数据都是字符串形式。
- 采用分布式架构 map/reduce。
- 支持 XML、Protobuf 和 binary 的 HTTP。

3. MongoDB 简介

MongoDB 是一个分布式的文档型数据库，使用集合（相当于表）和文档（相当于行）描述和存储数据。该数据库支持的查询语言非常强大，语法有点类似于面向对象的查询语言，几乎能实现类似于关系型数据库单表查询的绝大部分功能，且支持对数据建立索引，其由 C++ 语言编写。MongoDB 数据库旨在为 Web 应用提供可扩展的高性能数据存储解决方案，在多种场景下可替代传统的关系型数据库。

MongoDB 是一个介于关系型数据库和非关系型数据库之间的产品，是非关系型数据库当中功能最丰富、最像关系型数据库的。它支持的数据结构非常松散，类似于 JSON 的 BJSON（Binary JSON）格式，因此它可以存储比较复杂的数据类型。MongoDB 的特点如下。

- 面向集合存储，可存储对象类型的数据。
- 采用文档结构的存储方式，获取数据更便捷。
- 支持特别查询，可实现字段搜索、范围搜索、正则表达式搜索等。
- 支持索引，能够索引数据中的任何字段。
- 包含 GridFS 分布式文件系统，支持大容量的存储。
- 内建分片机制。
- 第三方支持丰富。
- 性能优越。

4. Redis、HBase、MongoDB 数据库对比

Redis、HBase、MongoDB 都是 NoSQL 数据库，采用结构型数据存储方式；都是 Key-Value 型分布式数据库，能够保证数据的强一致性和分区容忍性。它们尽管都属于非关系型数据库，但定位、应用不同，其中 Redis 定位在“快”，HBase 定位在“大”，MongoDB 定位在“灵活”。在应用方面，Redis 基本只用来进行缓存，HBase 用来进行离线计算，MongoDB 主要进行数据保存。除了以上两个方面的对比，还有多个方面的对比，如表 1-1 所示。

表 1-1 Redis、HBase、MongoDB 对比

数据库	Redis	HBase	MongoDB
所用语言	C/C++	Java	C++
特点	运行速度快	支持数十亿行 × 上百万列	保留了 SQL 的一些友好的特性，如查询、索引等
使用许可	AGPL	Apache	BSD
协议	类 Telnet	HTTP/REST	BJSON，自定义二进制
二级索引	不支持二级索引	不支持二级索引	支持二级索引
性能	读写性能非常好	写性能好	读性能好
数据库类型	键值存储数据库	列存储数据库	文档型数据库
优势	1. 由硬盘存储支持的内存数据库 2. 虽然采用简单数据或以键值索引的哈希表，但也支持复杂操作 3. 支持事务	1. 采用分布式架构 map/reduce 2. 对实时查询进行优化 3. 不会出现单点故障 4. 具有堪比 MySQL 的随机访问性能	1. 内建分片机制 2. 支持 JavaScript 表达式查询 3. 可在服务器端执行任意的 JavaScript 函数 4. 采用 GridFS 存储大数据或元数据（不是真正的文件系统）
可靠性	依赖快照进行持久化，依赖 AOF 增强可靠性，但在增强可靠性的同时，会影响访问性能	WAL 机制保证了数据写入时不会因集群异常而导致写入的数据丢失；Replication 机制保证了在集群出现严重的问题时，数据不会丢失或损坏。HBase 底层使用 HDFS，而 HDFS 本身也有备份	从 1.8 版本后，采用 binlog 方式（类似于 MySQL）支持持久化
可用性	依赖客户端实现分布式读写；主从复制时，每次从节点重新连接主节点都要依赖整个快照，无增量复制；不支持自动分片，需要依赖程序设定一致性 Hash 机制	将数据自动分区，并将各个分区发布到不同的节点上，各个节点不互相影响；所有存储在 HBase 上的数据实际上都被存储在 HDFS 上，数据默认被备份 3 份，分布在不同的节点上，集群中的任何节点都可以使用这些数据	支持 Master-Slave、ReplicatSet（内部采用 Paxos 选举算法，自动进行故障恢复）和自动分片机制，对客户端屏蔽了故障转移和切片机制
应用场景	适用于数据变化快且数据库大小可预见（适合内存容量）的应用程序	适用于偏好 BigTable 并且需要对大数据进行随机、实时访问的应用程序	适用于需要动态查询支持、需要使用索引而不是 map/reduce 功能、对大数据库有性能要求、需要使用 CouchDB 但因为数据改变太频繁而占满内存的应用程序

提示：通过对上面三个存储平台的简介和对比，你对三个存储平台有了一定的了解，那么还想不想了解更多的存储平台呢？扫描下面的二维码，你将了解更多。

通过对数据存储平台的学习已经对存储平台有了一定的了解，通过扫描右侧二维码即可了解更多数据存储平台。

技能点三 MongoDB 数据库分析

1. MongoDB 的发展史

MongoDB 数据库的发展时间并不长，但很有发展前景。其于 2007 年 10 月被 10gen 团队提出，于 2009 年 2 月被首次推出，初始版本功能较少，如下所示。

- 分片集群，将数据分开存放。
- 数据集可复制。
- 可以实现坐标系、2D 索引等二维 GEO 索引功能。

2012 年 5 月 23 日，采用全新架构开发出了 MongoDB 2.0 版本，其有很多强大的功能，奠定了 MongoDB 迅速发展的基础。该版本的功能如下。

- 增加了 $and 查询操作符。
- 提供稀疏索引。
- 可压缩、修复单个集合。
- 具有聚合框架。

2013 年 4 月 23 日，发布了 MongoDB 2.4.3 版本。此版本增加了文本搜索功能，并增强了 GEO 地理位置索引功能，支持椭球模型。

2014 年 4 月 12 日，推出了 MongoDB 2.6 版本。此版本改进了数据查询系统，并完善了认证系统。

2015 年 3 月 3 日，发布了 MongoDB 3.0 版本。此版本的功能发生了很大的改变，如下所示。

- 数据库更加安全。
- 提高了服务性能。
- 降低了存储成本。
- 复制速度更快。
- 分片集群简单、高效。

2016 年 11 月 1 日，发布了 MongoDB 3.4 版本。

2017 年，发布了 MongoDB 3.6 版本。

2018 年 7 月，发布了最新版本 MongoDB 4.0。与之前的版本相比，该版本的主要更改如下。

- 支持多事务文档，可以使 MongoDB 适应更多的场景。
- 聚合类型转换，引入了新的聚合操作符 $convert。
- 加快了迁移速度。

2. MongoDB 的优势与不足

虽然相较于关系型数据库来说 MongoDB 还很年轻，但经过多年的发展，它已经被普遍应用在多个项目中。MongoDB 能够迅速发展与其独特的个性是分不开的，相较于其他数据库它有很多优势，具体如下。

- MongoDB 是一个文档型数据库，架构较少，并且集合中可以包含不同形式的数据。
- 文档的数量、内容和大小可能有差异。
- 数据对象结构清晰。
- 没有复杂的连接。
- 支持深度查询，可以对文档进行动态查询。
- 扩展容易。
- 工作集使用内部存储器存储，可以实现快速访问。

尽管 MongoDB 数据库有诸多优势，但由于其属于 NoSQL 数据库，还是有很多不足，具体如下。

- 只支持单个文档事务操作。
- 占用空间过大。
- 没有特别成熟的维护工具。
- 无法进行关联表查询，不适用于关系多的数据。
- 复杂聚合操作需要通过 map/reduce 创建，速度慢。
- 存储模式自由，但有时会出现数据错误。

3. 启动与停止 MongoDB 服务

使用 MongoDB 数据库前需要启动 MongoDB 服务，然后才能进行数据库的操作，操作结束时需要将服务关闭。

（1）启动 MongoDB 服务

启动 MongoDB 服务有两种方式，一种是以命令行方式，另一种是使用配置文件。

1）以命令行方式启动服务

以命令行方式启动服务需要打开命令窗口并进入 MongoDB 数据库安装目录的 bin 文件夹，运行以下命令启动服务。

```
mongod --dbpath C:\Users\SJ\Desktop\mongo --logpath C:\Users\SJ\Desktop\log --fork
--journal --logappend
```

启动命令中包含的参数如表 1-2 所示。

表 1-2 启动命令中包含的参数

名称	含义
--dbpath	数据存储的目录
--logpath	日志文件夹的路径
--fork	定义后台运行，不添加时是前台启动
--journal	用于恢复故障数据和持久化数据，并以日志的方式记录
--logappend	对存在的日志进行数据追加，如果没有这个选项，新日志将覆盖旧日志

2）使用配置文件启动服务

使用配置文件启动服务的步骤如下。

第一步，新建配置文件（MongoDB.conf），并编写代码进行配置。文件内容如下。

```
vi /etc/MongoDB.conf
dbpath=C:\Users\SJ\Desktop\mongo
logpath=C:\Users\SJ\Desktop\log
port=27071
fork=true
journal=true
```

其中，port 用来设置端口号。

第二步，打开命令窗口并进入 MongoDB 数据库安装目录的 bin 文件夹，运行以下命令启动服务。

```
mongod -f /etc/MongoDB.conf
```

其中，-f 表示配置文件，其后面的内容为配置文件的路径。

（2）停止 MongoDB 服务

想要停止 MongoDB 服务需要考虑两种情况：当前台运行数据库时，可以直接关闭命令窗口，或者采用“Ctrl+C”组合键的快捷方式停止服务；当后台运行数据库时，以命令行方式启动的服务可以运行以下命令 1 停止服务，使用配置文件启动的服务可以运行如下命令 2 停止服务。

命令 1：

```
mongod --shutdown --dbpath C:\Users\SJ\Desktop\mongo
```

命令 2：

```
mongod --shutdown -f /etc/MongoDB.conf
```

4. 核心工具介绍与使用

（1）命令行工具

MongoDB 中包含多个命令行工具辅助人们操作数据库、查看数据库的信息，如查看删除数据时 MongoDB 数据库内存的使用情况、进行数据的导入导出等。命令行工具如表 1-3 所示。

表 1-3　命令行工具

名称	作用
mongotop	查看数据库的集合信息
mongoexport	导出数据
mongoimport	导入数据

续表

名称	作用
mongodump	导出数据
mongorestore	恢复数据库
mongostat	查看数据库的使用信息

其中，mongotop 主要用于找到热点集合并实时查看集合的读写时间。打开命令窗口并进入 MongoDB 数据库安装目录的 bin 文件夹，运行以下命令进行信息的查询，效果如图 1-19 所示。

```
mongotop --host localhost:27017
```

```
C:\Program Files\MongoDB\Server\3.6\bin>mongotop --host localhost:27017
2018-08-10T15:26:13.282+0800    connected to: localhost:27017

                        ns    total    read    write    2018-08-10T15:26:14+08:00
      admin.system.indexes      0ms     0ms      0ms
   admin.system.namespaces      0ms     0ms      0ms
        admin.system.roles      0ms     0ms      0ms
      admin.system.version      0ms     0ms      0ms
     config.system.indexes      0ms     0ms      0ms
          config.system.js      0ms     0ms      0ms
  config.system.namespaces      0ms     0ms      0ms
    config.system.sessions      0ms     0ms      0ms
       config.system.users      0ms     0ms      0ms
            elm.activities      0ms     0ms      0ms
```

图 1-19 用 mongotop 查看集合信息

（2）JavaScript shell

JavaScript shell 是 MongoDB 自带的一个 JavaScript 脚本命令行程序，可以进行 JavaScript 程序的运行，能够在 shell 中通过命令行与 MongoDB 实例交互，还可以执行数据库管理操作、检查运行情况等。MongoDB 的 JavaScript shell 使用如下。

1）运行 shell

打开命令窗口并进入 MongoDB 数据库安装目录的 bin 文件夹，启动 MongoDB 服务，然后重新打开命令窗口并进入数据库安装目录的 bin 文件夹，输入“mongo”即可运行 shell，效果如图 1-20 所示。

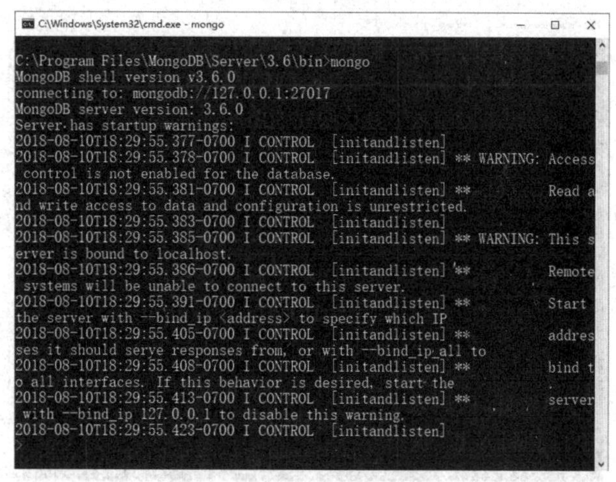

图 1-20　运行 shell 的效果

2）选择数据库

进行数据库管理操作之前，需要进行数据库的选择，采用“use + 数据库名”的方式选择数据库，效果如图 1-21 所示。

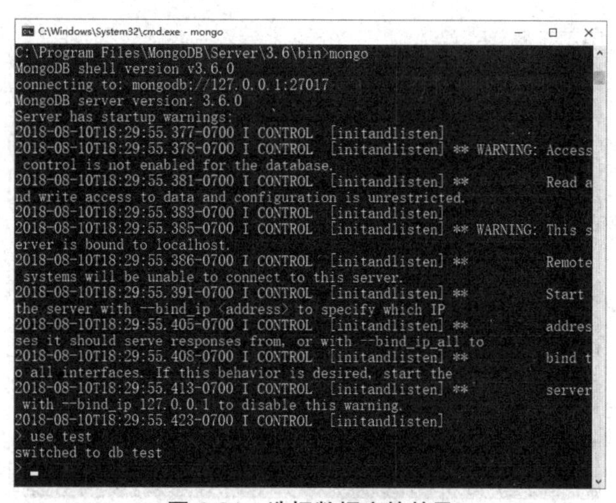

图 1-21　选择数据库的效果

3）操作数据库

使用 JavaScript 表达式可以进行数据库的操作，例如在 user 集合（注：不存在时自动创建）中插入数据，效果如图 1-22 所示。

```
C:\Windows\System32\cmd.exe - mongo
connecting to: mongodb://127.0.0.1:27017
MongoDB server version: 3.6.0
Server has startup warnings:
2018-08-10T18:29:55.377-0700 I CONTROL  [initandlisten]
2018-08-10T18:29:55.378-0700 I CONTROL  [initandlisten] ** WARNING: Access
 control is not enabled for the database.
2018-08-10T18:29:55.381-0700 I CONTROL  [initandlisten] **          Read a
nd write access to data and configuration is unrestricted.
2018-08-10T18:29:55.383-0700 I CONTROL  [initandlisten]
2018-08-10T18:29:55.385-0700 I CONTROL  [initandlisten] ** WARNING: This s
erver is bound to localhost.
2018-08-10T18:29:55.386-0700 I CONTROL  [initandlisten] **          Remote
 systems will be unable to connect to this server.
2018-08-10T18:29:55.391-0700 I CONTROL  [initandlisten] **          Start
the server with --bind_ip <address> to specify which IP
2018-08-10T18:29:55.405-0700 I CONTROL  [initandlisten] **          addres
ses it should serve responses from, or with --bind_ip_all to
2018-08-10T18:29:55.408-0700 I CONTROL  [initandlisten] **          bind t
o all interfaces. If this behavior is desired, start the
2018-08-10T18:29:55.413-0700 I CONTROL  [initandlisten] **          server
 with --bind_ip 127.0.0.1 to disable this warning.
2018-08-10T18:29:55.423-0700 I CONTROL  [initandlisten]
> use test
switched to db test
> db.user.insert({name:"tom"})
WriteResult({ "nInserted" : 1 })
>
```

图 1-22　操作数据库的效果

4）查看结果

插入数据后，可以使用 MongoDB 数据查询方法（JavaScripe 表达式）判断是否添加成功，查询方法及效果如图 1-23 所示。

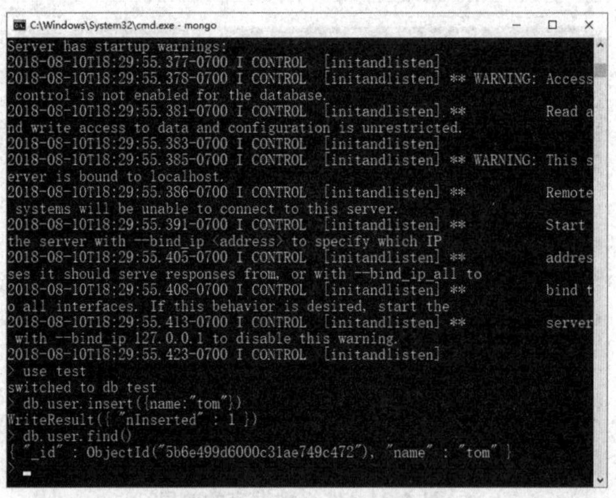

图 1-23　查询方法及效果

（3）外部管理工具（NoSQL Manager for MongoDB）

使用 MongoDB 的 shell 工具进行大的数据集操作时并不直观，因此使用外部管理工具进行数据集的操作、显示是非常有必要的，可以提高 MongoDB 项目的开发效率，节省开发时间。NoSQL Manager for MongoDB 是一个很好的外部管理工具，界面简洁，可以直接进行数据操作，还可以使用 JavaScript 表达式进行数据操作，主要用来实现数据的可视化管理。NoSQL Manager for MongoDB 的下载、使用步骤如下。

第一步，NoSQL Manager for MongoDB 的下载。

进入 NoSQL Manager for MongoDB 的官方下载地址（https://www.mongodbmanager.com/download）界面如图 1-24 所示。

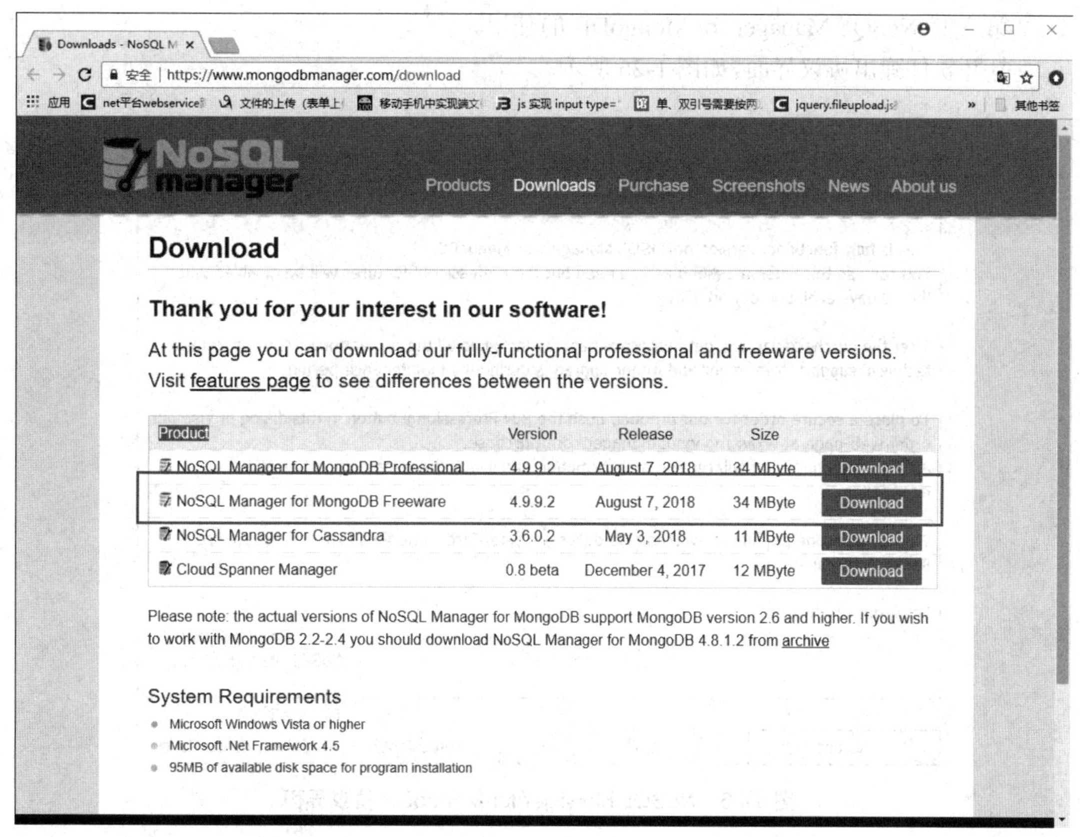

图 1-24　NoSQL Manager for MongoDB 下载界面

点击图 1-24 中选中部分的“Download”按钮进行下载，这是一个免费的版本。

第二步，NoSQL Manager for MongoDB 的安装。

下载完成后双击 exe 文件进行安装，一直点击“Next”按钮即可进行安装。安装完成效果如图 1-25 所示。

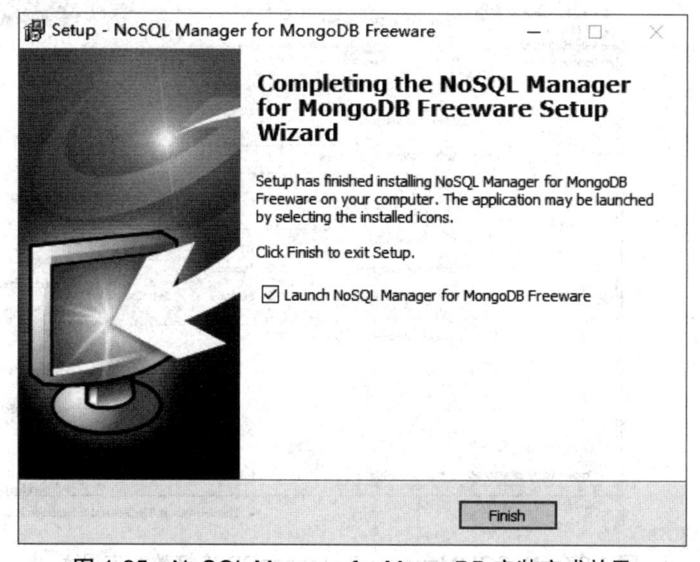

图 1-25　NoSQL Manager for MongoDB 安装完成效果

第三步，NoSQL Manager for MongoDB 的使用。

打开软件弹出协议界面，如图 1-26 所示。

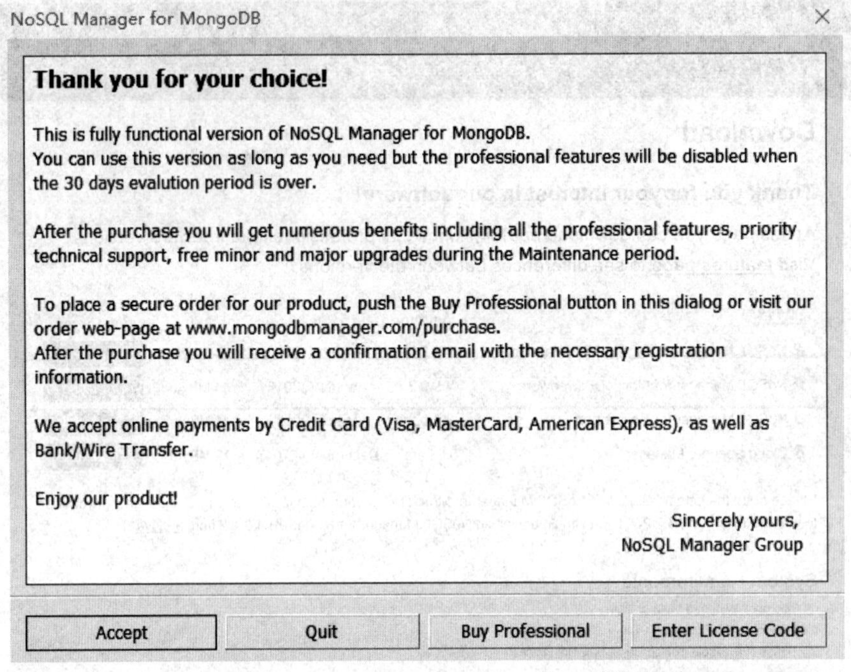

图 1-26 NoSQL Manager for MongoDB 协议界面

点击“Accept”（同意）按钮进入连接数据库界面，如图 1-27 所示。

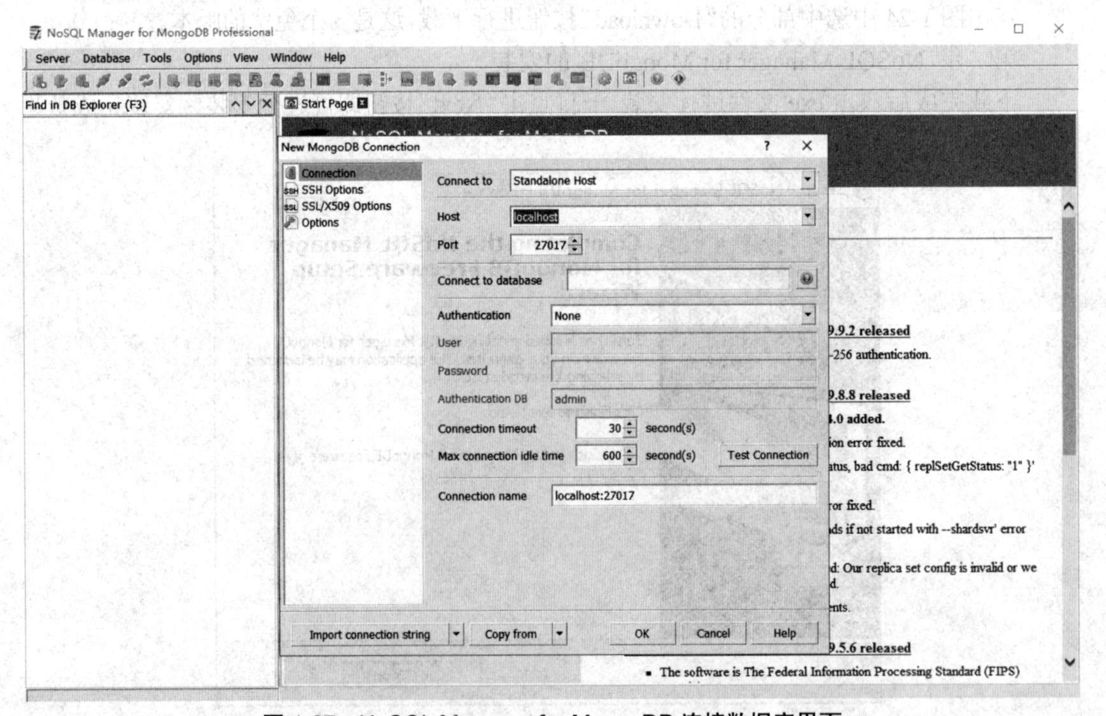

图 1-27 NoSQL Manager for MongoDB 连接数据库界面

在“Connect to database”属性中填入想连接的数据库的名称即可实现数据库的连接，如图 1-28 所示。

在目录中找到 Collections 文件夹，单击鼠标右键，点击“Create New Collection...”命令，输入数据集的名称，即可进行数据集的创建，如图 1-29、图 1-30 所示。

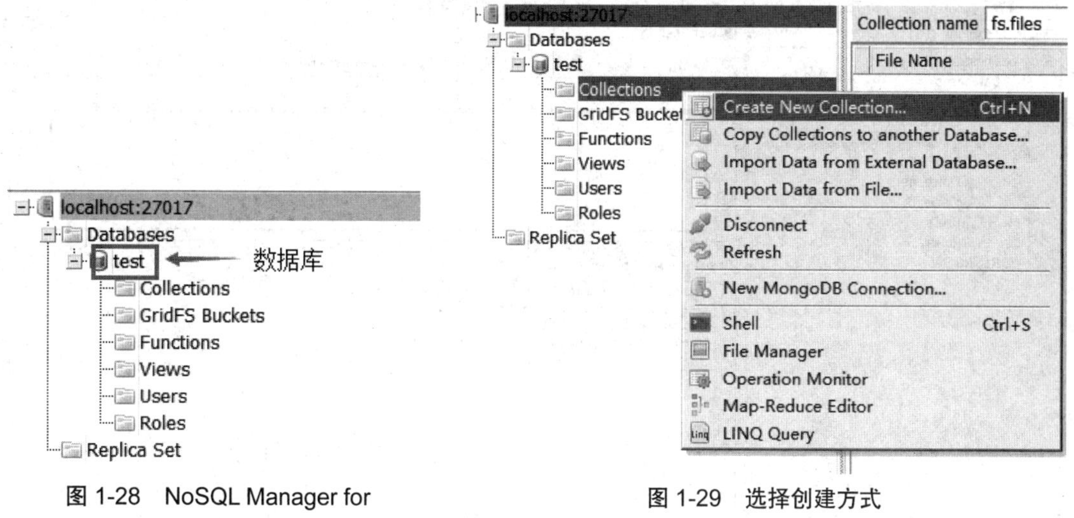

图 1-28　NoSQL Manager for MongoDB 连接数据库成功

图 1-29　选择创建方式

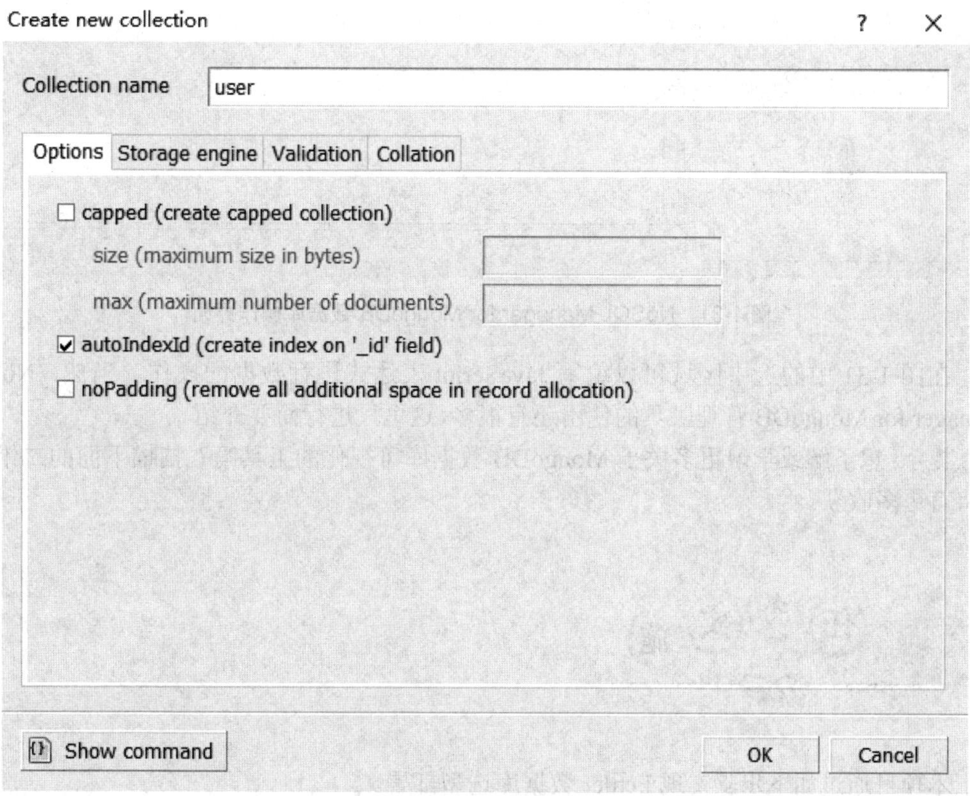

Create new collection　?　×

Collection name　user

Options　Storage engine　Validation　Collation

☐ capped (create capped collection)

size (maximum size in bytes)

max (maximum number of documents)

☑ autoIndexId (create index on '_id' field)

☐ noPadding (remove all additional space in record allocation)

Show command　OK　Cancel

图 1-30　填写数据集的名称界面

找到数据集文件 user，单击鼠标右键，点击“Shell”命令，进入数据库操作界面，如图 1-31 所示。

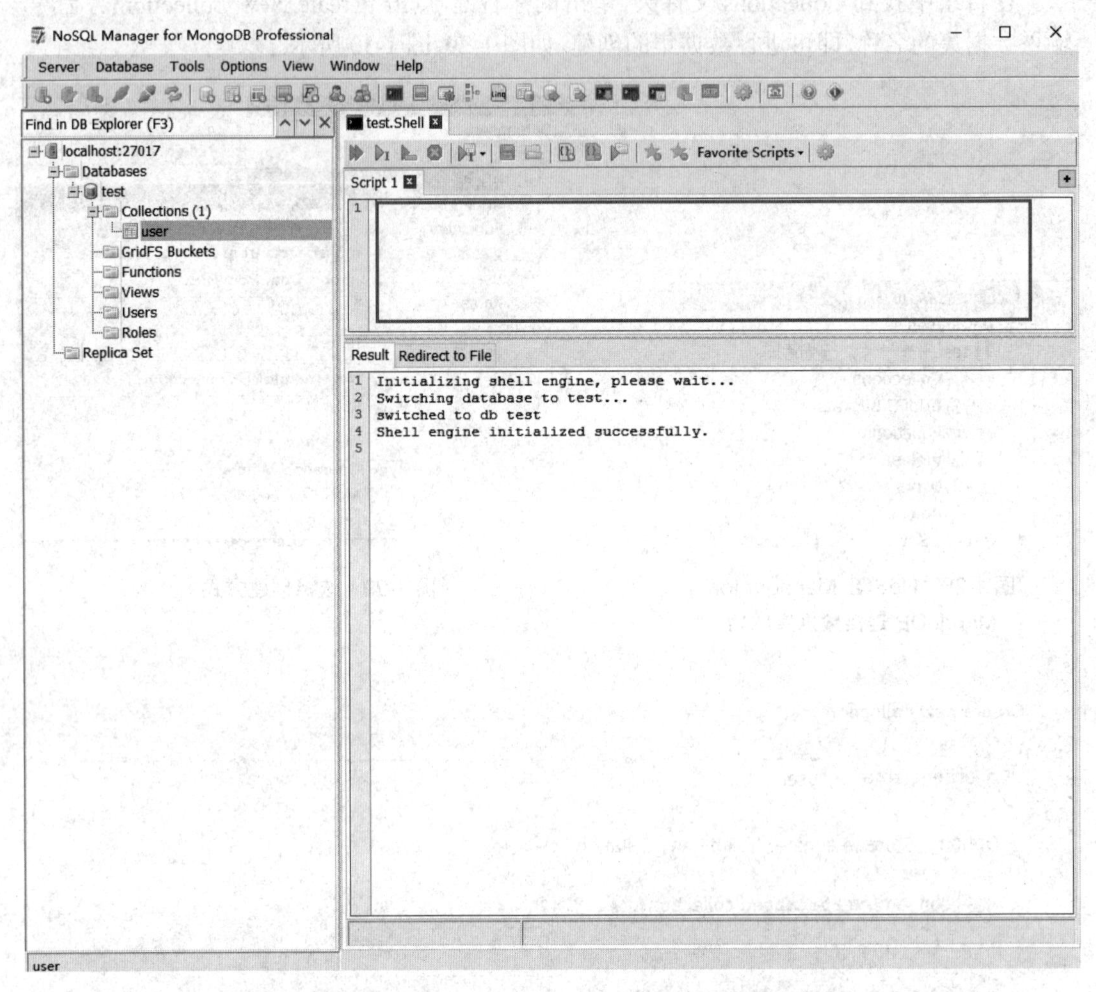

图 1-31 NoSQL Manager for MongoDB 数据库操作界面

在图 1-31 中的选中区域可以编写 JavaScript 表达式进行数据的操作。当然，NoSQL Manager for MongoDB 管理工具的使用还有很多，这里只进行简要介绍。

提示：想了解或学习更多关于 MongoDB 数据库可视化的工具吗？扫描下面的二维码，你将有更多收获。

本项目通过如下步骤实现 Fettler 数据库选型部署。

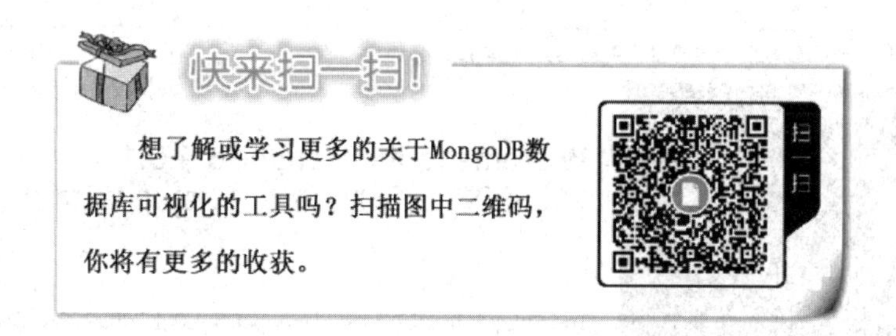

第一步，下载 msi 文件。MongoDB 数据库提供了用于 32 位和 64 位系统的预编译二进制包，可通过 MongoDB 数据库的官网（https://www.mongodb.com/download-center#community）下载、安装，如图 1-32 所示。可选版本有以下 3 种。

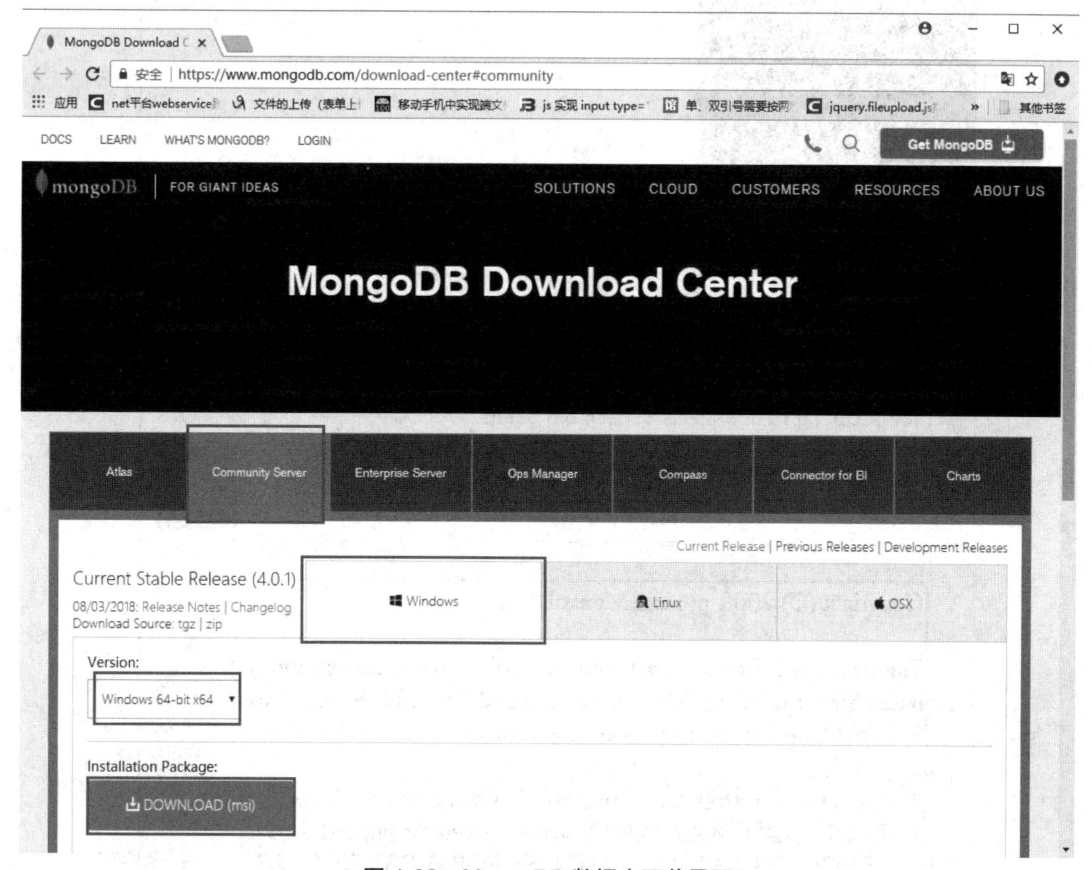

图 1-32　MongoDB 数据库下载界面

● MongoDB for Windows 64-bit：适合 64 位的 Windows Server 2008 R2、Windows 7 及最新版本的 Window 系统。

● MongoDB for Windows 32-bit：适合 32 位的 Window 系统及最新的 Windows Vista。

● MongoDB for Windows 64-bit Legacy：适合 64 位的 Windows Vista、Windows Server 2003 及 Windows Server 2008。

第二步，下载后双击该文件，按提示安装即可，如图 1-33 所示。

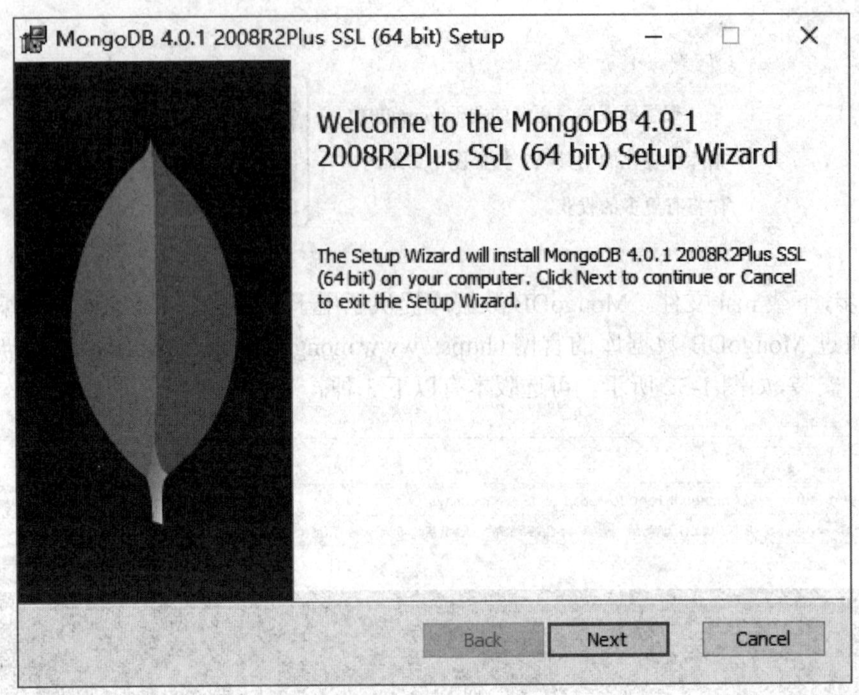

图 1-33 MongoDB 安装界面

第三步，点击“Next”按钮，进入安装协议界面，如图 1-34 所示。

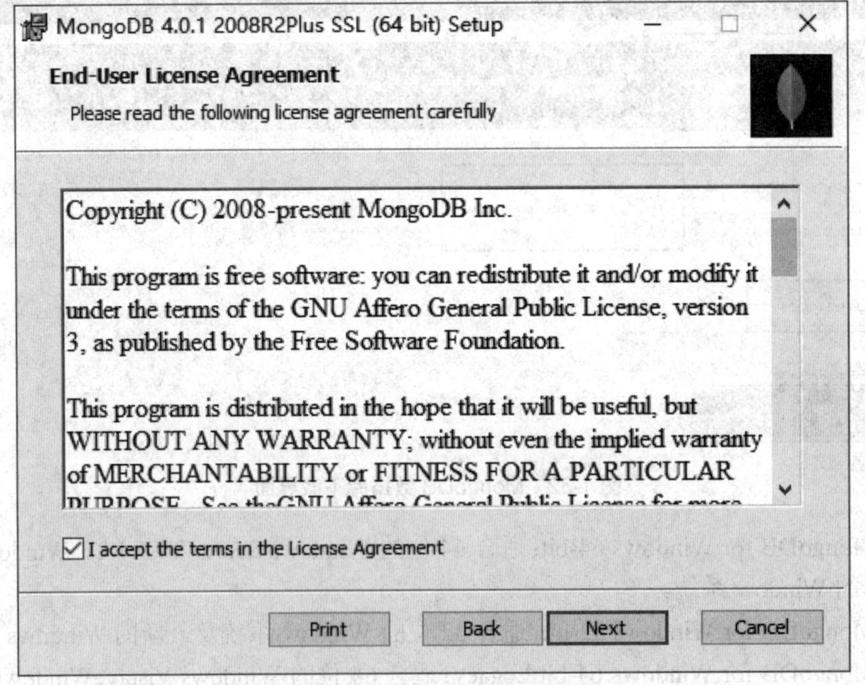

图 1-34 MongoDB 安装协议界面

第四步，勾选同意协议选择框，然后点击“Next”按钮，进入安装选择界面，如图 1-35 所示。

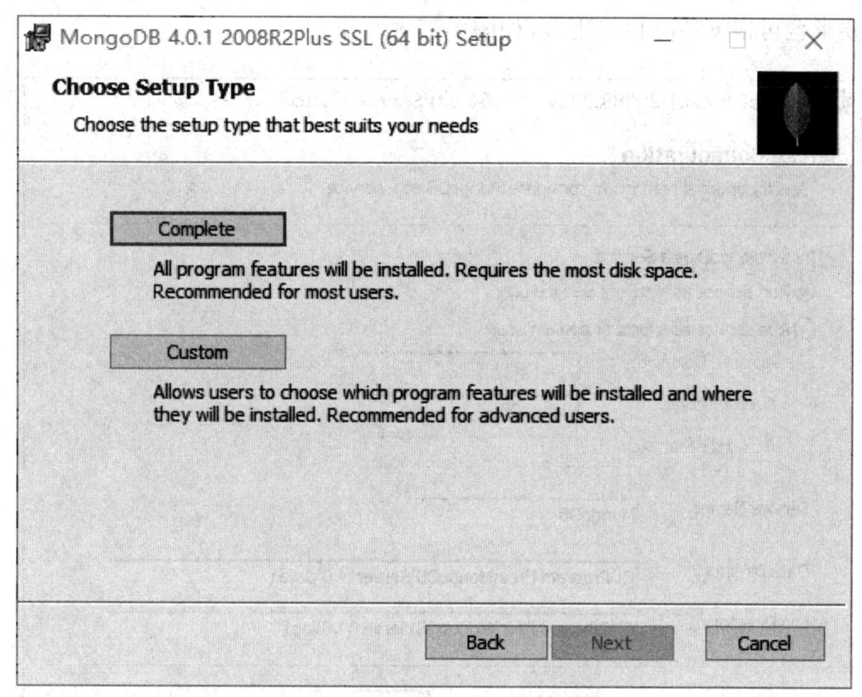

图 1-35　MongoDB 安装选择界面

第五步，点击“Custom”（自定义）按钮进入自定义安装界面，默认存放在“C:\Program Files\MongoDB”，如图 1-36 所示。

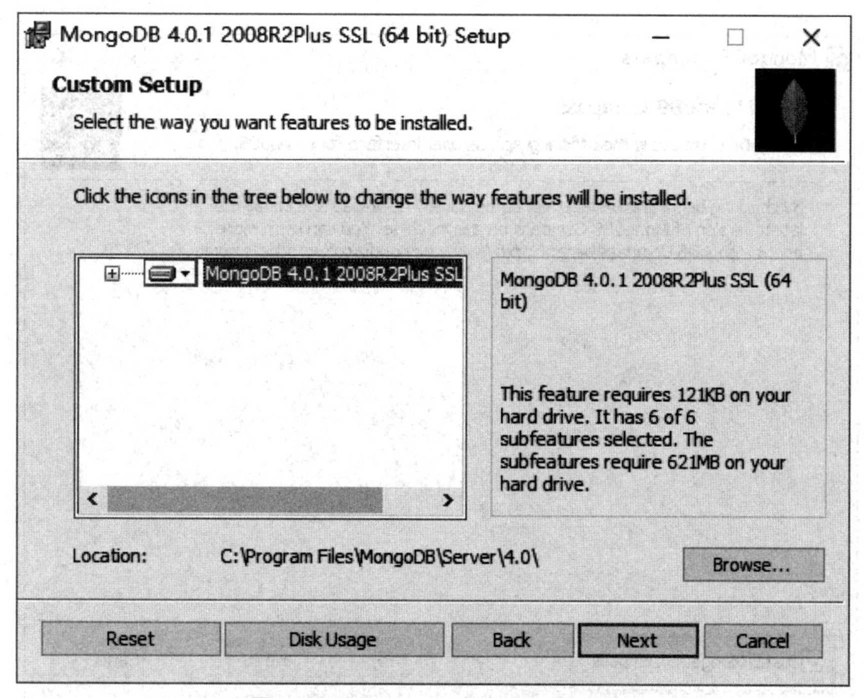

图 1-36　MongoDB 自定义安装界面

第六步，点击“Next”按钮进入服务配置界面。服务配置界面不需要更改任何信息，如果有别的要求也可根据情况自己更改，如图 1-37 所示。

MongoDB 4.0.1 2008R2Plus SSL (64 bit) Service Custo...

Service Configuration

Specify optional settings to configure MongoDB as a service.

Install MongoD as a Service

Run service as Network Service user

Run service as a local or domain user:

Account Domain: .

Account Name: MongoDB

Account Password:

Service Name: MongoDB

Data Directory: C:\Program Files\MongoDB\Server\4.0\data\

Log Directory: C:\Program Files\MongoDB\Server\4.0\log\

< Back　Next >　Cancel

图 1-37　MongoDB 服务配置界面

第七步，点击“Next”按钮进入安装指南界面，将选择框变为选中状态，如图 1-38 所示。

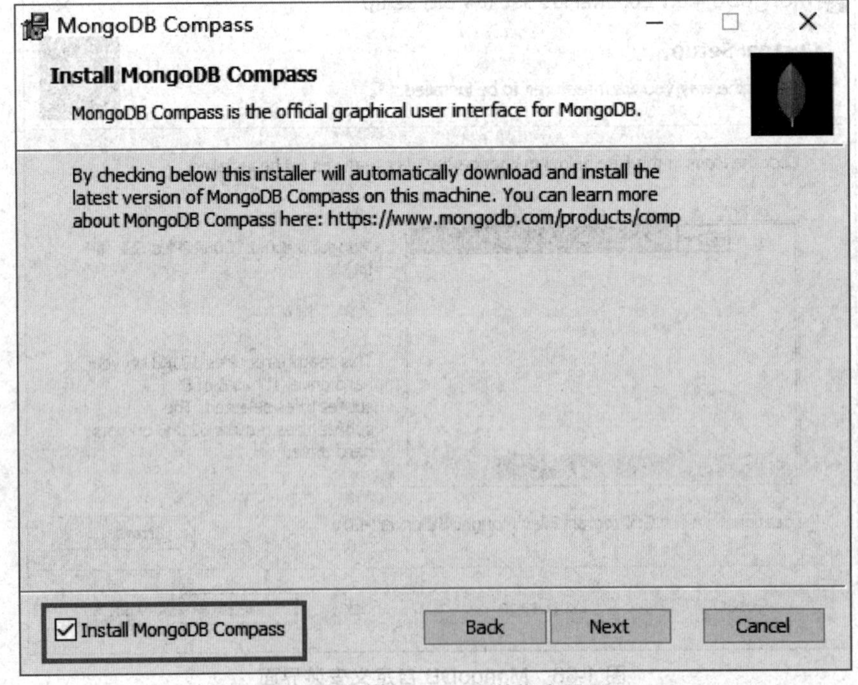

图 1-38　MongoDB 安装指南界面

第八步，点击“Next”按钮进入安装准备界面，如图 1-39 所示。

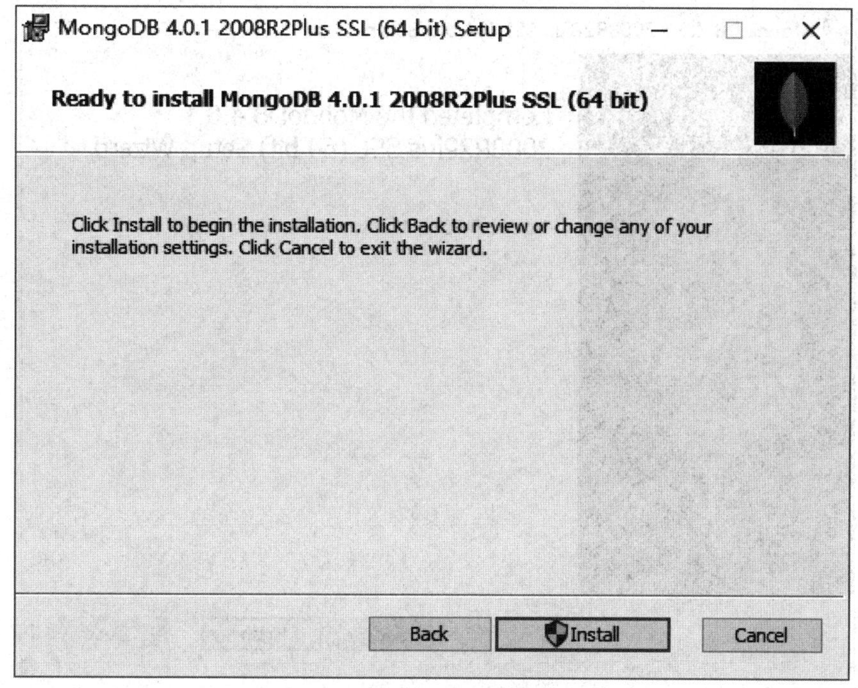

图 1-39　MongoDB 安装准备界面

第九步，点击“Install”按钮进入安装界面，如图 1-40 所示。

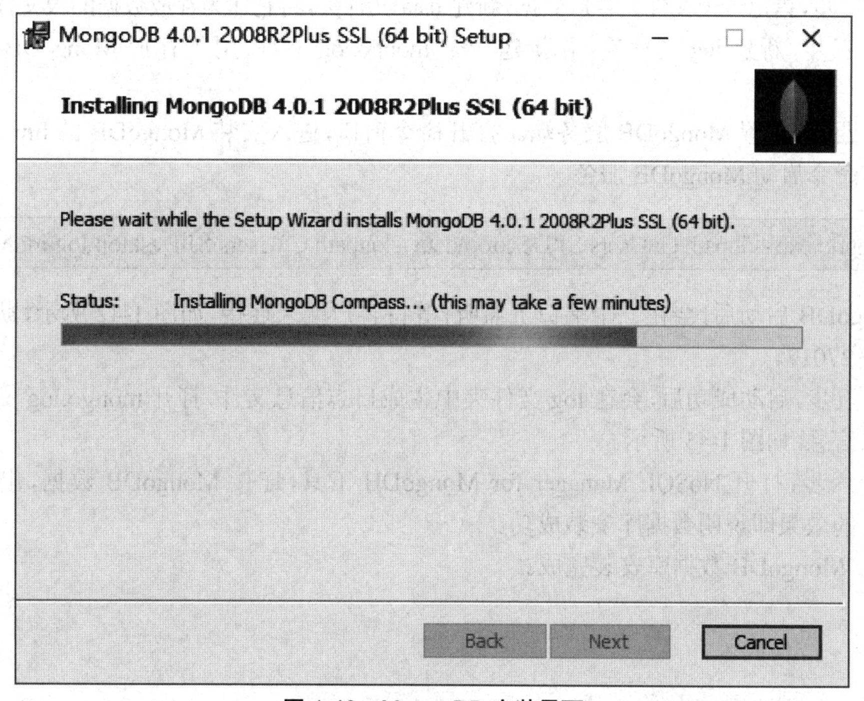

图 1-40　MongoDB 安装界面

第十步，完成后弹出安装完成界面，如图 1-41 所示。

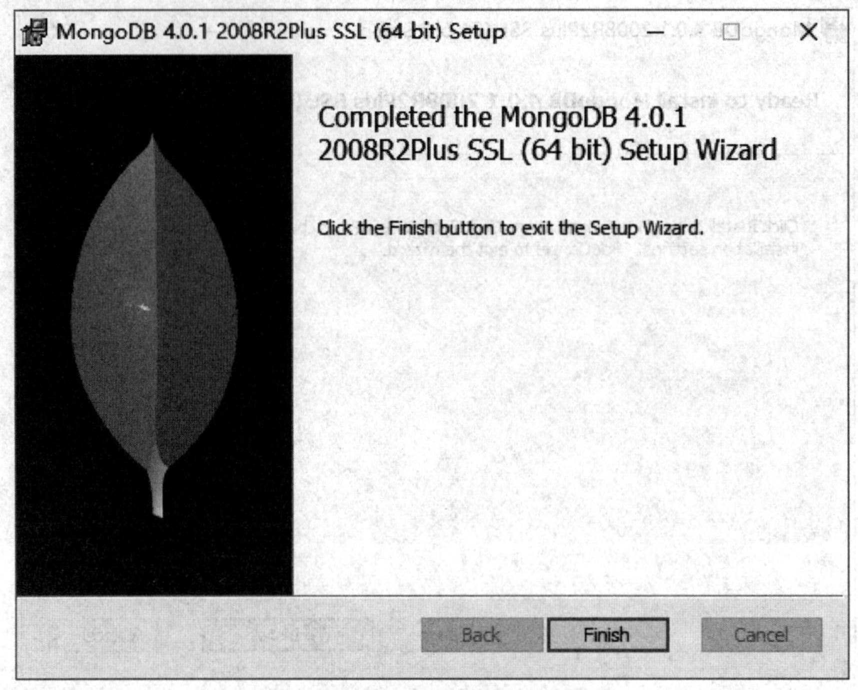

图 1-41 MongoDB 安装完成界面

第十一步，点击“Finish”按钮完成 MongoDB 的安装。

第十二步，指定一个文件夹存放数据，新建 data 文件夹，将它作为存放数据的根文件夹。

第十三步，新建 log 文件夹，并新建一个 mongo.log 文件，用于存放 MongoDB 的日志信息。

第十四步，配置 MongoDB 服务端。打开命令窗口，进入安装 MongoDB 的 bin 目录下，输入如下命令启动 MongoDB 服务。

```
mongod.exe --dbpath C:\Users\SJ\Desktop\data --logpath C:\Users\SJ\Desktop\log\mongo.log
```

MongoDB 启动后，会在一个端口上监听，等待客户端来连接，如图 1-42 所示，默认监听的端口是 27017。

第十五步，启动成功后，会在 log 文件夹中生成日志信息文件，打开 mongo.log 文件可以看到日志信息，如图 1-43 所示。

第十六步，打开 NoSQL Manager for MongoDB 工具，连接 MongoDB 数据，出现如图 1-44 所示的效果即说明数据库安装成功。

至此，MongoDB 数据库安装完成。

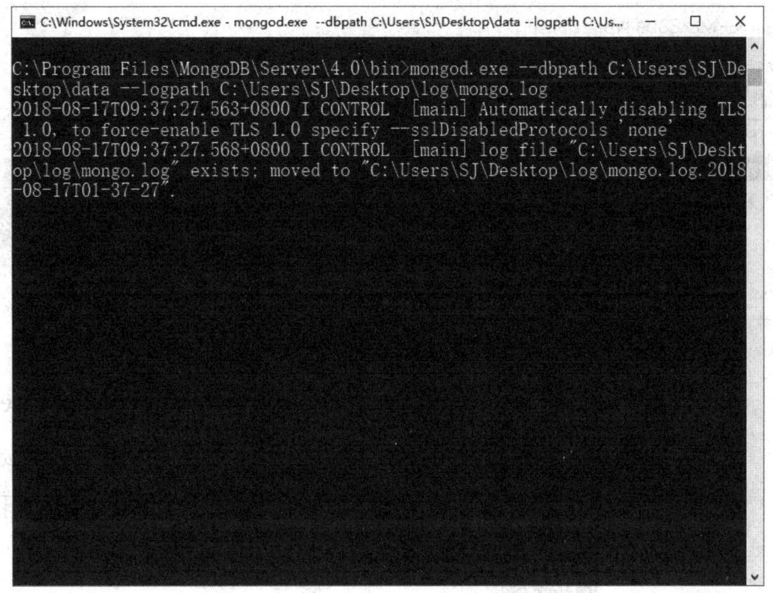

图 1-42　MongoDB 服务启动的效果

mongo.log - 记事本

文件(F)　编辑(E)　格式(O)　查看(V)　帮助(H)

```
2018-08-17T09:37:28.164+0800 I CONTROL  [initandlisten] MongoDB starting : pid=12784
port=27017 dbpath=C:\Users\SJ\Desktop\data 64-bit host=DESKTOP-CHSBPLT
2018-08-17T09:37:28.164+0800 I CONTROL  [initandlisten] targetMinOS: Windows 7/Windows
Server 2008 R2
2018-08-17T09:37:28.164+0800 I CONTROL  [initandlisten] db version v4.0.1
2018-08-17T09:37:28.164+0800 I CONTROL  [initandlisten] git version:
54f1582fc6eb01de4d4c42f26fc133e623f065fb
2018-08-17T09:37:28.165+0800 I CONTROL  [initandlisten] allocator: tcmalloc
2018-08-17T09:37:28.165+0800 I CONTROL  [initandlisten] modules: none
2018-08-17T09:37:28.165+0800 I CONTROL  [initandlisten] build environment:
2018-08-17T09:37:28.165+0800 I CONTROL  [initandlisten]     distmod: 2008plus-ssl
2018-08-17T09:37:28.166+0800 I CONTROL  [initandlisten]     distarch: x86_64
2018-08-17T09:37:28.166+0800 I CONTROL  [initandlisten]     target_arch: x86_64
2018-08-17T09:37:28.166+0800 I CONTROL  [initandlisten] options: { storage: { dbPath:
"C:\Users\SJ\Desktop\data" }, systemLog: { destination: "file", path: "C:\Users\SJ
\Desktop\log\mongo.log" } }
2018-08-17T09:37:28.167+0800 I STORAGE  [initandlisten] Detected data files in C:
\Users\SJ\Desktop\data created by the 'wiredTiger' storage engine, so setting the
active storage engine to 'wiredTiger'.
2018-08-17T09:37:28.168+0800 I STORAGE  [initandlisten] wiredtiger_open config:
create,cache_size=5577M,session_max=20000,eviction=
(threads_min=4,threads_max=4),config_base=false,statistics=(fast),log=
(enabled=true,archive=true,path=journal,compressor=snappy),file_manager=
(close_idle_time=100000),statistics_log=(wait=0),verbose=(recovery_progress),
2018-08-17T09:37:28.484+0800 I STORAGE  [initandlisten] WiredTiger message
[1534469848:484575][12784:140712895134800], txn-recover: Main recovery loop: starting
at 3/5760
2018-08-17T09:37:28.640+0800 I STORAGE  [initandlisten] WiredTiger message
[1534469848:640124][12784:140712895134800], txn-recover: Recovering log 3 through 4
2018-08-17T09:37:28.812+0800 I STORAGE  [initandlisten] WiredTiger message
[1534469848:812662][12784:140712895134800], txn-recover: Recovering log 4 through 4
2018-08-17T09:37:28.909+0800 I STORAGE  [initandlisten] WiredTiger message
[1534469848:908408][12784:140712895134800], txn-recover: Set global recovery timestamp:
0
```

图 1-43　日志信息文件

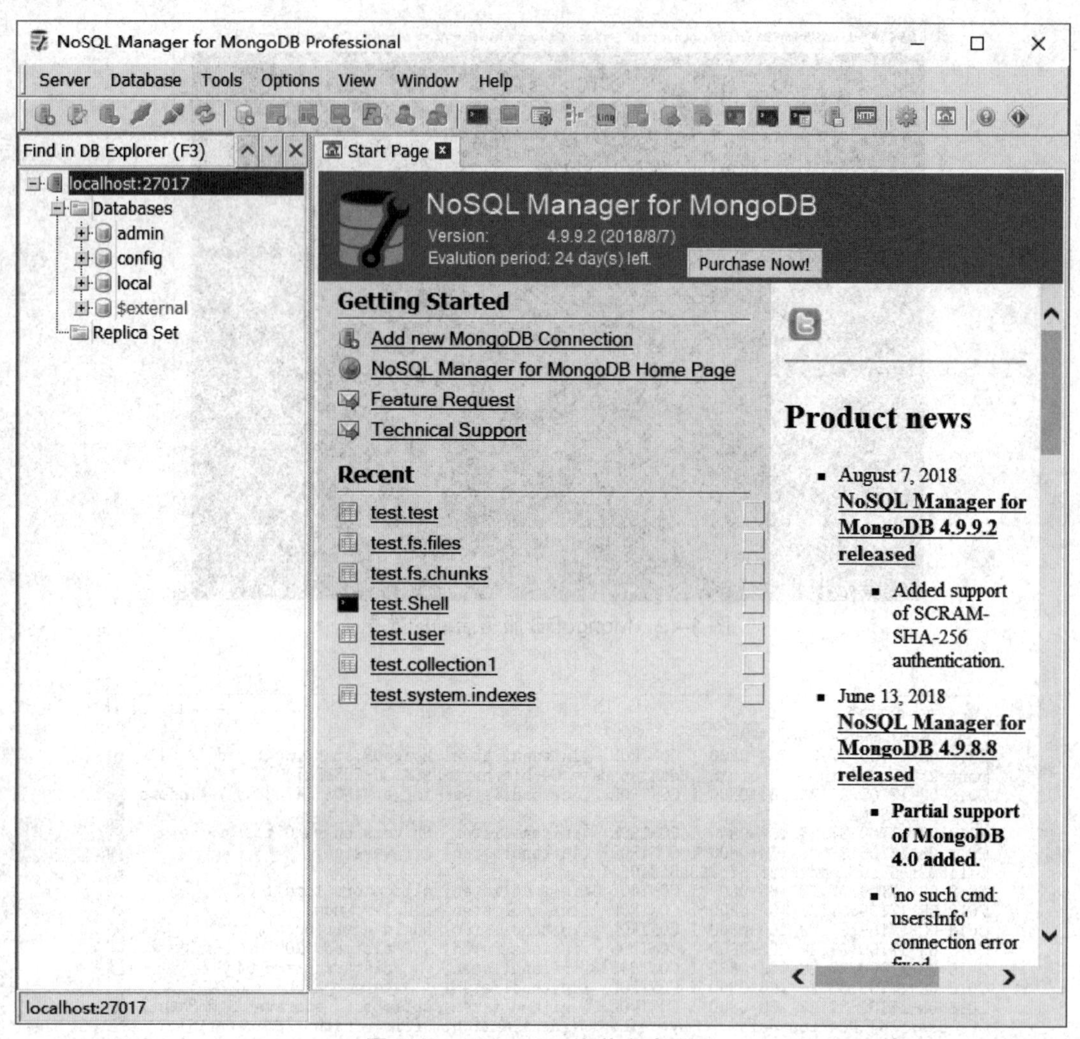

图 1-44 MongoDB 安装成功界面

通过 Fettler 数据库选型部署的实现，对非关系型数据库的相关知识有了初步了解，并详细了解了各个存储平台的特点、优势和 MongoDB 数据库服务的操作，具有使用 MongoDB 核心工具操作数据库的能力。

primary	主要	trigger	触发
stored	存储	procedure	程序
value	值	master-slave	主从
binary	二进制	replication	复制

1. 选择题

（1）下面不属于 NoSQL 数据库的优势的是（　　）。

A. 易扩展　　B. 语言统一　　C. 成本低　　D. 没有复杂的关系

（2）数据库大体上分为（　　）个类别。

A. 一　　B. 二　　C. 三　　D. 四

（3）以下（　　）不是启动 MongoDB 服务命令的参数。

A. --dbpath　　B. --logpath　　C. --journal　　D. --logadd

（4）以下 MongoDB 命令工具中用来导入数据的是（　　）。

A. mongostat　　B. mongotop　　C. mongoexport　　D. mongoimport

（5）MongoDB 自带的脚本命令行程序是（　　）。

A. JavaScript　　B. Python　　C. PHP　　D. JSP

2. 简答题

（1）简述 NoSQL 数据库的优缺点。

（2）MongoDB 数据库的优势有哪些？

项目二　Fettler 日志存储分析

通过实现 Fettler 项目日志存储的功能，了解 MongoDB 数据库的概念，熟悉 MongoDB 数据库的结构，掌握数据库、集合和文档的操作，具有使用 MongoDB 数据库进行 Fettler 项目日志存储的能力，在任务实现过程中：

- 了解 MongoDB 数据库的基本知识；
- 熟悉 MongoDB 数据库的结构；
- 掌握 MongoDB 数据库的操作；
- 具有使用 MongoDB 数据库进行 Fettler 日志存储的能力。

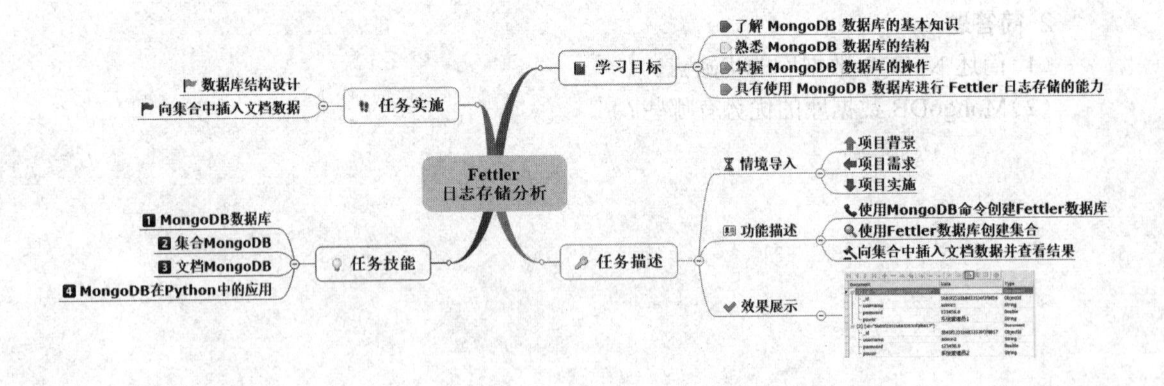

【情境导入】

任何项目在开发前期，关注重点都是数据库的设计。Fettler 项目也不例外。设计 Fettler 数据库时不仅要考虑数据量的大小，还需考虑数据读取速率、数据格式等因素。用户对 Fettler 软件进行操作时，操作日志都会存储在 Fettler 数据库中。本项目通过对 MongoDB 数据库相关知识和操作的讲解，最终完成 Fettler 数据库的设计和数据的存储。

【功能描述】

- 使用 MongoDB 命令创建 Fettler 数据库；
- 使用 Fettler 数据库创建集合；
- 向集合中插入文档数据并查看结果。

【效果展示】

通过对本任务的学习，使用 NoSQL Manager for MongoDB 工具实现 Fettler 数据库与集合的创建，并向集合中插入文档数据。Fettler 项目包含七个集合，分别为 Admin、VS（Viru Skilling）、CTR（Clear The Rubbish）、CA（Computer Acceleration）、SM (Software Management)、SR（System Repair）、Other。日志文件如图 2-1 所示。向集合中插入数据的效果如图 2-2 所示。

```
[
  {
   username:"admin1",
   password:123456,
   power: "系统管理员1"
  },
  {
   username:"admin2",
   password:123456,
   power: "系统管理员2"
  }
]
```

图 2-1　日志文件

Document	Data	Type
[1] (id="5b85f2331b8833530f3f8816")		Document
_id	5b85f2331b8833530f3f8816	ObjectId
username	admin1	String
password	123456.0	Double
power	系统管理员1	String
[2] (id="5b85f2331b8833530f3f8817")		Document
_id	5b85f2331b8833530f3f8817	ObjectId
username	admin2	String
password	123456.0	Double
power	系统管理员2	String

图 2-2 效果图

技能点一 MongoDB 数据库

MongoDB 数据库由于具有易用和可以分布式存储大规模数据的特点而被广泛使用。在使用 MongoDB 存储数据之前，需要对其数据库的概念与操作方式有所了解。

1. MongoDB 数据库简介

传统的关系型数据库是按照一定的数据结构组织、存储和管理数据的仓库。在 MongoDB 中，数据库也是用于存储和管理数据的仓库，但是它支持的数据结构非常松散，是类似于 JSON 的 BJSON 格式（BJSON 格式会在本项目的技能点三中详细介绍），因此可以存储比较复杂的数据类型。MongoDB 数据库就像一个文件柜，用来存储文件和数据。图 2-3 所示是 NoSQL Manager for MongoDB 中展示的 MongoDB 数据库。

从图 2-3 中可以看出，生成 MongoDB 之后，MongoDB 中默认存在两个原生的数据库：admin 和 local。

admin 数据库用来保存用户登录 MongoDB 数据库的账号。该数据库十分重要，因此建议在非必要情况下不要对其进行任何操作。local 数据库用来存放本地数据的副本信息、日志信息等，该数据库只在本地存储。

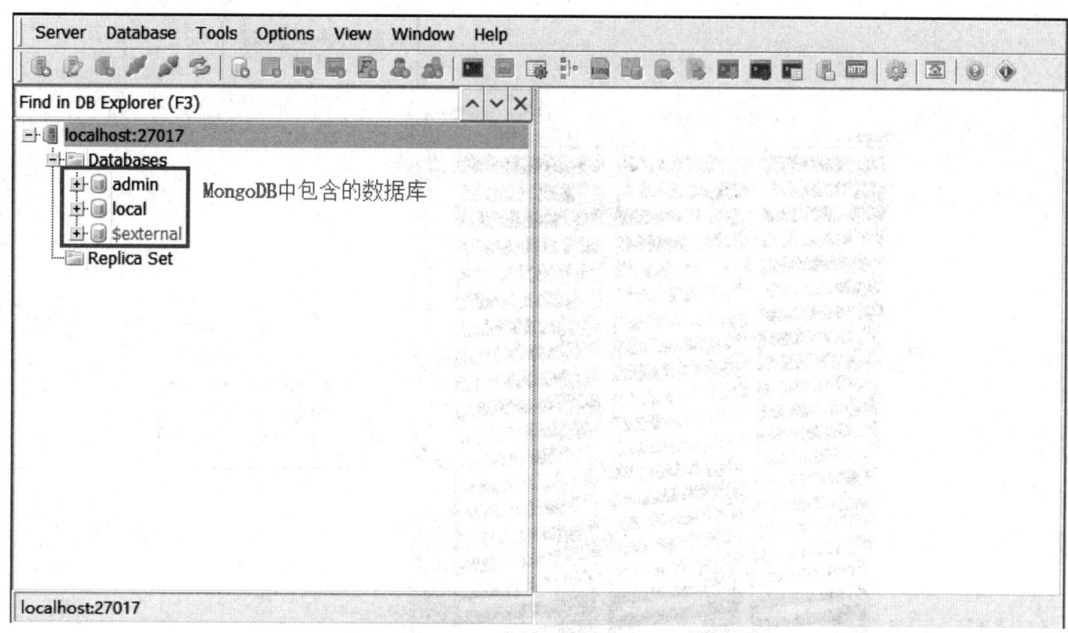

图 2-3　MongDB 数据库

数据库的命名规则如下。

- 使用满足 UTF-8 的字符串。
- 不能使用空字符、空格、点号（“.”）、美元符号（“$”）、斜线（“/”）、反斜线（“\”）和“\0”。
- 只能用小写字母。
- 必须少于 64 个字节（byte）。
- 不能和现有的系统保留库同名，如 admin、local 等。

在 MongoDB 中，可以建立多个数据库。但无论是何种数据库，创建时都必须出于业务和项目角度的考虑。通常来说，一个项目只对应一个数据库，即使出现有多个数据库的情况，主体业务也通常只包含在一个数据库中。当使用多个数据库时，需要建立多个数据库之间的连接，从而加大了项目的负荷，降低了项目的性能。

2. MongoDB 数据库的结构

MongoDB 数据库由三部分组成，分别为数据库、集合与文档。下面通过数据库与集合的关系、集合与文档的关系来说明 MongoDB 数据库的结构。

（1）数据库与集合的关系

在 MongoDB 中，数据库由一个或多个集合组成。一个 MongoDB 服务器实例可以承载多个数据库，每个数据库中可以创建一个或多个集合。数据库与集合的关系如图 2-4 所示，文件柜就是 MongoDB 数据库，文件柜中的文件就是集合。

（2）集合与文档的关系

集合如同文件柜中的文件，那么文档就是组成文件的纸张。集合与文档的关系如图 2-5 所示。

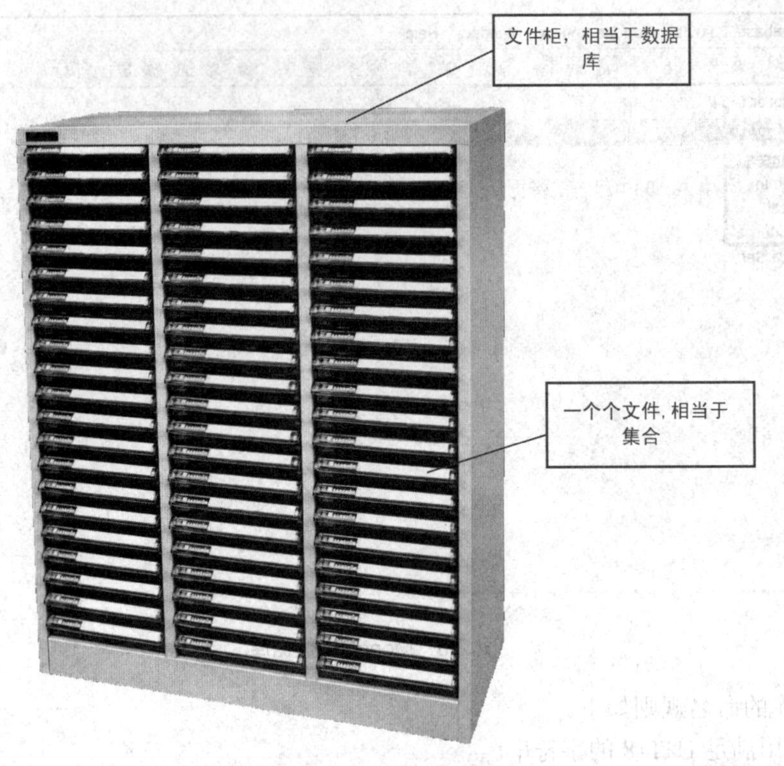
文件柜，相当于数据库
一个个文件，相当于集合

图 2-4 文件柜与文件

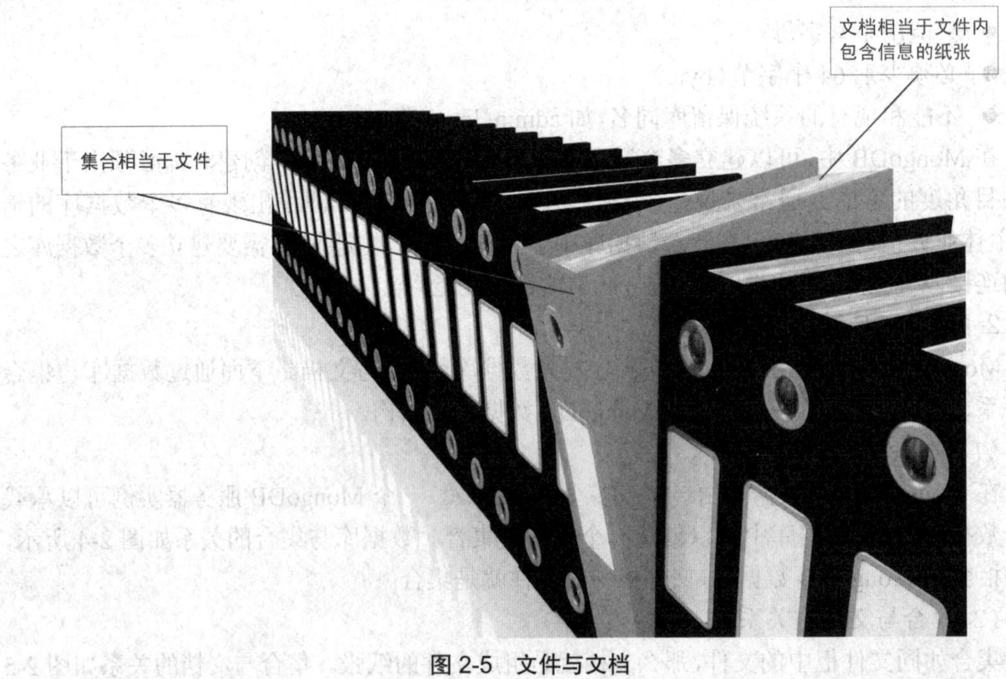
文档相当于文件内包含信息的纸张
集合相当于文件

图 2-5 文件与文档

因此，从整体来看，MongoDB 数据库的结构如图 2-6 所示，其中一个数据库可以包含多个集合，一个集合又可以包含多个文档。

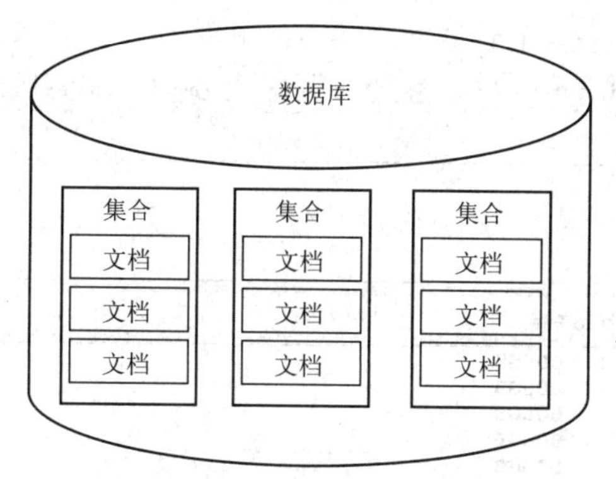

图 2-6　MongoDB 数据库的结构

从图 2-6 可以看出，MongoDB 数据库与传统的关系型数据库类似，集合相当于传统的关系型数据库中的表，文档则相当于传统的关系型数据库中的行，结构如图 2-7 所示。通过将 MongoDB 数据库与传统的关系型数据库对比，可以更好地理解 MongoDB 数据库的结构。

```
/* 1 */
{
  "_id" : ObjectId("5b7cd25178f847f7889ea166"),
  "name" : "xiao ming",
  "age" : 18.0,
  "birthday" : "2000-01-01"
}

/* 2 */
{
  "_id" : ObjectId("5b7cd33778f847f7889ea168"),
  "name" : "xiao hua",
  "age" : "19",
  "birthday" : "1999-01-01"
}
```

图 2-7　文档的结构

3. MongoDB 数据库的使用

无论是传统的关系型数据库还是 MongoDB 数据库，对数据库的使用本质上都是对数据库的增删查改。下面主要介绍查询数据库、创建数据库、显示当前数据库、修改数据库、删除数据库的操作。

（1）查询数据库

在使用 MongoDB 数据库时，如果想知道当前项目中都包含哪些数据库，可以使用查询数据库命令。该命令可以返回所有数据库的名称及每个数据库所使用的空间的信息，是数据库的基本操作。查询数据库命令如下所示。

```
//dbs 是 databases 的简写，因此也可以将 dbs 替换为 databases
show dbs
```

使用 show 命令的结果如图 2-8 所示。

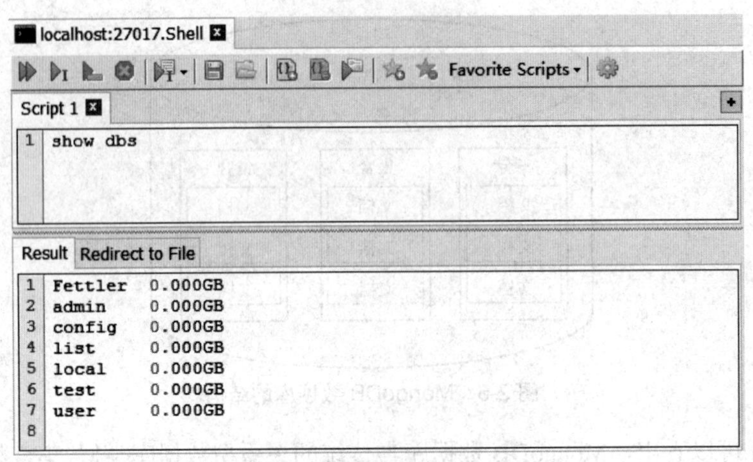

图 2-8 查询数据库的结果

（2）创建数据库

MongoDB 数据库与传统的关系型数据库不同，创建时不需要使用创建语句，只需要使用选择数据库语句即可，有这个数据库就进入这个数据库，没有这个数据库就进行数据库的创建。需要指明的是，使用选择数据库命令之后，并不会实际创建数据库，当在该数据库中插入任何一条数据时，数据库才会被创建。选择数据库命令如下所示。

```
use 数据库名
```

使用 use 命令的结果如图 2-9 所示。

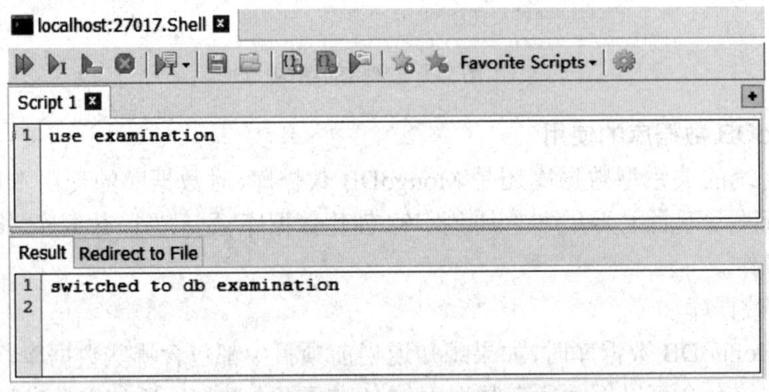

图 2-9 使用选择数据库命令的结果

结果显示“switched to db examination”，意思为切换到数据库 examination。

（3）显示当前数据库

当正在使用某个数据库而又不知道使用的是哪个数据库时，可以使用显示当前数据库命令来显示当前使用的数据库。显示当前数据库命令如下所示。

```
db
```

使用 db 命令的结果如图 2-10 所示。

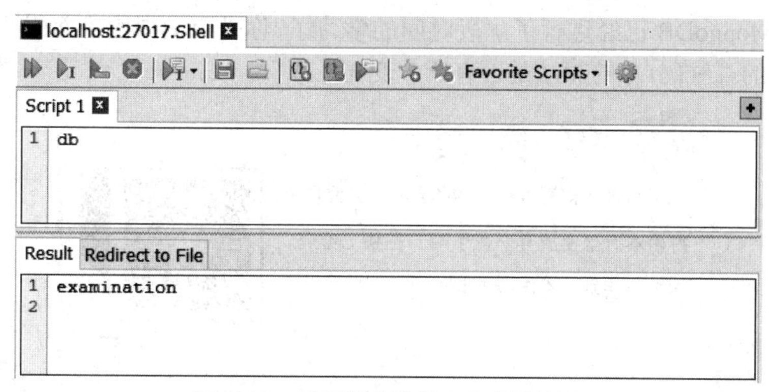

图 2-10　显示当前数据库命令的结果

（4）修改数据库

数据库作为存放项目中的数据的载体，其名称无法更改。所以，在创建数据库之前一定要进行核实，确认此数据库名称日后不需要更改，否则会增加不必要的麻烦。

修改数据库的内容的知识将在本项目的技能点二和技能点三中详细讲解。

（5）删除数据库

数据的价值是不可估量的，在实际项目开发中，如果需要删除数据库，要经过所有参与项目的人员讨论才可以决定，一定要深思熟虑。删除数据库命令如下所示。

```
// 在删除数据库之前一定要先选择要删除的数据库，否则会删除正在使用的数据库
use examination
db.dropDatabase()
```

通过选择数据库命令和删除数据库命令来展示删除数据库的过程，结果如图 2-11 所示。

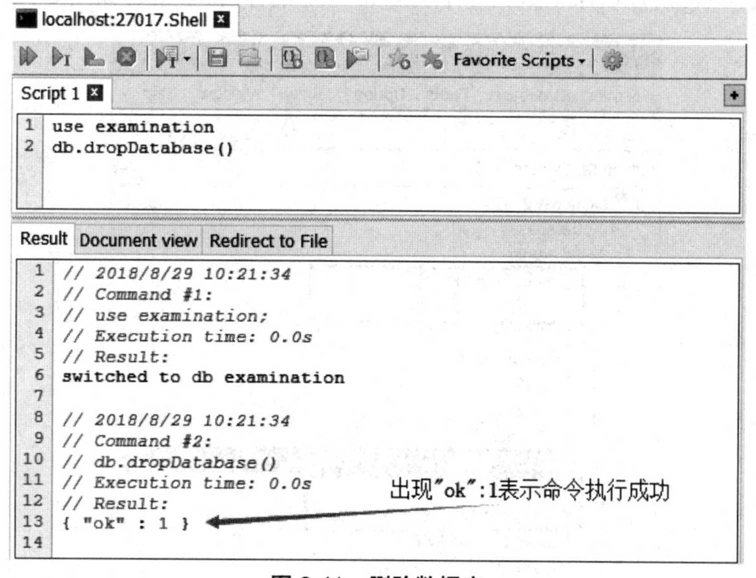

图 2-11　删除数据库

“switched to db examination”意思为切换到数据库 examination；{ "ok" : 1} 表示数据库 examination 删除成功。

提示：对 MongoDB 已经进行了一段时间的学习了，你是否觉得困难而想要放弃学习了呢？扫描下面的二维码，你的想法是否有所改变呢？

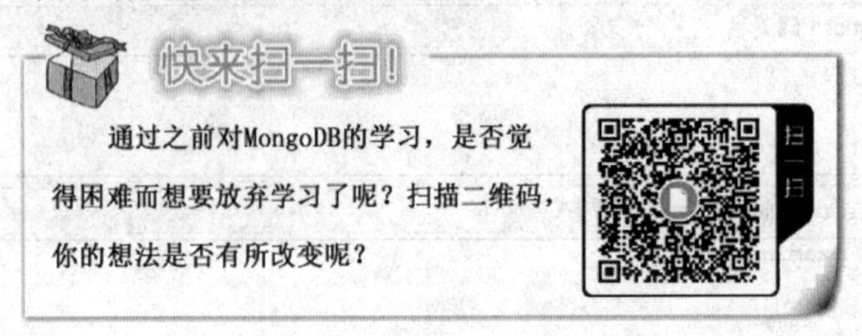

技能点二 MongoDB 集合

在日志分析平台中数据的种类各不相同，有的是由于用户的行为而产生的数据，有的是商品自带的数据，有的是用户的信息，如果把这些数据存储在一起，不仅会降低开发速率，而且会降低程序的运行效率。MongoDB 可以将不同的数据按照不同的标准分类存储在不同的集合中，从而提高开发效率与程序的运行效率。

1. MongoDB 集合简介

集合是 MongoDB 中的文档组，类似于关系型数据库中的表。集合在数据库中处于动态模式，可以不受限制地插入多个不同格式和类型的文档。但把不同种类的文档放在一个集合中会影响查询特定类型文档的速度，所以在开发过程中通常使用不同的集合存放不同类型的文档。

在安装了 MongoDB 后原生数据库中会自带一些集合，自带集合如图 2-12 所示。

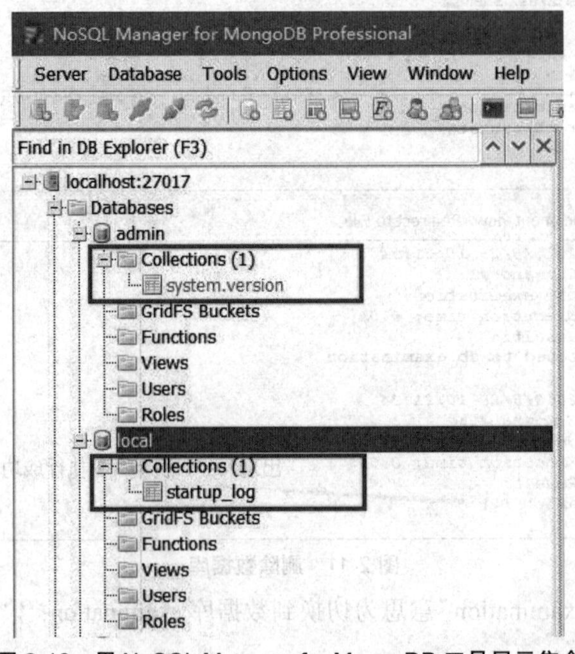

图 2-12 用 NoSQL Manager for MongoDB 工具显示集合

由图 2-12 中圈出的部位可知，原生数据库 local 中自带的集合为 startup_log，该集合中存储操作数据库的日志；原生数据库 admin 中自带的集合为 system.version，该集合中存储 MongoDB 数据库的版本。

集合通过名称来区分，命名规则如下。

- 使用满足 UTF-8 的字符串。
- 不能使用空字符串。
- 不能包含“\0”或空字符，这些字符表示集合名的结尾。
- 不能以“system.”开头，此前缀是系统本身保留的。
- 不能包含字符“$”。

组织集合的一个惯例是使用“.”分割不同的命名空间，例如 system.index、system.users、system.version 等，以此种方式命令的集合被称为子集合。

2. MongoDB 普通集合的创建与管理

为了方便对文档进行统一管理，可以在集合中进行一系列操作，例如查看当前数据库中的集合、创建集合、使用集合、查看集合使用方法帮助文档、删除集合等。

（1）查询当前数据库中的集合

进行数据库操作时，由于集合太多，开发者有时会忘记当前数据库中包含哪些集合，为此 MongoDB 提供了两个命令，用于对当前数据库中的集合进行查询。命令如下所示。

```
// 查找 list 数据库中的集合
// 方法一：以字符串形式输出
show collections
// 方法二：以数组形式输出
db.getCollectionNames()
```

结果如图 2-13 所示。

（2）创建集合

MongoDB 可以包含多个不同的集合，可以使用不同的集合保存不同格式的数据，以便于进行数据库的管理。MongoDB 提供了 createCollection() 方法进行集合的创建，命令如下所示。

```
db.createCollection(name，options)    // name 为集合的名称
```

其中，参数 name 与 options 的介绍如表 2-1 所示。

表 2-1　介绍

参数	类型	描述
name	String	要创建的集合的名称
options	Document	（可选）指定内存大小和索引

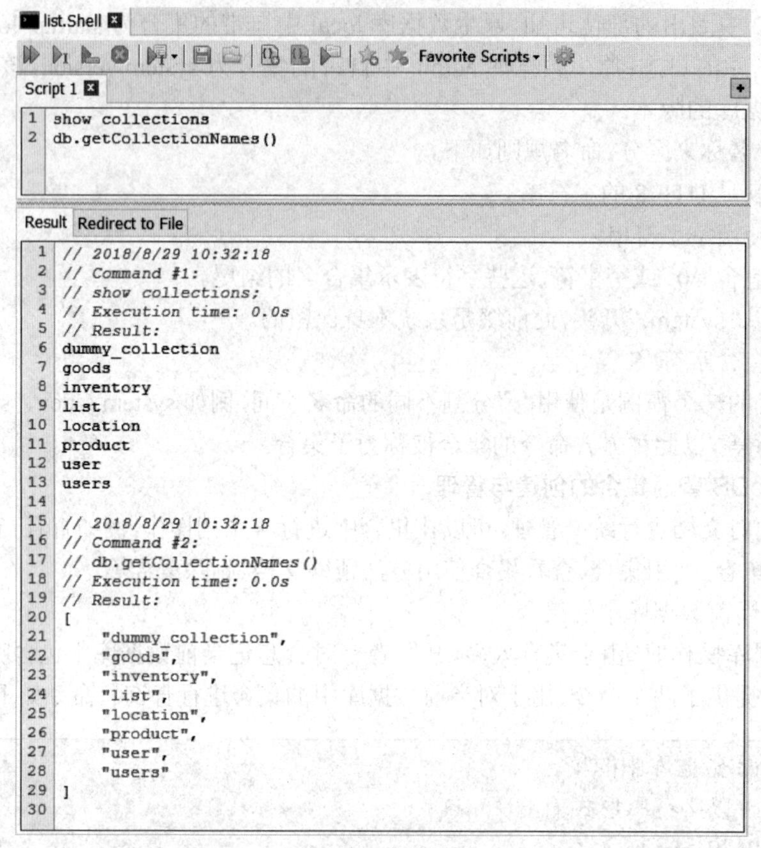

图 2-13　查询结果

options 参数是可选的，因此只需要指定集合的名称。创建集合时可以使用的选项如表 2-2 所示。

表 2-2　选项

字段	类型	描述
capped	Boolean	（可选）如果为 true，还需要指定 size 参数，这样可以启用固定集合；如果为 false，该集合为普通集合，默认为 false
autoIndexId	Boolean	（可选）如果为 true，则在 _id 字段上自动创建索引，默认为 true；如果为 false，则不会创建索引，慎用
size	Number	（可选）指定上限集合的最大容量（以字节为单位）。 如果 capped 为 true，还需要指定此字段的值
max	Number	（可选）指定上限集合中允许的最大文档数

使用 createCollection() 方法创建多个集合，命令如下所示。

```
// 创建 list 普通集合
db.createCollection("list",{ capped:false})
// 创建 goods 集合，size 单独使用时没有作用
```

```
db.createCollection("goods",{size:100})
//创建 location 集合，_id 字段自动创建
db.createCollection("location",{ autoIndexId:true})
//创建 users 集合，允许存储 10 个文档
db.createCollection("users",{ max:10 })
```

结果如图 2-14 所示。

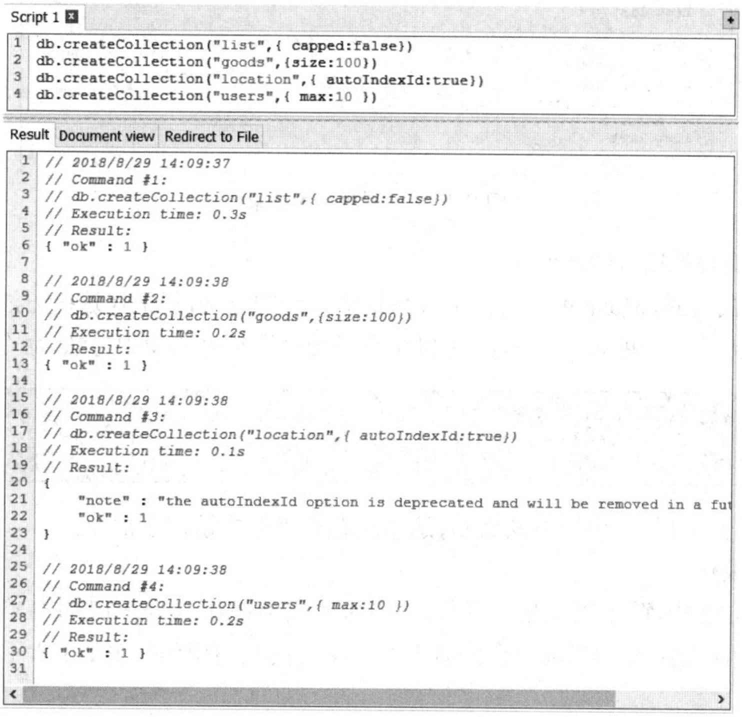

```
Script 1
1 db.createCollection("list",{ capped:false})
2 db.createCollection("goods",{size:100})
3 db.createCollection("location",{ autoIndexId:true})
4 db.createCollection("users",{ max:10 })

Result | Document view | Redirect to File
1  // 2018/8/29 14:09:37
2  // Command #1:
3  // db.createCollection("list",{ capped:false})
4  // Execution time: 0.3s
5  // Result:
6  { "ok" : 1 }
7
8  // 2018/8/29 14:09:38
9  // Command #2:
10 // db.createCollection("goods",{size:100})
11 // Execution time: 0.2s
12 // Result:
13 { "ok" : 1 }
14
15 // 2018/8/29 14:09:38
16 // Command #3:
17 // db.createCollection("location",{ autoIndexId:true})
18 // Execution time: 0.1s
19 // Result:
20 {
21     "note" : "the autoIndexId option is deprecated and will be removed in a fu
22     "ok" : 1
23 }
24
25 // 2018/8/29 14:09:38
26 // Command #4:
27 // db.createCollection("users",{ max:10 })
28 // Execution time: 0.2s
29 // Result:
30 { "ok" : 1 }
31
```

图 2-14　创建结果

在 MongoDB 中，除使用 db.createCollection() 方法外，也可在创建文档时自动创建集合，该方法将在本项目的技能点三中介绍。

（3）使用集合

MongoDB 有两种方法可以实现集合的使用，命令如下所示。

```
//使用 list 集合
//方法一
db.list
//方法二
db.getCollection(list)
```

结果如图 2-15 所示。

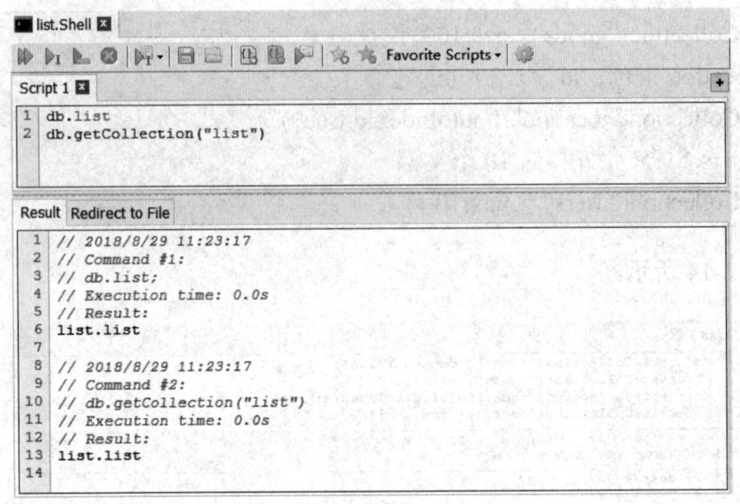

图 2-15 使用集合的结果

（4）查看集合使用方法帮助文档

操作数据集合时，MongoDB 提供了各种功能各异的方法，想记住这些方法是困难的，于是 MongoDB 提供了一种 help() 方法，可以用它详细查看集合的使用方法，命令如下所示。

```
// 查看 list 集合的使用方法
db.list.help()
```

结果如图 2-16 所示，由于方法太多，这里仅截取部分方法用于展示。

（5）其他操作

在 MongoDB 中，除了以上集合操作，还有很多其他操作，如查询当前集合的数据条数、查看集合数据的大小、显示当前集合的状态等。集合的其他操作如表 2-3 所示。

表 2-3 集合的其他操作

方法	描述
count()	查询当前集合的数据条数
dataSize()	查看集合数据的大小
totalIndexSize()	查看集合索引的大小
storageSize()	获取集合空间的大小
totalSize()	显示集合的大小
getDB()	显示当前集合所在的数据库
stats()	显示当前集合的状态
getShardVersion()	查看集合的分片版本信息
renameCollection()	重命名集合
drop()	删除集合

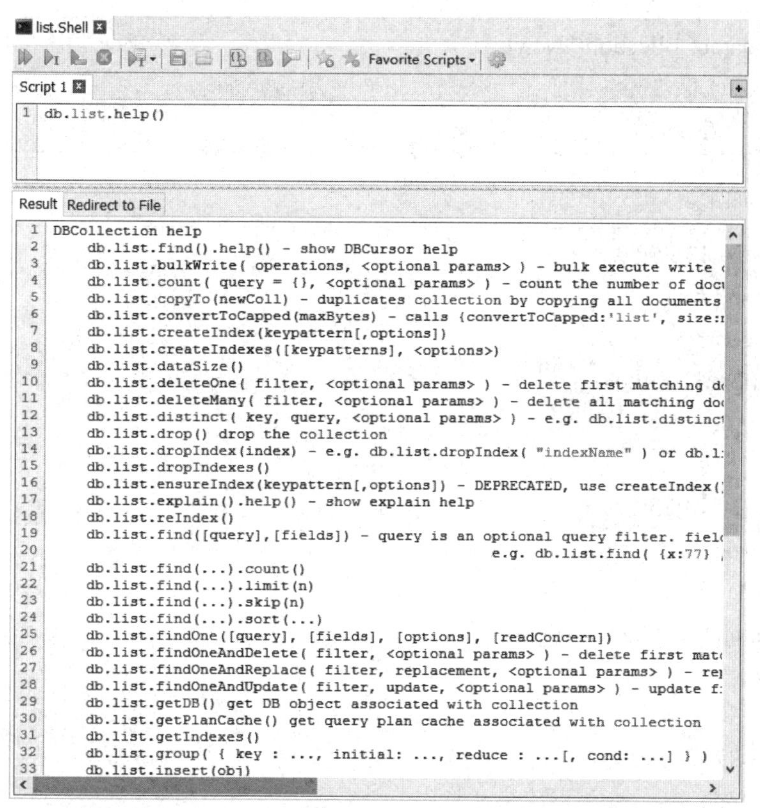

图 2-16　部分帮助文档

以上方法的命令如下所示。

```
// 查询 list 集合的数据条数
db.list.count()
// 查看 list 集合数据的大小
db.list.dataSize()
// 查看 list 集合索引的大小
db.list.totalIndexSize()
// 获取 list 集合空间的大小
db.list.storageSize()
// 显示 list 集合的大小
db.list.totalSize()
// 显示 list 集合所在的数据库
db.list.getDB()
// 显示 list 集合的状态
db.list.stats()
// 查看 list 集合的分片版本信息
db.list.getShardVersion()
// 将 list 集合的名称更改为 NewList
```

```
db.list.renameCollection("NewList")
// 删除 NewList 集合（由于上一条命令进行了集合重命名）
db.NewList.drop()
```

返回结果如下。

```
// 2018/8/29 13:25:59
// Command #1:
// db.list.count()
// Execution time: 0.0s
// Result:
3
// 2018/8/29 13:25:59
// Command #2:
// db.list.dataSize()
// Execution time: 0.0s
// Result:
397
// 2018/8/29 13:25:59
// Command #3:
// db.list.totalIndexSize()
// Execution time: 0.0s
// Result:
36864
// 2018/8/29 13:25:59
// Command #4:
// db.list.storageSize()
// Execution time: 0.0s
// Result:
36864
// 2018/8/29 13:25:59
// Command #5:
// db.list.totalSize()
// Execution time: 0.0s
// Result:
73728
// 2018/8/29 13:25:59
// Command #6:
// db.list.getDB ()
```

```
// Execution time: 0.0s
// Result:
list
// 2018/8/29 13:25:59
// Command #7:
// db.list.stats()
// Execution time: 0.0s
// Result:
{
    "ns" : "list.list",
    "size" : 397,
    "count" : 3,
    "avgObjSize" : 132,
    "storageSize" : 36864,
    "capped" : false,
    "wiredTiger" : {
        "metadata" : {
            "formatVersion" : 1
        },
        "creationString":"access_pattern_hint=none,allocation_size=4KB,app_meta-
data=(formatVersion=1),assert=(commit_timestamp=none,read_timestamp=none),block_allo-
cation=best,block_compressor=snappy,cache_resident=false,checksum=on,colgroups=,colla-
tor=,columns=,dictionary=0,encryption=(keyid=,name=),exclusive=false,extractor=,format=b-
tree,huffman_key=,huffman_value=,ignore_in_memory_cache_size=false,immutable=false,in-
ternal_item_max=0,internal_key_max=0,internal_key_truncate=true,internal_page_max=4K-
B,key_format=q,key_gap=10,leaf_item_max=0,leaf_key_max=0,leaf_page_max=32KB,leaf_
value_max=64MB,log=(enabled=true),lsm=(auto_throttle=true,bloom=true,bloom_bit_
count=16,bloom_config=,bloom_hash_count=8,bloom_oldest=false,chunk_count_lim-
it=0,chunk_max=5GB,chunk_size=10MB,merge_custom=(prefix=,start_generation=0,suffix-
=),merge_max=15,merge_min=0),memory_page_max=10m,os_cache_dirty_max=0,os_cache_
max=0,prefix_compression=false,prefix_compression_min=4,source=,split_deepen_min_
child=0,split_deepen_per_child=0,split_pct=90,type=file,value_format=u",
        "type" : "file",
        "uri" : "statistics:table:collection-9-8579019244808908607",
        "LSM" : {
            "bloom filter false positives" : 0,
            "bloom filter hits" : 0,
            "bloom filter misses" : 0,
```

```
        "bloom filter pages evicted from cache" : 0,
        "bloom filter pages read into cache" : 0,
        "bloom filters in the LSM tree" : 0,
        "chunks in the LSM tree" : 0,
        "highest merge generation in the LSM tree" : 0,
        "queries that could have benefited from a bloom filter that did not exist" : 0,
        "sleep for LSM checkpoint throttle" : 0,
        "sleep for LSM merge throttle" : 0,
        "total size of bloom filters" : 0
    },
    "block-manager" : {
        "allocations requiring file extension" : 8,
        "blocks allocated" : 15,
        "blocks freed" : 3,
        "checkpoint size" : 4096,
        "file allocation unit size" : 4096,
        "file bytes available for reuse" : 16384,
        "file magic number" : 120897,
        "file major version number" : 1,
        "file size in bytes" : 36864,
        "minor version number" : 0
    },
    "btree" : {
        "btree checkpoint generation" : 4779,
        "column-store fixed-size leaf pages" : 0,
        "column-store internal pages" : 0,
        "column-store variable-size RLE encoded values" : 0,
        "column-store variable-size deleted values" : 0,
        "column-store variable-size leaf pages" : 0,
        "fixed-record size" : 0,
        "maximum internal page key size" : 368,
        "maximum internal page size" : 4096,
        "maximum leaf page key size" : 2867,
        "maximum leaf page size" : 32768,
        "maximum leaf page value size" : 67108864,
        "maximum tree depth" : 3,
        "number of key/value pairs" : 0,
        "overflow pages" : 0,
```

```
            "pages rewritten by compaction" : 0,
            "row-store internal pages" : 0,
            "row-store leaf pages" : 0
        },
        "cache" : {
            "bytes currently in the cache" : 2017,
            "bytes read into cache" : 0,
            "bytes written from cache" : 1572,
            "checkpoint blocked page eviction" : 0,
            "data source pages selected for eviction unable to be evicted" : 0,
            "eviction walk passes of a file" : 0,
            "eviction walk target pages histogram - 0-9" : 0,
            "eviction walk target pages histogram - 10-31" : 0,
            "eviction walk target pages histogram - 128 and higher" : 0,
            "eviction walk target pages histogram - 32-63" : 0,
            "eviction walk target pages histogram - 64-128" : 0,
            "eviction walks abandoned" : 0,
            "eviction walks gave up because they restarted their walk twice" : 0,
            "eviction walks gave up because they saw too many pages and found no
candidates" : 0,
            "eviction walks gave up because they saw too many pages and found too
few candidates" : 0,
            "eviction walks reached end of tree" : 0,
            "eviction walks started from root of tree" : 0,
            "eviction walks started from saved location in tree" : 0,
            "hazard pointer blocked page eviction" : 0,
            "in-memory page passed criteria to be split" : 0,
            "in-memory page splits" : 0,
            "internal pages evicted" : 0,
            "internal pages split during eviction" : 0,
            "leaf pages split during eviction" : 0,
            "modified pages evicted" : 0,
            "overflow pages read into cache" : 0,
            "page split during eviction deepened the tree" : 0,
            "page written requiring lookaside records" : 0,
            "pages read into cache" : 0,
            "pages read into cache after truncate" : 1,
            "pages read into cache after truncate in prepare state" : 0,
```

```
            "pages read into cache requiring lookaside entries" : 0,
            "pages requested from the cache" : 49,
            "pages seen by eviction walk" : 0,
            "pages written from cache" : 8,
            "pages written requiring in-memory restoration" : 0,
            "tracked dirty bytes in the cache" : 0,
            "unmodified pages evicted" : 0
        },
        "cache_walk" : {
            "Average difference between current eviction generation when the page was last considered" : 0,
            "Average on-disk page image size seen" : 0,
            "Average time in cache for pages that have been visited by the eviction server" : 0,
            "Average time in cache for pages that have not been visited by the eviction server" : 0,
            "Clean pages currently in cache" : 0,
            "Current eviction generation" : 0,
            "Dirty pages currently in cache" : 0,
            "Entries in the root page" : 0,
            "Internal pages currently in cache" : 0,
            "Leaf pages currently in cache" : 0,
            "Maximum difference between current eviction generation when the page was last considered" : 0,
            "Maximum page size seen" : 0,
            "Minimum on-disk page image size seen" : 0,
            "Number of pages never visited by eviction server" : 0,
            "On-disk page image sizes smaller than a single allocation unit" : 0,
            "Pages created in memory and never written" : 0,
            "Pages currently queued for eviction" : 0,
            "Pages that could not be queued for eviction" : 0,
            "Refs skipped during cache traversal" : 0,
            "Size of the root page" : 0,
            "Total number of pages currently in cache" : 0
        },
        "compression" : {
            "compressed pages read" : 0,
            "compressed pages written" : 0,
            "page written failed to compress" : 0,
            "page written was too small to compress" : 8,
```

```
        "raw compression call failed, additional data available" : 0,
        "raw compression call failed, no additional data available" : 0,
        "raw compression call succeeded" : 0
    },
    "cursor" : {
        "bulk-loaded cursor-insert calls" : 0,
        "create calls" : 4,
        "cursor operation restarted" : 0,
        "cursor-insert key and value bytes inserted" : 633,
        "cursor-remove key bytes removed" : 0,
        "cursor-update value bytes updated" : 0,
        "cursors cached on close" : 0,
        "cursors reused from cache" : 44,
        "insert calls" : 5,
        "modify calls" : 0,
        "next calls" : 153,
        "prev calls" : 1,
        "remove calls" : 0,
        "reserve calls" : 0,
        "reset calls" : 102,
        "search calls" : 5,
        "search near calls" : 3,
        "truncate calls" : 0,
        "update calls" : 0
    },
    "reconciliation" : {
        "dictionary matches" : 0,
        "fast-path pages deleted" : 0,
        "internal page key bytes discarded using suffix compression" : 0,
        "internal page multi-block writes" : 0,
        "internal-page overflow keys" : 0,
        "leaf page key bytes discarded using prefix compression" : 0,
        "leaf page multi-block writes" : 0,
        "leaf-page overflow keys" : 0,
        "maximum blocks required for a page" : 1,
        "overflow values written" : 0,
        "page checksum matches" : 0,
        "page reconciliation calls" : 8,
```

```
                    "page reconciliation calls for eviction" : 0,
                    "pages deleted" : 0
            },
            "session" : {
                "cached cursor count" : 4,
                "object compaction" : 0,
                "open cursor count" : 0
            },
            "transaction" : {
                "update conflicts" : 0
            }
        },
        "nindexes" : 1,
        "totalIndexSize" : 36864,
        "indexSizes" : {
            "_id_" : 36864
        },
        "ok" : 1
}
// 2018/8/29 13:25:59
// Command #8:
// db.list.getShardVersion()
// Execution time: 0.0s
// Result:
{
        "configServer" : "",
        "inShardedMode" : false,
        "mine" : Timestamp(0, 0),
        "global" : Timestamp(0, 0),
        "ok" : 1
}
// 2018/8/29 13:25:59
// Command #9:
// db.list.renameCollection("NewList")
// Execution time: 0.1s
// Result:
{ "ok" : 1}
// 2018/8/29 13:25:59
```

```
// Command #10:
// db.NewList.drop()
// Execution time: 0.0s
// Result:
true
```

3. MongoDB 固定集合的创建与管理

固定集合（capped collection）就是固定大小的集合，它有很好的性能以及队列过期（按照插入的顺序）的特性。当固定集合中文档的数量或文档的大小达到最大时，会用新文档代替最先插入的文档。在创建固定集合时必须指定集合的容量，单位是 KB。值得注意的是集合的容量中包含了数据库的头信息。

固定集合在创建时使用了“capped”选项，命令如下所示。

```
// 创建名为 collection3、容量为 100000 的固定集合
db.createCollection("collection3", {capped:true, size:100000})
db. collection3.stats()
```

创建固定集合的部分结果如图 2-17 所示。

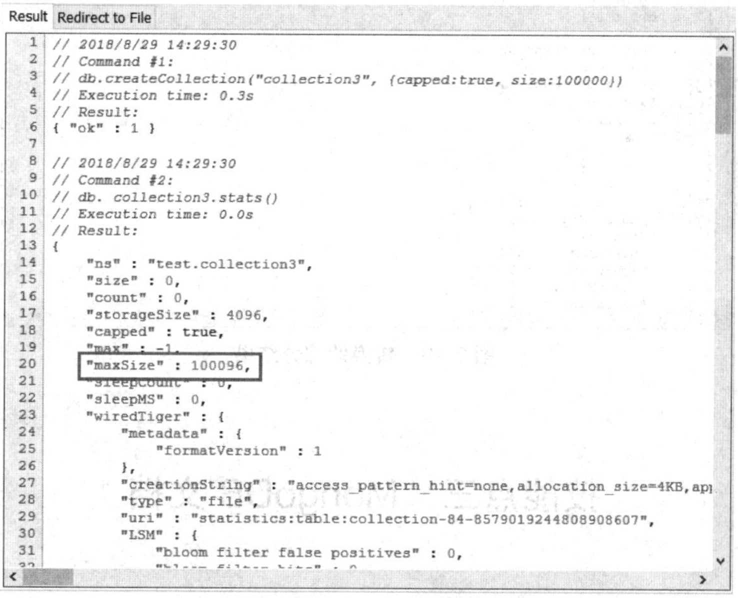

```
Result  Redirect to File
1  // 2018/8/29 14:29:30
2  // Command #1:
3  // db.createCollection("collection3", {capped:true, size:100000})
4  // Execution time: 0.3s
5  // Result:
6  { "ok" : 1 }
7
8  // 2018/8/29 14:29:30
9  // Command #2:
10 // db. collection3.stats()
11 // Execution time: 0.0s
12 // Result:
13 {
14     "ns" : "test.collection3",
15     "size" : 0,
16     "count" : 0,
17     "storageSize" : 4096,
18     "capped" : true,
19     "max" : -1,
20     "maxSize" : 100096,
21     "sleepCount" : 0,
22     "sleepMS" : 0,
23     "wiredTiger" : {
24         "metadata" : {
25             "formatVersion" : 1
26         },
27         "creationString" : "access_pattern_hint=none,allocation_size=4KB,ap
28         "type" : "file",
29         "uri" : "statistics:table:collection-84-8579019244808908607",
30         "LSM" : {
31             "bloom filter false positives" : 0,
```

图 2-17　创建固定集合的部分结果

使用固定集合的注意事项如下。

- 在固定集合中可以添加与更新对象，但是添加或更新的对象不会增加存储空间，如果增加存储空间，添加或更新就会失败。
- 在固定集合中使用 drop() 方法会删除集合的所有行。

- 在 32 位系统中，固定集合的最大存储量约为 482.5 MB。
- 插入文档时，MongoDB 首先检查固定集合 capped 字段的大小，然后检查 max 字段。

除自定义固定集合外，普通集合也可转为固定集合，命令如下所示。

```
// 创建集合 collection4
db.createCollection("collection4")
// 将集合转为固定集合
db.runCommand({convertToCapped:"collection4",size:100000,max:3})
// 查看集合的状态
db.collection4.stats()
```

普通集合转为固定集合时，也可设置其他选项。

转换的部分结果如图 2-18 所示。

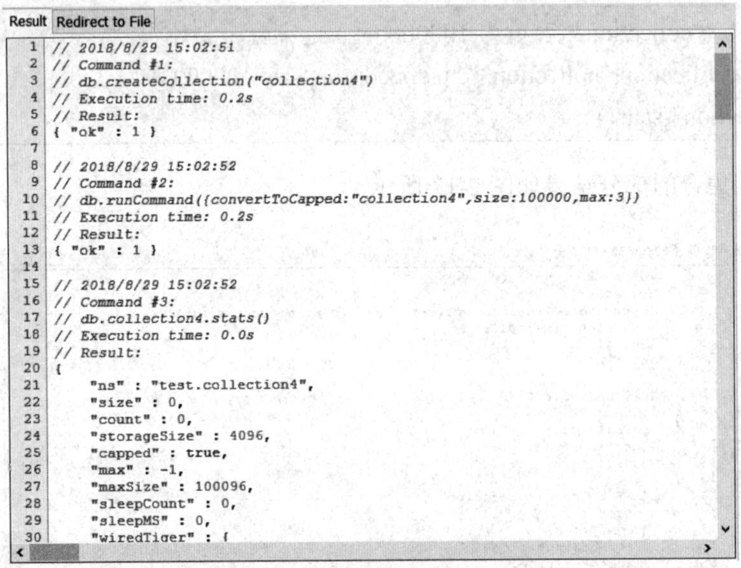

```
Result  Redirect to File
1  // 2018/8/29 15:02:51
2  // Command #1:
3  // db.createCollection("collection4")
4  // Execution time: 0.2s
5  // Result:
6  { "ok" : 1 }
7
8  // 2018/8/29 15:02:52
9  // Command #2:
10 // db.runCommand({convertToCapped:"collection4",size:100000,max:3})
11 // Execution time: 0.2s
12 // Result:
13 { "ok" : 1 }
14
15 // 2018/8/29 15:02:52
16 // Command #3:
17 // db.collection4.stats()
18 // Execution time: 0.0s
19 // Result:
20 {
21     "ns" : "test.collection4",
22     "size" : 0,
23     "count" : 0,
24     "storageSize" : 4096,
25     "capped" : true,
26     "max" : -1,
27     "maxSize" : 100096,
28     "sleepCount" : 0,
29     "sleepMS" : 0,
30     "wiredTiger" : {
```

图 2-18 转换的部分结果

技能点三 MongoDB 文档

日志分析平台上的数据形式是多变的，常规的关系型数据库不能完美地保存所需的数据信息，故选用 MongoDB 文档存储。MongoDB 文档可以把不同类型的数据存储在相关联的位置上，不会因为数据类型不同而报错，很好地克服了数据存储的局限性。

1. MongoDB 文档简介

文档是 MangoDB 的核心概念，相当于常见的关系型数据库中的行，其存储格式为类似于 JSON 的 BJSON（即 Binary JSON，一种二进制形式的存储格式），即以键值对的形式存储，格式如下所示。

```
{key:value}
```

其中，文档的值可以是不同的数据类型，但文档的键只能是字符串类型，可以由任意 UTF-8 编码的字符组成。插入文档的键时需要注意以下内容。

- 键不能含有空字符，因为空字符用于表示键的结尾。
- “.”和“$”具有特殊含义，只能在特定环境下使用（如 $inc 表示更新修饰符）。通常这两个字符被保留，如果使用不当会报错，说明属性无效。
- MongoDB 中文档的键不能重复并区分大小写。

在使用文档时要注意文档中的键值对是有顺序的，如“{ "bb" : 22, "aa" : 12, "cc" : 33 }”与“{"aa" : 12, "bb" : 22, "cc" : 33 }”代表两个不同的文档，通常键值对的顺序不同不影响查询结果。

2. MongoDB 数据类型

通俗地说，数据类型的意义就是告诉计算机这个变量的作用。MongoDB 数据库中的数据类型有数值型、日期型、字符型、布尔型、文档型、数组型、对象 ID 与其他不常用的数据类型，详细说明如下。

（1）数值型

计算机只能够存储二进制数组，即由 0 和 1 组成的数组。二进制数组的位数有 32 位（4 字节）和 64 位（8 字节）之分，所以在 MongoDB 中数值型数据也有 32 位和 64 位之分，且 64 位较 32 位数值范围广，计算能力强。数值型数据的说明如表 2-4 所示。

表 2-4 数值型数据说明

数据类型	表示方式	说明	取值范围
32 位整数（Integer）	{"key":12}	MongoDB 存储的 32 位整数在通过 shell 界面查询时会自动转为 64 位浮点数	有符号：-2^{31}~2^{31} 无符号：0~2^{32}–1
64 位整数（Integer）	{"key":{"floatApprox":12}}	floatApprox 表示使用 64 位浮点数近似表示 64 位整数	有符号：-2^{63}~2^{63}–1 无符号：0~2^{64}–1
64 位浮点数（Double）	{"key":12.00} {"key":12}	shell 客户端与 MongoDB 数据库存储的均为此类型	与 64 位整数取值相同
128 位货币类型（Decimal）	{"price":NumberDecimal("5.088")}	MongoDB 3.4 版本后新增的类型	可精确到小数点后 32 位

当 MongoDB 遇到不支持的数据类型时，会使用特殊的内嵌文档表示 64 位整数，此类型的数据在 shell 界面查看时，若能够正确使用 64 位浮点数精确表示，则直接显示为 64 位浮点数；若不能使用 64 位浮点数正确显示，MongoDB 会使用内嵌文档表示此数据，如下所示。

```
db.nums.findOne()
{
"_id":ObjectId("xxxxxxxxx"),
"myInteger":{
"floatApprox":9223372036854775807,
"top":2147483647,
"bottom":4294967295
}
}
```

（2）日期型

使用 Java 或 JavaScript 驱动将日期型数据存入 MongoDB 中，MongoDB 会自动将 Java 和 JavaScript 支持的 Date 转换为 ISODate（MongoDB 中的日期型数据），MongoDB 中的日期型数据能够进行减运算和比较日期的先后。日期型数据的说明如表 2-5 所示。

表 2-5 日期型数据说明

数据类型	表示方式	说明
日期型	{"key":new Date()}	日期类型存储从标准纪元开始的毫秒数

在 MongoDB 数据库中 Date 类型以 CUT（Coordinated Universal Time）存储等于 GMT（格林尼治标准时）时间，例如如图 2-19 所示的数据。

```
: ObjectId("5b359bf380192b5a06af813f"), "mark_time" : ISODate("2018-06-29T02:39:47.013Z") }
: ObjectId("5b359bf480192b5a06af8140"), "mark_time" : "Fri Jun 29 2018 10:39:48 GMT+0800" }
```

图 2-19 日期型文档

由图 2-19 中的文档可以看出，第一条数据以 ISODate 类型存储且比第二条以字符类型存储的数据早 8 小时，这是因为当前处于东八区，MongoDB 会自动将当前的 GMT+0800 时间减 8 小时存储为 GMT 时间。

（3）字符型

MongoDB 中的字符型数据与 Java 和 JavaScript 中的字符型数据相似，MongoDB 只支持以 UTF-8 的编码方式存储字符型数据。字符型数据的说明如表 2-6 所示。

表 2-6 字符型数据说明

数据类型	表示方式	说明
字符型	{"key":"value"}{"key":"12"}	字符型数据能够记录 UTF-8 的字符，且字符型数据与浮点数的区别为字符型数据用双引号包裹，浮点数没有引号

字符型数据与浮点数的区别如图 2-20 所示。

```
{ "_id" : ObjectId("5b35a87080192b5a06af8141"), "String" : "12345" }
{ "_id" : ObjectId("5b35a87080192b5a06af8142"), "int" : 12345 }
```

图 2-20　字符型数据与浮点数的区别

（4）布尔型

MongoDB 中的布尔型数据与 Java 中的布尔型数据相似，都只有 2 个值：true 和 false。布尔型数据的说明如表 2-7 所示。

表 2-7　布尔型数据说明

数据类型	表示方式	说明
布尔型	{"key":true}{"key":false}	布尔型数据的值只有 true 与 false，且 true 与 false 不用加引号

展示效果如图 2-21 所示。

```
{ "_id" : ObjectId("5b44033a5a6a70d344ee97f8"), "boo" : true }
{ "_id" : ObjectId("5b4406945a6a70d344ee97f9"), "bool" : false }
```

图 2-21　布尔型数据展示效果

（5）文档型

MongoDB 能够采用内嵌文档的方式来体现文档间的关联，使用内嵌文档能够更好地组织、管理数据。在 MongoDB 中有两种内嵌文档，分别为普通内嵌文档和自动关联内嵌文档。内嵌文档的说明如表 2-8 所示。

表 2-8　内嵌文档说明

数据类型	表示方式	说明
内嵌文档	{"user":{"name":"lingran"}}	文档中可以包含文档

内嵌文档指一个集合中包含另一个集合，例如有一个商品订单表（s_order）保存订单的基本信息，还需要保存该订单所属的用户和订单中包含的商品，这时可以将用户信息作为内嵌文档，如图 2-22 所示。

```
{
  "_id" : ObjectId("5b35c3de80192b5a06af8143"),
  "member_id" : {
    "id" : "1",
    "name" : "lingran"
  },
  "shop_id" : {
    "id" : "1",
    "name" : "banana"
  }
}
```

图 2-22　内嵌文档

图 2-22 中的 { "id" : "1" , "name" : "lingran" } 作为 member_id 的值是一个内嵌文档，{ "id" : "1", "name" : "banana" } 作为 shop_id 的值也是一个内嵌文档。使用内嵌文档只需要对一个集合进行查询即可完整展示一个对象，简化了查询步骤，但会导致数据冗余。

（6）数组型

MongoDB 中的数组由多个文档组成，且 MongoDB 中的数组与 Java 中的数组不同，Java 中的数组只能包含同类型的值，而 MongoDB 中的数组可包含不同数据类型的元素，如一个数组中可以同时包含字符型和数值型数据。数组型数据的表示方式如下。

```
{"list":["MongoDBlist",12345,[ "a",456, "b",3.1415],78. "c"]}
```

list 为 MongoDB 中的数组，其中包含五个元素，还包含一个内嵌数组 ["a",456, "b",3.1415]。

（7）对象 ID

在 MongoDB 中有一个特有的数据类型 ObjectId 和文档的唯一标识 _id。ObjectId 是一组根据特定规律自动生成的字符，可用作文档的唯一标识，在任何情况下都不会重复。

1）_id

在 MongoDB 中存储文档时必须设置唯一的标识 id，即相当于关系型数据库中的主键，且不允许重复。_id 可以通过两种方式设置。

- 手动设置：在插入新文档时，可以根据需求手动指定 _id，但手动设置很难保证键值的唯一性，且 MongoDB 同时部署在多台服务器上时维护和管理较复杂。
- 自动生成：插入新文档时不指定主键，MongoDB 会自动生成一个 ObjectId 类型的字符作为主键，能够做到不重复地自动增长，无须人为干预。

2）ObjectId

如上所述，ObjectId 为 _id 的默认类型。ObjectId 使用了 12 个字节的存储空间，且每个由两个 16 进制字符组成的 24 位的字符串，如下所示。

```
ObjectId("5b35da3480192b5a06af8144")
```

ObjectId 的组成说明如下。

- 前四位是以秒为单位的标准纪元时间，且能够与随后的五位组合起来保证秒级的唯一性，在同一秒中允许每个进程拥有 256^3 不同的 ObjectId。MongoDB 能够自动将 ObjectId 大致按照插入顺序进行排列，以提高索引效率。
- 第十位到第十二位是由主机名的散列值组成的唯一标识，能够保证不同的主机生成的 _id 的唯一性。

（8）其他不常用的数据类型

MongoDB 中除上述常用的数据类型外，还有一些不常用的数据类型，如表 2-9 所示。

表 2-9 不常用的数据类型

数据类型	说明
null	用于表示空值或者不存在的字段，如 {"x",null}
代码	文档中可以包含 JS 代码，如 {"x":function(){...}}
未定义	文档中可以使用未定义的类型 {"x":undefined}
正则表达式	文档中可以包含正则表达式，正则表达式采用 JS 语法来表示，如 {"x":/foobar/i}

3. MongoDB 文档的操作

文档是存储数据的基本单位，管理文档就是对数据进行存储、查询、修改、删除等操作（即常说的 CRUD 操作）。

（1）文档的存储

MongoDB 文档存储数据有两种主要方法，分别为 insert() 和 save()。将数据存储到文档中后，文档会将数据序列化为 BJSON 格式存储在集合中，读取时再进行反序列化。使用 save() 方法存储数据时 _id 相同会导致文档更新，后面将详细介绍。使用 insert() 方法存储数据的命令如下。

```
db.COLLECTION_NAME.insert(document)
```

文档存储命令的解释如表 2-10 所示。

表 2-10　文档存储命令的解释

名词	解释
db	在当前数据库中执行后面的指令
COLLECTION_NAME	集合的名称，若当前数据库中不存在集合则自动创建该集合
insert()	文档存储方法
document	文档的内容，即需要存储的数据信息

使用 insert() 方法将数据添加至集合中，命令如下所示。

```
db.test.insert([{_id:001,name:' 西瓜 ',price:12,count:2,type_id:22},{_id:002,name:' 香蕉 ',
price:14,count:3,type_id:22}])
db.test.insert({_id:003,name:' 苹果 ',price:5,count:5,type_id:22})
```

结果如图 2-23 所示。

```
1  // 2018/6/29 13:52:53
2  // Command #1:
3  // db.test.insert([{_id:001,name:'西瓜',price:12,count:2,type_id:22},{_id:002,name:'香蕉',price:14,count:3,type_id:22}])
4  // Execution time: 0.2s
5  // Result:
6  BulkWriteResult({
7      "writeErrors" : [ ],
8      "writeConcernErrors" : [ ],
9      "nInserted" : 2,
10     "nUpserted" : 0,
11     "nMatched" : 0,
12     "nModified" : 0,
13     "nRemoved" : 0,
14     "upserted" : [ ]
15 })
16
17 // 2018/6/29 13:52:53
18 // Command #2:
19 // db.test.insert({_id:003,name:'苹果',price:5,count:5,type_id:22})
20 // Execution time: 0.0s
21 // Result:
22 WriteResult({ "nInserted" : 1 })
23
```

图 2-23　使用 insert() 方法添加数据的结果

使用 save() 方法将数据添加至集合中，命令如下所示。

```
db.test.save([{_id:004,name:' 荔枝 ',price:20,count:5,type_id:23},{_id:005,name:' 橘子 ',price:16,count:3,type_id:22}])
db.test.save({_id:006,name:' 椰子 ',price:15,count:5,type_id:22})
```

结果如图 2-24 所示。

```
1  // 2018/6/29 13:55:56
2  // Command #1:
3  // db.test.save([{_id:004,name:'[illegible]',price:20,count:5,type_id:23},{_id:005,name:'[illegible]',price:16,count:3,type_id:22}])
4  // Execution time: 0.0s
5  // Result:
6  BulkWriteResult({
7      "writeErrors" : [ ],
8      "writeConcernErrors" : [ ],
9      "nInserted" : 2,
10     "nUpserted" : 0,
11     "nMatched" : 0,
12     "nModified" : 0,
13     "nRemoved" : 0,
14     "upserted" : [ ]
15 })
16
17 // 2018/6/29 13:55:56
18 // Command #2:
19 // db.test.save({_id:006,name:'[illegible]',price:15,count:5,type_id:22})
20 // Execution time: 0.0s
21 // Result:
22 WriteResult({ "nMatched" : 0, "nUpserted" : 1, "nModified" : 0, "_id" : 6 })
23
```

图 2-24 使用 save() 方法添加数据的结果

使用 insert() 方法和 save() 方法都可以将一条数据或多条数据添加至集合中，还有 insertOne()（只将一条数据添加至集合中）和 insertMany()（将多条数据添加至集合中）两种子方法可供选择使用。使用 insertOne() 方法将一条数据添加到集合中，命令如下所示。

```
db.test.insertOne({ item: "retailers", qty:99, tags: ["aasd"], size: { h: 28, w: 35.5, uom: "cm" } })
```

结果如图 2-25 所示。

```
Result | Redirect to File
1 {
2     "acknowledged" : true,
3     "insertedId" : ObjectId("5b398924d0e4311b584b97bf")
4 }
5
```

图 2-25 使用 insertOne() 方法添加数据的结果

（2）文档的查询

MongoDB 集合查询文档数据的方法为 find()，find() 方法是将集合中的所有文档以非结构化的方式显示。使用 find () 方法查询集合中的全部数据，命令如下所示。

```
db.test.find()
```

查询结果如图 2-26 所示。

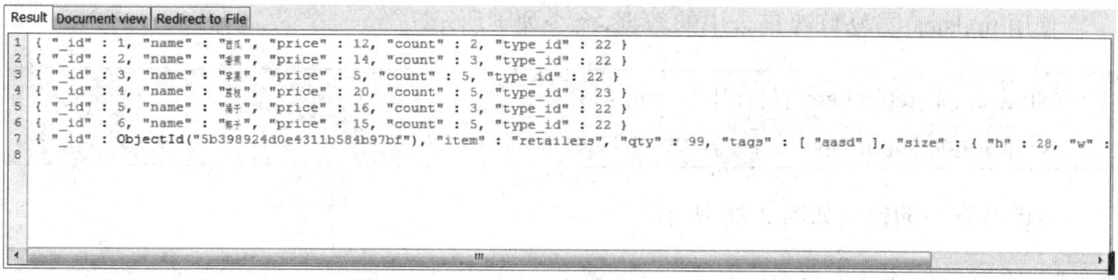

```
Result | Document view | Redirect to File
1 { "_id" : 1, "name" : "[illegible]", "price" : 12, "count" : 2, "type_id" : 22 }
2 { "_id" : 2, "name" : "[illegible]", "price" : 14, "count" : 3, "type_id" : 22 }
3 { "_id" : 3, "name" : "[illegible]", "price" : 5, "count" : 5, "type_id" : 22 }
4 { "_id" : 4, "name" : "[illegible]", "price" : 20, "count" : 5, "type_id" : 23 }
5 { "_id" : 5, "name" : "[illegible]", "price" : 16, "count" : 3, "type_id" : 22 }
6 { "_id" : 6, "name" : "[illegible]", "price" : 15, "count" : 5, "type_id" : 22 }
7 { "_id" : ObjectId("5b398924d0e4311b584b97bf"), "item" : "retailers", "qty" : 99, "tags" : [ "aasd" ], "size" : { "h" : 28, "w" :
8
```

图 2-26　使用 find () 方法得到的查询结果

（3）文档的修改

MongoDB 修改集合中的文档的方法有 update()、save()、replaceOne()，其中 update() 方法是修改当前文档中的值，而 save() 和 replaceOne() 方法是用新的值替换文档中的内容。

update() 方法的基本语法格式如下。

```
db.COLLECTION_NAME.update(<query>,
  <update>,
  {
    upsert: <boolean>,
    multi: <boolean>,
    writeConcern: <document>,
    UPDATED_DATA
  })
```

文档修改语法的解释如表 2-11 所示。

表 2-11　文档修改语法的解释

参数	解释
db	在当前数据库中执行后面的指令
COLLECTION_NAME	集合的名称，若当前数据库中不存在此集合，则自动创建该集合
update ()	文档更新方法
<query>	update 的查询条件，类似于 sql update 查询 where 后面的内容
<update>	update 的对象和一些更新的操作符（如 $,$inc...）等，也可以理解为 sql update 查询 set 后面的内容
upsert: <boolean>	可选。这个参数的意思是如果不存在 update 的记录，是否插入 objNew，true 为插入；默认是 false，即不插入
multi: <boolean>	可选。MongoDB 默认是 false，只更新找到的第一条记录；如果这个参数为 true，就把按条件查出来的多条记录全部更新
writeConcern: <document>	可选。抛出异常的级别
UPDATED_DATA	修改数据的值

使用 update() 方法修改集合中的数据，命令如下所示。

```
db.test.update({name:' 西瓜 '},{count:4})
db.test.update({name:' 荔枝 '},{price:15,count:2})
```

修改数据后的提示如图 2-28 所示。

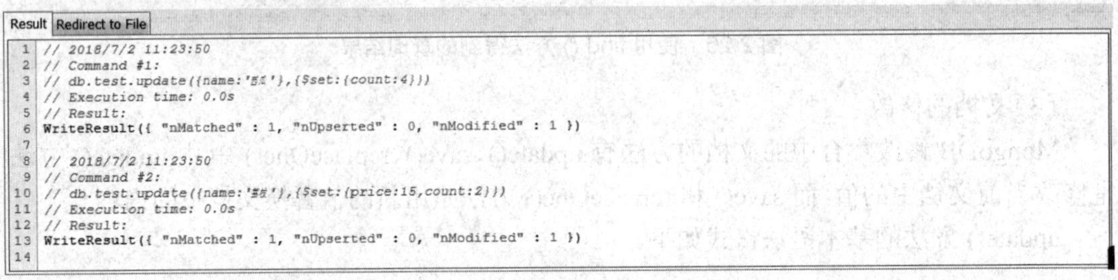

```
Result | Redirect to File
1  // 2018/7/2 11:23:50
2  // Command #1:
3  // db.test.update({name:'西瓜'},{$set:{count:4}})
4  // Execution time: 0.0s
5  // Result:
6  WriteResult({ "nMatched" : 1, "nUpserted" : 0, "nModified" : 1 })
7
8  // 2018/7/2 11:23:50
9  // Command #2:
10 // db.test.update({name:'荔枝'},{$set:{price:15,count:2}})
11 // Execution time: 0.0s
12 // Result:
13 WriteResult({ "nMatched" : 1, "nUpserted" : 0, "nModified" : 1 })
14
```

图 2-28　修改数据后的提示

修改数据后的查询结果如图 2-29 所示。

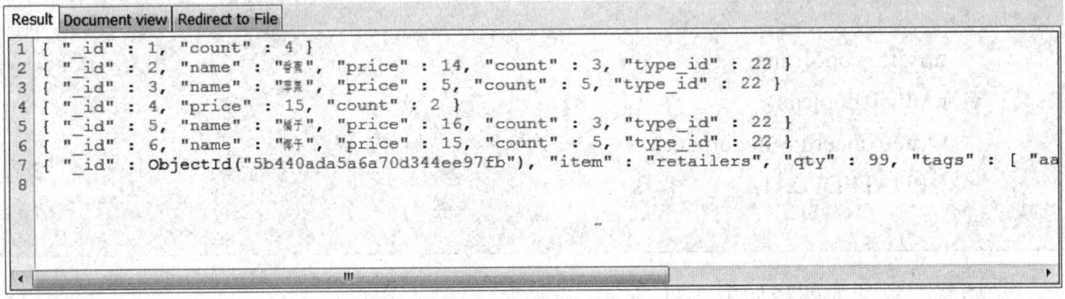

```
Result | Document view | Redirect to File
1 { "_id" : 1, "count" : 4 }
2 { "_id" : 2, "name" : "香蕉", "price" : 14, "count" : 3, "type_id" : 22 }
3 { "_id" : 3, "name" : "苹果", "price" : 5, "count" : 5, "type_id" : 22 }
4 { "_id" : 4, "price" : 15, "count" : 2 }
5 { "_id" : 5, "name" : "橘子", "price" : 16, "count" : 3, "type_id" : 22 }
6 { "_id" : 6, "name" : "橙子", "price" : 15, "count" : 5, "type_id" : 22 }
7 { "_id" : ObjectId("5b440ada5a6a70d344ee97fb"), "item" : "retailers", "qty" : 99, "tags" : [ "aa
8
```

图 2-29　修改数据后的查询结果

在默认情况下，update() 只修改查询到的第一个文档数据。

使用 save() 方法替换数据，命令如下所示。

```
db.test.save({_id:1,"title":" 我替换了原数据 "})
```

替换数据后的查询结果如图 2-30 所示。

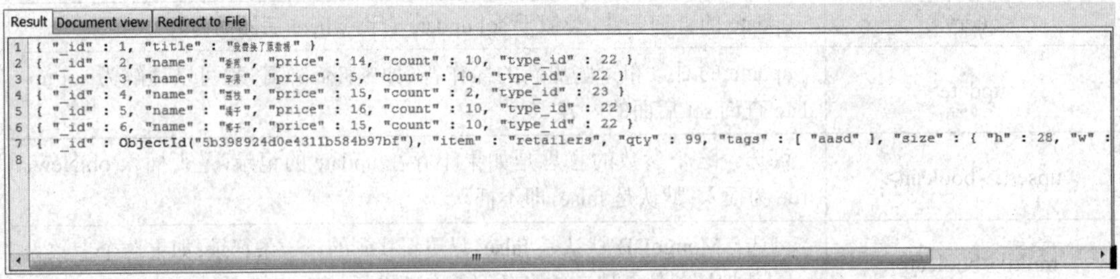

```
Result | Document view | Redirect to File
1 { "_id" : 1, "title" : "我替换了原数据" }
2 { "_id" : 2, "name" : "香蕉", "price" : 14, "count" : 10, "type_id" : 22 }
3 { "_id" : 3, "name" : "苹果", "price" : 5, "count" : 10, "type_id" : 22 }
4 { "_id" : 4, "name" : "荔枝", "price" : 15, "count" : 2, "type_id" : 23 }
5 { "_id" : 5, "name" : "橘子", "price" : 16, "count" : 10, "type_id" : 22 }
6 { "_id" : 6, "name" : "橙子", "price" : 15, "count" : 10, "type_id" : 22 }
7 { "_id" : ObjectId("5b398924d0e4311b584b97bf"), "item" : "retailers", "qty" : 99, "tags" : [ "aasd" ], "size" : { "h" : 28, "w" :
8
```

图 2-30　替换数据后的结果

replaceOne() 方法的使用与 save() 方法类似，不再重复说明。

提示：想了解 replaceOne() 方法如何进行文档数据的修改吗？扫描下面的二维码，一起来学习吧！

想要了解replaceOne()方法如何进行文档数据的修改吗？扫描二维码，一起来学习吧！

（4）文档的删除

数据库中的数据量越来越大，对于项目而言，有些数据是废弃的数据，如果手动删除数据既耗时又费力，因此，MongoDB 提供了三种方法用于删除数据，包括 remove()、deleteOne() 和 deleteMany()。

remove() 方法的语法格式如下所示。

```
db.COLLECTION_NAME.remove(< query > ,
  {
    justOne: < boolean > ,
    writeConcern: < document > ,
    collation:< document >
  })
```

文档删除语法的解释如表 2-12 所示。

表 2-12　文档删除语法的解释

参数	解释
query	使用查询运算符指定删除条件。要删除集合中的所有文档，传递一个空文档
justOne: < boolean >	可选，要限制仅删除一个文档，设置为 true，默认为 false
writeConcern	可选，抛出异常的级别
collation	可选，指定用于操作的排序规则

使用 remove() 方法删除集合中的文档，命令如下所示。

```
db.test.remove({_id:2})
```

删除文档后的结果如图 2-31 所示。

```
Result | Document view | Redirect to File
1 { "_id" : 1, "title" : "我替换了原数据" }
2 { "_id" : 3, "name" : "苹果", "price" : 5, "count" : 10, "type_id" : 22 }
3 { "_id" : 4, "name" : "[illegible]", "price" : 15, "count" : 2, "type_id" : 23 }
4 { "_id" : 5, "name" : "橘子", "price" : 16, "count" : 10, "type_id" : 22 }
5 { "_id" : 6, "name" : "椰子", "price" : 15, "count" : 10, "type_id" : 22 }
6 { "_id" : ObjectId("5b398924d0e4311b584b97bf"), "item" : "retailers", "qty" : 99, "tags" : [ "aasd" ], "size" : { "h" : 28, "w" :
7
```

图 2-31　删除文档后的结果

deleteOne() 方法用来删除满足条件的第一个文档，可指定多个条件，若不指定条件则删除返回的第一个文档，命令如下所示。

```
db.test.deleteOne({"type_id":22})
```

删除文档后的结果如图 2-32 所示。

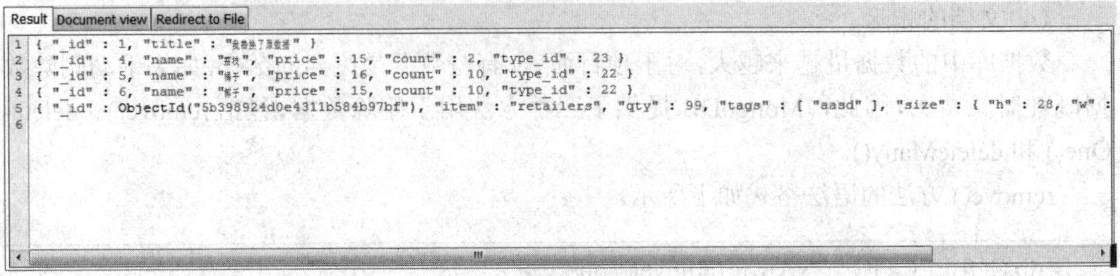

```
Result | Document view | Redirect to File
1 { "_id" : 1, "title" : "[illegible]" }
2 { "_id" : 4, "name" : "[illegible]", "price" : 15, "count" : 2, "type_id" : 23 }
3 { "_id" : 5, "name" : "[illegible]", "price" : 16, "count" : 10, "type_id" : 22 }
4 { "_id" : 6, "name" : "[illegible]", "price" : 15, "count" : 10, "type_id" : 22 }
5 { "_id" : ObjectId("5b398924d0e4311b584b97bf"), "item" : "retailers", "qty" : 99, "tags" : [ "aasd" ], "size" : { "h" : 28, "w" :
6
```

图 2-32 使用 deleteOne() 方法删除文档后的结果

deleteMany() 方法用来删除满足条件的多个文档，命令如下所示。

```
db.test.deleteMany({"type_id":22})
```

删除文档后的结果如图 2-33 所示。

```
Result | Document view | Redirect to File
1 { "_id" : 1, "title" : "[illegible]" }
2 { "_id" : 4, "name" : "[illegible]", "price" : 15, "count" : 2, "type_id" : 23 }
3 { "_id" : ObjectId("5b398924d0e4311b584b97bf"), "item" : "retailers", "qty" : 99, "tags" : [ "aasd" ], "size" : { "h" : 28, "w" :
4
```

图 2-33 使用 deleteMany() 方法删除文档后的结果

技能点四 MongoDB 在 Python 中的应用

操作 MongoDB 数据库，除了采用上述的在命令窗口或者通过 NoSQL Manager for MongoDB 工具等手动方式进行外，还可以使用 Java、Python、Node.js 等语言进行 MongoDB 数据库的连接和操作，下面讲解使用 Python 语言操作 MongoDB 数据库。

1. 安装 MongoDB 数据库模块

在 Python 项目中经常需要用到数据库来进行数据的存储，这样保存的数据不容易丢失，如在进行 Python 爬虫的时候，获取的数据就可以存储在 MongoDB 数据库中。Python 项目在使用 MongoDB 数据库之前，需要先导入 MongoDB 数据库操作模块，在 Python 中导入 MongoDB 操作模块的命令如下所示。

```
pip install pymongo
```

结果如图 2-34 所示。

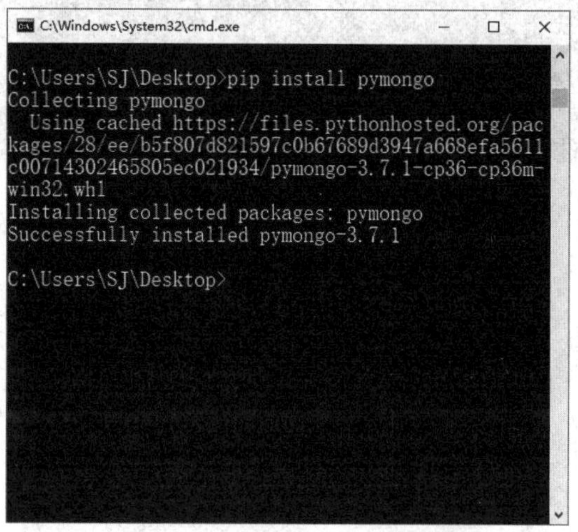

图 2-34　导入 MongoDB 操作模块

pymongo 模块已经安装完成，然后进行安装成功的验证。在命令窗口中输入“python”进入交互模式，然后输入以下命令，不报错说明安装成功，反之则说明安装失败。

```
import pymongo
```

测试 MongoDB 操作模块安装成功的界面如图 2-35 所示。

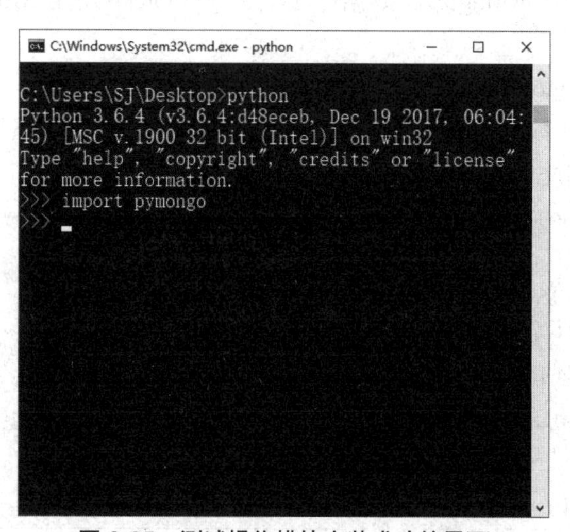

图 2-35　测试操作模块安装成功的界面

在网络不好的情况下也可以采用下载源码的方式安装，源码的下载地址为 https://pypi.org/project/pymongo/2.7.2/。点击“Download files”按钮之后选择对应的版本下载即可，页面如图 2-36 所示。

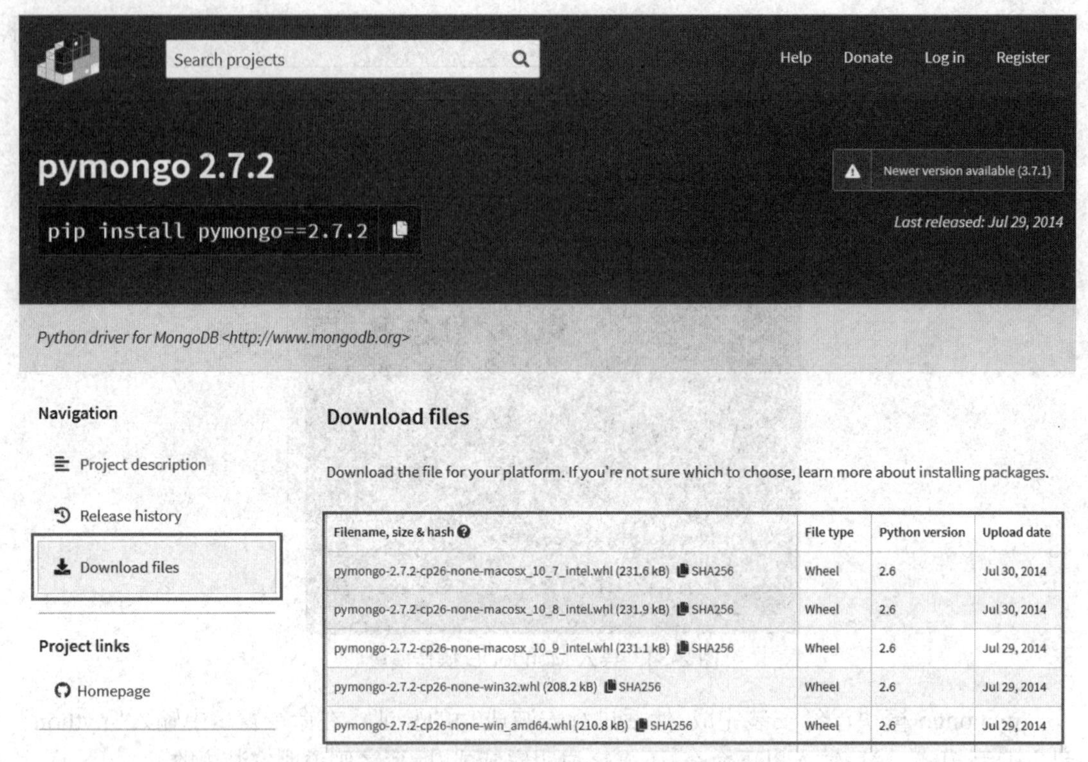

图 2-36 下载操作模块源码的页面

2. MongoDB 数据库的连接及操作

在 Python 环境中安装 MongoDB 数据库操作模块之后，前期准备就完成了，然后就可以在 Python 项目中使用 MongoDB 数据库了。在 Python 中使用 MongoDB 数据库可以分为以下几个步骤。

第一步，建立 MongoDB 连接。

在进行 MongoDB 数据库的连接之前，需要进行模块的引入，然后创建一个 MongoClient 实例用来进行数据库的连接，代码如下所示。

```
//coding=UTF-8
from pymongo import MongoClient
// 建立 MongoDB 数据库连接
//localhost 为本地 IP 地址，也可写为 192.168.2.101 的形式
//27017 为 MongoDB 数据库启动的端口号 client = MongoClient('localhost',27017)
// 除了上面的方式还有一种创建方式
client = MongoClient('mongodb://localhost:27017/')
```

第二步，获取数据库。

由于 MongoDB 的一个连接里可能包含很多数据库，因此，需要进行数据库的获取。MongoDB 数据库的获取比较简单，只需采用获取 MongoClient 实例的属性的方式访问数据库，代码如下所示。

```
//coding=UTF-8
from pymongo import Mongo
Client client = MongoClient('localhost',27017)
// 连接所需的数据库，list 为数据库名
db=client.list
```

当数据库名称由于项目需要采用以上方式不能正常访问时，如名称为 list-db，效果如图 2-37 所示。

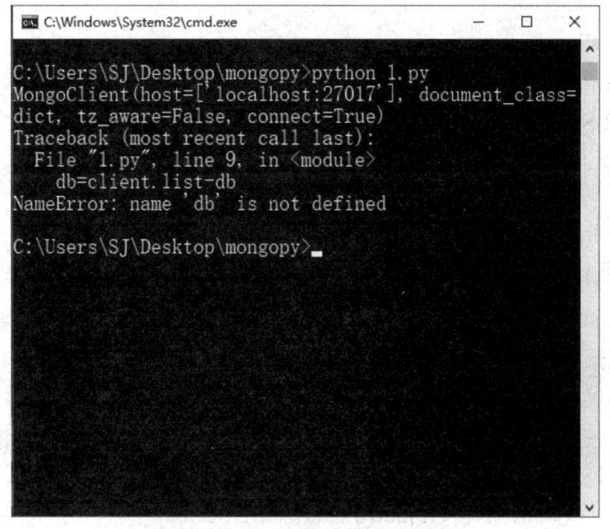

图 2-37　获取数据库报错

这个时候程序不能进行下去，有两种解决办法：一种是更改数据库的名称，但是上面说了，因为项目需要不能更改；所以可以采用另一种方法，以字典的方式访问数据库，这种方式适用性比较强，代码如下所示。

```
//coding=UTF-8
from pymongo import Mongo
Client client = MongoClient('localhost',27017)
// 字典的方式连接数据库
db=client["list-db"]
```

第三步，获取集合。

在一个项目中，操作最频繁的不是最上层的数据库，而是最底层的文档。但文档中的数据都保存在相应的数据集中，想要进行文档中的数据的操作，需要先进行获取数据集，获取方式与获取数据库相同，代码如下所示。

```
//coding=UTF-8
from pymongo import Mongo
Client client = MongoClient('localhost',27017) db=client["list-db"]
// 连接所用的集合,users 为集合的名称
collection=db.users
```

由于 MongoDB 数据库的性质,在使用数据库、集合之前可以不事先创建,但自动创建的集合如果不进行插入数据的操作,这个集合就处于虚拟状态,向集合中插入文档后才会创建真正的集合。

第四步,操作文档。

当数据库、集合都连接成功后,就可以进行集合中的文档的操作了。在 Python 中操作文档使用 MongoDB Shell 中操作文档的命令即可,代码如下所示。

```
//coding=UTF-8
from pymongo import Mongo
Client client = MongoClient('localhost',27017) db=client["list-db"]
collection=db.users
// 定义用户信息
users={"name":"zhangsan","age":18}
# 将用户信息插入 users 集合 result=collection.insert(users) print(result)
```

插入成功后返回该条数据中 ObjectId 的值,如图 2-38 所示。

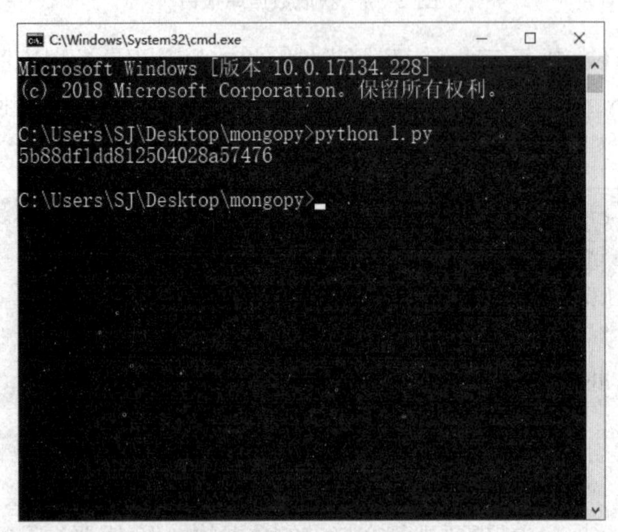

图 2-38 插入成功返回结果

采用命令窗口的方式并不能很好地确定是否存储成功,可以通过 NoSQL Manager for MongoDB 工具进入 list-db 数据,然后进入 users 集合查询是否存在 ObjectId 值与上述返回的结果相等且信息与插入的信息相同的数据,存在则说明插入成功。查询结果如图 2-39 所示。

```
/* 1 */
{
  "_id" : ObjectId("5b88df1dd812504028a57476"),
  "name" : "zhangsan",
  "age" : 18
}
```

图 2-39　查询结果

3. 访问日志文件

在一个项目中，想添加数据，可以通过命令窗口输入命令，也可使用 NoSQL Manager for MongoDB 工具通过操作按钮添加，还可以使用 Python 代码添加，但数据都需要填入相应的方法里，堆积在一起，操作不便，而且出错了也不容易查找。除了以上方式，还可以采用访问文件的方式获取定义在 log 文件中的数据，并将其存储在数据库中。数据定义在 log 文件中，格式简单，而且 Python 也提供了读取的方法，读取方便。在 Python 中使用 open() 方法打开文件，使用 read() 方法读取 log 文件的内容，代码如下所示。

```
#coding=UTF-8
# 打开 file.log 文件
file_object = open('file.log')
# 由于打开文件有可能出现异常，因此进行异常处理
try:
    # 读取 file.log 文件的内容
    all_the_log = file_object.read()
    # 打印内容
    print (all_the_log)
finally:
    file_object.close()
```

file.log 文件的内容如图 2-40 所示。

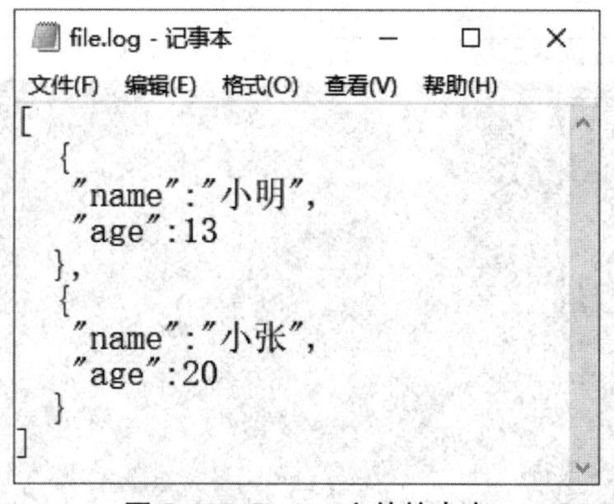

图 2-40　file.log 文件的内容

读取文件内容的效果如图 2-41 所示。

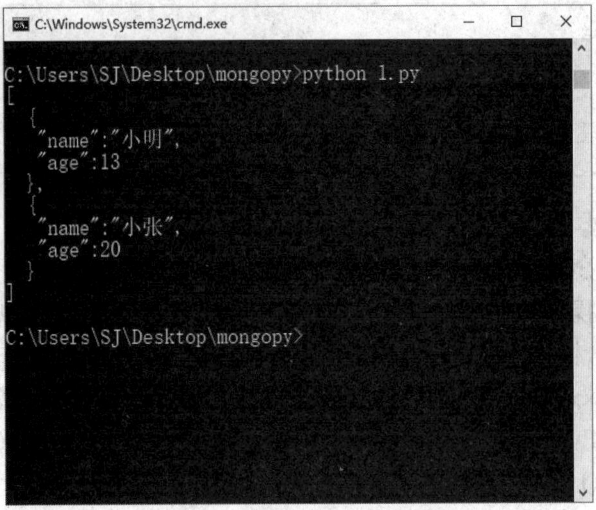

```
C:\Users\SJ\Desktop\mongopy>python 1.py
[
  {
   "name":"小明",
   "age":13
  },
  {
   "name":"小张",
   "age":20
  }
]

C:\Users\SJ\Desktop\mongopy>
```

图 2-41 读取文件内容的效果

前面已经获取了 file.log 文件的内容，但获取的数据并不是字典类型的 JSON 数据，而是字符串类型的。查看获取的数据的数据类型，代码如下所示。

```
#coding=UTF-8
file_object = open('file.log')
try:
    all_the_log = file_object.read()
    print (all_the_log)
    # 打印数据类型
    print (type(all_the_log))
finally:
    file_object.close()
```

效果如图 2-42 所示。

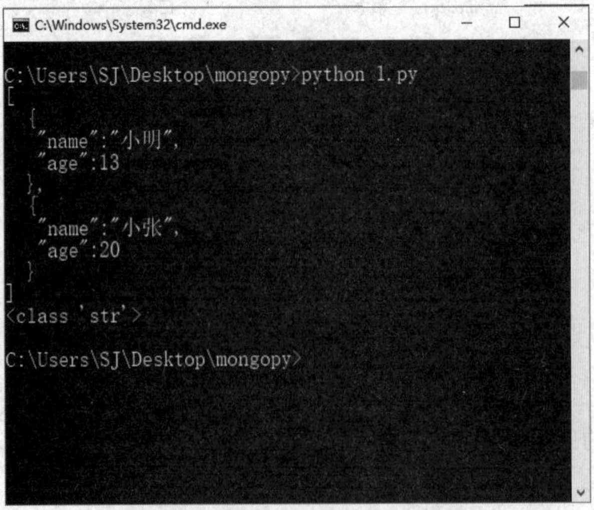

```
C:\Users\SJ\Desktop\mongopy>python 1.py
[
  {
   "name":"小明",
   "age":13
  },
  {
   "name":"小张",
   "age":20
  }
]
<class 'str'>

C:\Users\SJ\Desktop\mongopy>
```

图 2-42 查看获取的数据的数据类型

字典类型的 JSON 数据才可以存储，因此，要将字符串类型的数据转换成字典类型的数据。在 Python 中，需要使用 JSON 模块中的 loads() 方法将字符串类型的数据转换成字典类型的数据，代码如下所示。

```
#coding=UTF-8
# 导入 JSON 模块
import json
file_object = open('file.log')
try:
    all_the_log = file_object.read()
    print (all_the_log)
    print (type(all_the_log))
    # 根据字符串的书写格式，将字符串类型自动转换成字典类型
    inp_dict = json.loads(all_the_text)
    print (inp_dict)
    print (type(inp_dict))
finally:
    file_object.close()
```

效果如图 2-43 所示。

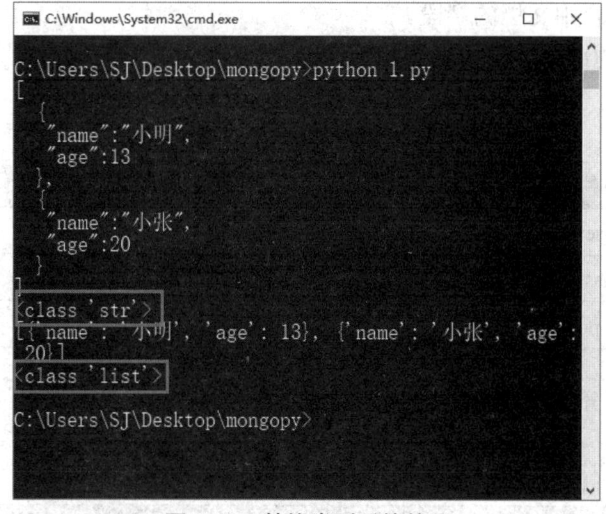

图 2-43　转换类型后的效果

通过如下步骤建立一个日志存储数据库 Fettler，在该数据库中新建多个用来存储不同信息的集合，并在集合中添加相应的文档，以保存对应的数据信息。

第一步，设计数据库 Fettler，数据库中包含的集合如表 2-13 所示。

表 2-13 各集合的含义

集合名	含义
Admin	管理员集合，存储管理员的基本信息
VS（Viru Skilling）	病毒查杀集合，存储用户执行病毒查杀的文档数据
CTR（Clear The Rubbish）	垃圾清理集合，存储用户执行垃圾清理的文档数据
CA（Computer Acceleration）	电脑加速集合，存储用户执行电脑加速的文档数据
SM (Software Management)	软件管理集合，存储用户执行软件管理的文档数据
SR（System Repair）	系统修复集合，存储用户执行系统修复的文档数据
Other	其他信息集合

第二步，设计集合中文档的字段。

Admin 集合中的部分字段如表 2-14 所示。

表 2-14 Admin 集合中的部分字段

字段	含义
username	管理员名称
password	管理员密码
power	管理员权限

VS 集合中的部分字段如表 2-15 所示。

表 2-15 VS 集合中的部分字段

字段	含义
date	用户操作时间
MD5	文件加密方式
path	文件路径
reason	原因
mode	处理方式

CTR 集合中的部分字段如表 2-16 所示。

表 2-16　CTR 集合中的部分字段

字段	含义
date	用户操作时间
name	垃圾组件名称
assess	评价

CA 集合中的部分字段如表 2-17 所示。

表 2-17　CA 集合中的部分字段

字段	含义
date	用户操作时间
name	服务名称
describe	服务描述
state	状态

SM 集合中的部分字段如表 2-18 所示。

表 2-18　SM 集合中的部分字段

字段	含义
date	用户操作时间
name	软件名称
operation	操作步骤
edition	当前版本
newedition	最新版本
function	功能
reason	原因

SR 集合中的部分字段如表 2-19 所示。

表 2-19　SR 集合中的部分字段

字段	含义
date	用户操作时间
name	商品 ID
number	对商品的评论

续表

字段	含义
releasedate	发行时间
size	大小，单位为 KB
level	等级
operation	操作

第三步，使用 show dbs 命令查询当前服务器中的所有数据库，命令如下所示。

```
show dbs
```

结果如图 2-44 所示。

```
1 admin      0.000GB
2 config     0.000GB
3 database   0.000GB
4 ll         0.016GB
5 local      0.000GB
6 test       0.000GB
7
```

图 2-44　所有数据库

第四步，新建电商项目数据库 Fettler，该数据库用来存放电商项目的相关集合，命令如下所示。

```
use Fettler
```

新建数据库的结果如图 2-45 所示。

```
1 switched to db Fettler
2
```

图 2-45　新建数据库

第五步，在数据库 Fettler 中新建管理员集合 Admin 用来存储管理员的相关信息，命令如下所示。

```
db.createCollection("Admin")
show collections
```

第六步，在 Fettler.Shell 环境中使用 db.Admin.insert() 方法向管理员集合 Admin 中添加管理员信息，命令如下所示。

```
db.Admin.insert(
   {
         username:"admin1",
         password:123456,
         power: " 系统管理员 1"
   }
)
db.Admin.insert(
   {
         username:"admin2",
         password:123456,
         power: " 系统管理员 2"
   }
)
db.Admin.find()
```

结果如图 2-46 所示。

Document	Data	Type
[1] (id="5b85f2331b8833530f3f8816")		Document
_id	5b85f2331b8833530f3f8816	ObjectId
username	admin1	String
password	123456.0	Double
power	系统管理员1	String
[2] (id="5b85f2331b8833530f3f8817")		Document
_id	5b85f2331b8833530f3f8817	ObjectId
username	admin2	String
password	123456.0	Double
power	系统管理员2	String

图 2-46　管理员信息

第七步，重复第五步、第六步，创建数据集，然后向其余数据集中添加相应的数据内容。这里不再进行代码的说明。

至此，Fettler 数据库日志数据存储完成。

【拓展目的】

熟练运用 MongoDB 数据库、集合、文档的相关知识，掌握集合中文档的操作。

【拓展内容】

使用本项目中介绍的技术和方法，将 log 文件中定义的 JSON 数据读取并保存到 MongoDB 数据库中，效果如图 2-46 所示。

【拓展步骤】

第一步，修改技能点四中连接 MongoDB 及获取数据库、集合的代码，如下所示。

```
//coding=UTF-8
from pymongo import MongoClient
client = MongoClient('localhost',27017)
db=client["Fettler"]
collection=db.Admin
```

第二步，修改获取文件数据的代码，并转化成字典类型的 JSON 数据，代码如下所示。

```
//coding=UTF-8
from pymongo import MongoClient
import json
client = MongoClient('localhost',27017)
db=client["Fettler"]
collection=db.Admin
Admin_object = open('Admin.log')
try:
    Admin_log = Admin_object.read()
    Admin_dict = json.loads(Admin_log)
finally:
    Admin_object.close()
```

第三步，添加存储数据的代码，如下所示。

```
//coding=UTF-8
from pymongo import MongoClient
import json
client = MongoClient('localhost',27017)
db=client["Fettler"]
collection=db.Admin
Admin_object = open('Admin.log')
try:
    Admin_log = Admin_object.read()
    Admin_dict = json.loads(Admin_log)
    users =Admin_dict
    result = collection.insert(users)
    print(result)
finally:
    Admin_object.close()
```

运行以上代码，会返回保存后文档的“_id”属性值，如图 2-47 所示。

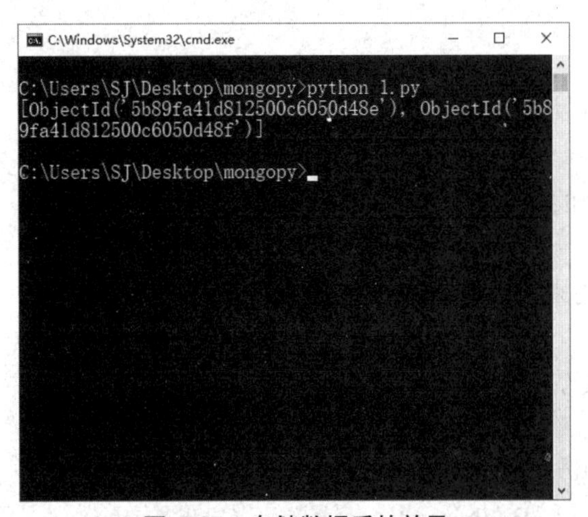

图 2-47　存储数据后的效果

采用 Python 代码进行数据库的操作，最终可以实现跟手动添加数据一样的效果。

通过 Fettler 日志存储功能的实现，对 MongoDB 数据库的结构有了初步的了解，对 MongoDB 数据库、集合的各种操作有所了解并掌握，并能够应用所学的集合操作相关知识

实现 Fettler 日志的存储。

manager	经理	admin	管理员
local	本地	version	版本
index	索引	collection	集合
option	选项	document	文档
capped	封顶的	storage	存储
coordinated	协调的	universal	普遍的

1. 选择题

(1)(　　)可以用来创建数据库。

A. create test　　B. add test　　C. use test　　D. append test

(2)下面哪个集合的命名方式正确(　　)。

A. collection$　　B. collection.test　　C. collection　　D. system.collection

(3)(　　)可以用来使用 collection 集合。

A. db.collection　　B. use collection　　C. create collection　　D. add collection

(4)集合相当于关系型数据库中的(　　)。

A. 数据库　　B. 表格　　C. 数据　　D. 行

(5)(　　)可以用来向 test 集合中添加文档。

A. db.test.insert()　　B. db.insert()　　C. db.create()　　D. db.test.create()

2. 简答题

(1)简述数据库、集合、文档三者之间的关系。

(2)简述固定集合与普通集合的区别与联系。

项目三　Fettler 日志引用设计

通过本项目 Fettler 日志引用功能的实现，了解数据存储规范的相关知识，熟悉数据存储的原理，掌握文档的嵌入式连接和引用连接，具有使用文档嵌入式连接实现日志引用功能的能力，在任务实现过程中：

- 了解数据存储规范的相关知识；
- 熟悉数据存储原理；
- 掌握文档的嵌入式连接和引用连接；
- 具有使用文档引用连接实现日志引用功能的能力。

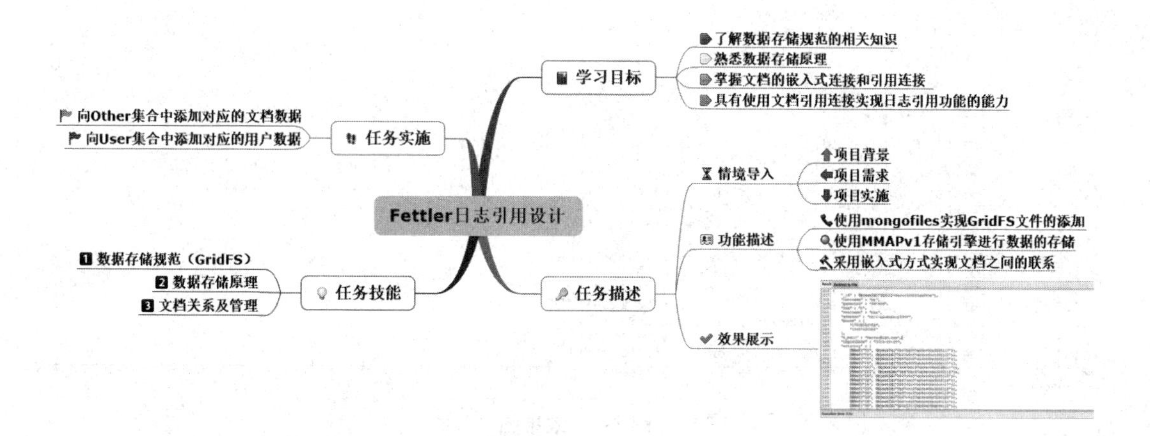

【情境导入】

数据库中集合的各个文档之间经常会存在联系，在开发 Fettler 项目时，数据库中集合的各个文档之间的联系是非常重要的，通过这些联系可以得到一个完整的数据链条。用户对 Fettler 软件进行操作时，操作日志有时会通过嵌入或引用的方式存储在数据库中。本项目通过对 MongoDB 数据存储规范、原理及文档关系的讲解，最终实现 Fettler 项目日志引用功能。

【功能描述】

- 使用 mongofiles 实现 GridFS 文件的添加；
- 使用 MMAPv1 存储引擎进行数据的存储；
- 采用嵌入式方式实现文档之间的联系。

【效果展示】

通过对本任务的学习，使用文档引用连接实现 Fettler 日志引用功能，效果如图 3-1 所示。

```
Result | Redirect to File
116 {
117     "_id" : ObjectId("5b6c1246eccc525221ab8fcb"),
118     "username" : "[illegible]",
119     "password" : "567856",
120     "sex" : "男",
121     "realname" : "[illegible]",
122     "address" : "[illegible]D304",
123     "phone" : [
124         "17835022752",
125         "13487920358"
126     ],
127     "e_mail" : "haitao@126.com",
128     "registDate" : "2014-09-04",
129     "activity" : [
130         DBRef("VS", ObjectId("5b67b60f7ab9e466e3268117")),
131         DBRef("VS", ObjectId("5b67b60f7ab9e466e3268118")),
132         DBRef("VS", ObjectId("5b67b60f7ab9e466e3268119")),
133         DBRef("VS", ObjectId("5b67b60f7ab9e466e3268110")),
134         DBRef("CRT", ObjectId("5b67bbc97ab9e466e3268117")),
135         DBRef("CRT", ObjectId("5b67bbc97ab9e466e3268118")),
136         DBRef("CA", ObjectId("5b67c4c37ab9e466e3268115")),
137         DBRef("CA", ObjectId("5b67c4c37ab9e466e3268116")),
138         DBRef("CA", ObjectId("5b67c4c37ab9e466e3268117")),
139         DBRef("CA", ObjectId("5b67c4c37ab9e466e3268118")),
140         DBRef("CA", ObjectId("5b67c4c37ab9e466e3268119")),
141         DBRef("CA", ObjectId("5b67c4c37ab9e466e3268121")),
142         DBRef("CA", ObjectId("5b67c4c37ab9e466e3268131")),
143         DBRef("SR", ObjectId("5b6a530c2ebd9e26bab9e122")),
Execution time: 0.1s
```

图 3-1 效果图

技能点一 数据存储规范(GridFS)

1. GridFS 简介

GridFS 是一种在 MongoDB 数据库中进行大型二进制文件存储的机制，是建立在普通 MongoDB 文档基础上的轻量级文件存储规范，相关工作由客户端驱动或工具完成。在 GridFS 中可以实现文件的上传、下载、查找、删除等操作。

GridFS 主要用于存储和恢复一些超过 BSON 文件的限制的文件，如图片、音频、视频等。

GridFS 不仅是一种规范，也是一种文件存储方式，能够将数据存储在 MongoDB 数据库的集合中，很好地支持对大于 16 MB 的文件的存储。

2. GirdFS 的工作原理

由于 MongoDB 中的 BSON 对象大小是有限制的，GridFS 提供了一种透明的机制，可以将一个大文件分割成多个较小的块，每个块作为一个单独的文档存储，这样就允许有效地保存大文件，可以最大限度地减小块的存储开销，特别是对于那些巨大的文件，比如视频、高清图片等。

GridFS 使用两个集合（fs.files 与 fs.chunks）来存储一个文件。fs.chunks 用来存储文件本身的块，fs.files 用来存储分块的信息和文件的元数据。其中，fs.chunks 数据集合的结构如下。

```
{
    "_id" : ObjectId("..."),
    "files_id": ObjectId("534a75d19f54bfec8a2fe44b"),
    "n": NumberInt(0),
    "data": "Mongo Binary Data"
}
```

fs.chunks 数据集合包含的属性如表 3-1 所示。

表 3-1 fs.chunks 数据集合包含的属性

属性	描述
files_id	包含这个块的文件 _id

续表

属性	描述
n	这个块在原文件中的顺序编号
data	包含组成文件块的二进制数据

fs.files 数据集合的结构如下。

```
{
    "filename": "test.txt",
    "chunkSize": NumberInt(261120),
    "uploadDate": ISODate("2014-04-13T11:32:33.557Z"),
    "md5": "7b762939321e146569b07f72c62cca4f",
    "length": NumberInt(646)
}
```

fs.files 数据集合包含的属性如表 3-2 所示。

表 3-2 fs.files 数据集合包含的属性

属性	描述
filename	存储的文件名
chunkSize	chunks 分块的大小，以字节为单位，默认是 256 KB
uploadDate	文件存入 GridFS 的时间
md5	文件的 md5 码
length	文件大小，文件内容总的字节数

3. GridFS 的使用

GridFS 的使用较简单，通过 MongoDB 数据库工具 mongofiles 可以实现文件添加功能，步骤如下。

第一步，打开命令窗口，如图 3-2 所示。

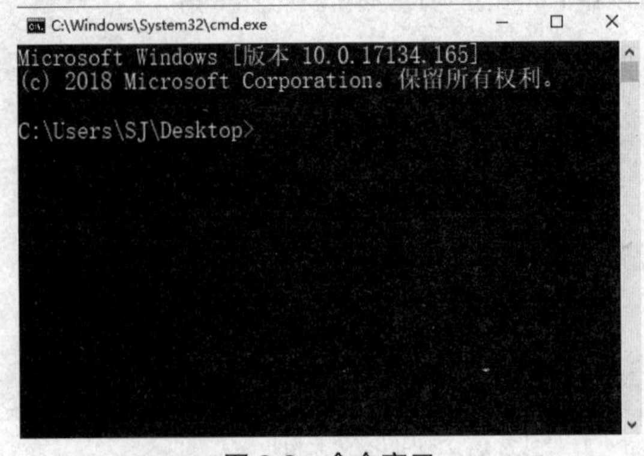

图 3-2 命令窗口

第二步，切换路径，进入 MongoDB 数据库安装目录的 bin 文件夹，如图 3-3 所示。

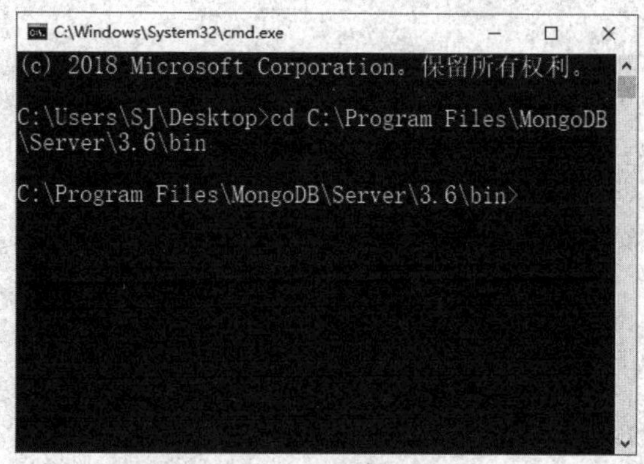

图 3-3　切换路径

第三步，启动 MongoDB 数据库，如图 3-4 所示。

```
C:\Windows\System32\cmd.exe - mongod.exe --dbpath C:\Users\SJ\Desktop\mongo

C:\Program Files\MongoDB\Server\3.6\bin>mongod.exe --dbpath C:\Users\SJ\Desktop\
mongo
2018-08-15T19:50:36.621-0700 I CONTROL  [initandlisten] MongoDB starting : pid=1
232 port=27017 dbpath=C:\Users\SJ\Desktop\mongo 64-bit host=DESKTOP-CHSBPLT
2018-08-15T19:50:36.621-0700 I CONTROL  [initandlisten] targetMinOS: Windows 7/W
indows Server 2008 R2
2018-08-15T19:50:36.625-0700 I CONTROL  [initandlisten] db version v3.6.0
2018-08-15T19:50:36.625-0700 I CONTROL  [initandlisten] git version: a57d8e71e69
98a2d0afde7edc11bd23e5661c915
2018-08-15T19:50:36.625-0700 I CONTROL  [initandlisten] OpenSSL version: OpenSSL
 1.0.1u-fips  22 Sep 2016
2018-08-15T19:50:36.625-0700 I CONTROL  [initandlisten] allocator: tcmalloc
2018-08-15T19:50:36.626-0700 I CONTROL  [initandlisten] modules: none
2018-08-15T19:50:36.627-0700 I CONTROL  [initandlisten] build environment:
2018-08-15T19:50:36.629-0700 I CONTROL  [initandlisten]     distmod: 2008plus-ss
l
2018-08-15T19:50:36.630-0700 I CONTROL  [initandlisten]     distarch: x86_64
2018-08-15T19:50:36.632-0700 I CONTROL  [initandlisten]     target_arch: x86_64
2018-08-15T19:50:36.633-0700 I CONTROL  [initandlisten] options: { storage: { db
Path: "C:\Users\SJ\Desktop\mongo" } }
2018-08-15T19:50:36.668-0700 I -        [initandlisten] Detected data files in C
:\Users\SJ\Desktop\mongo created by the 'mmapv1' storage engine, so setting the
active storage engine to 'mmapv1'.
2018-08-15T19:50:36.723-0700 I JOURNAL  [initandlisten] journal dir=C:\Users\SJ\
Desktop\mongo\journal
2018-08-15T19:50:36.725-0700 I JOURNAL  [initandlisten] recover : no journal fil
es present, no recovery needed
2018-08-15T19:50:36.785-0700 I JOURNAL  [durability] Durability thread started
2018-08-15T19:50:36.786-0700 I JOURNAL  [journal writer] Journal writer thread s
tarted
2018-08-15T19:50:36.873-0700 I CONTROL  [initandlisten]
2018-08-15T19:50:36.874-0700 I CONTROL  [initandlisten] ** WARNING: Access contr
ol is not enabled for the database.
2018-08-15T19:50:36.874-0700 I CONTROL  [initandlisten] **          Read and wri
```

图 3-4　启动 MongoDB 数据

第四步，使用 MongoDB 数据库工具 mongofiles 添加文件，如图 3-5 所示。

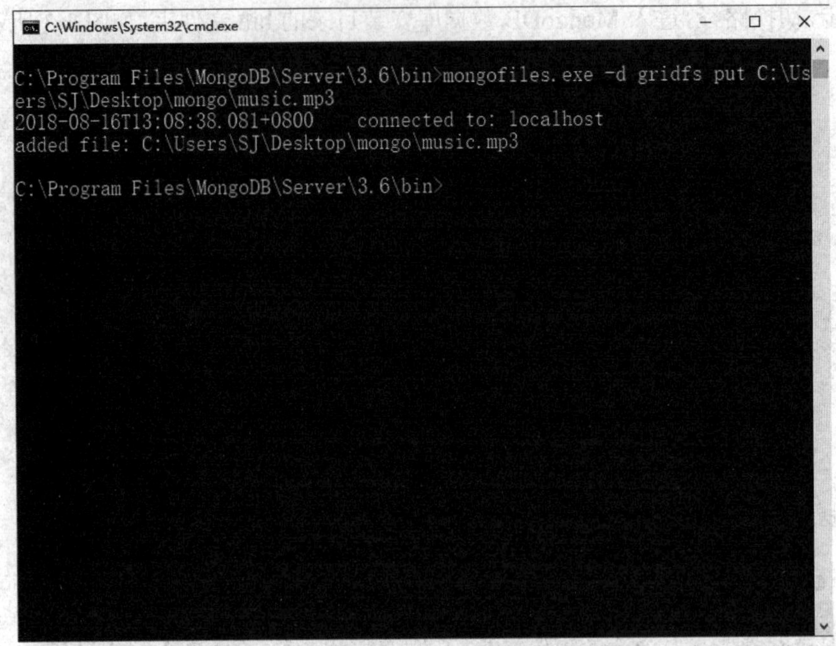

图 3-5 使用工具 mongofiles 添加文件

第五步，打开 NoSQL Manager for MongoDB 外部管理工具查看集合，如图 3-6 所示。

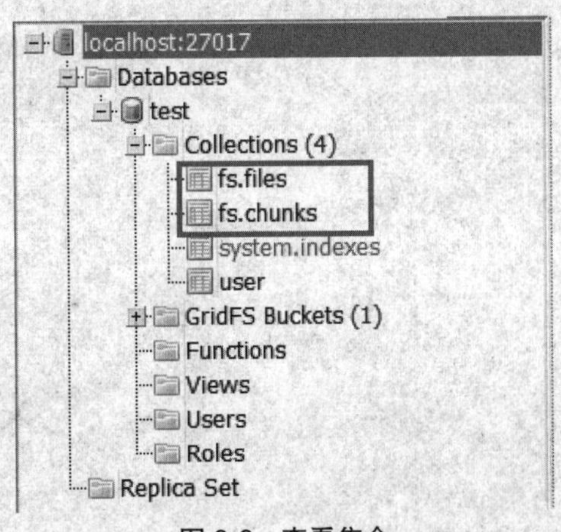

图 3-6 查看集合

第六步，查看 fs.files 中的内容，如图 3-7 所示。

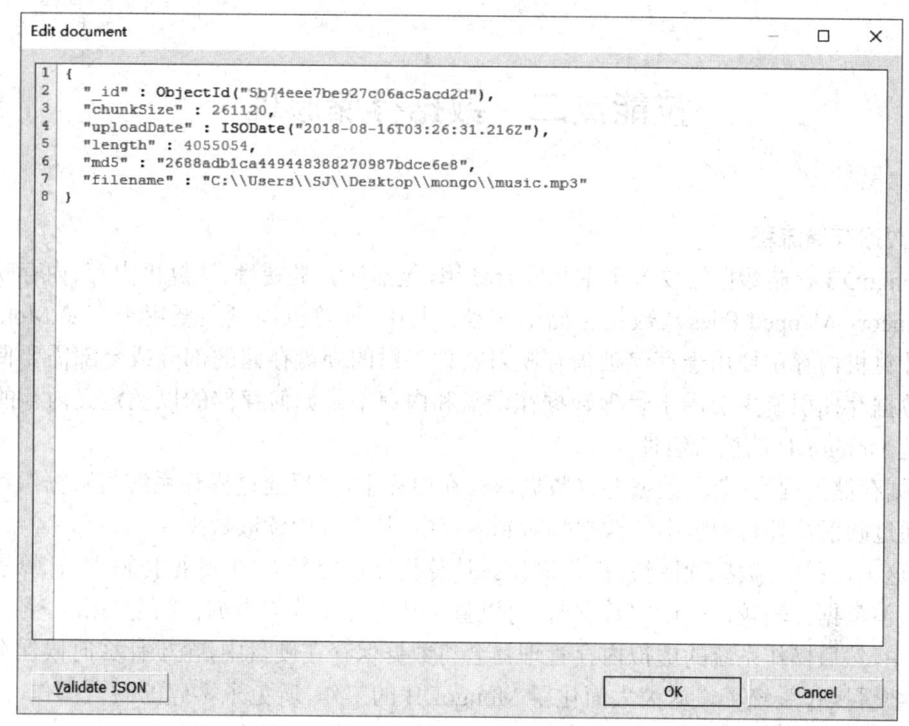

图 3-7　查看 fs.files 中的内容

第七步，查看 fs.chunks 中的内容，如图 3-8 所示。

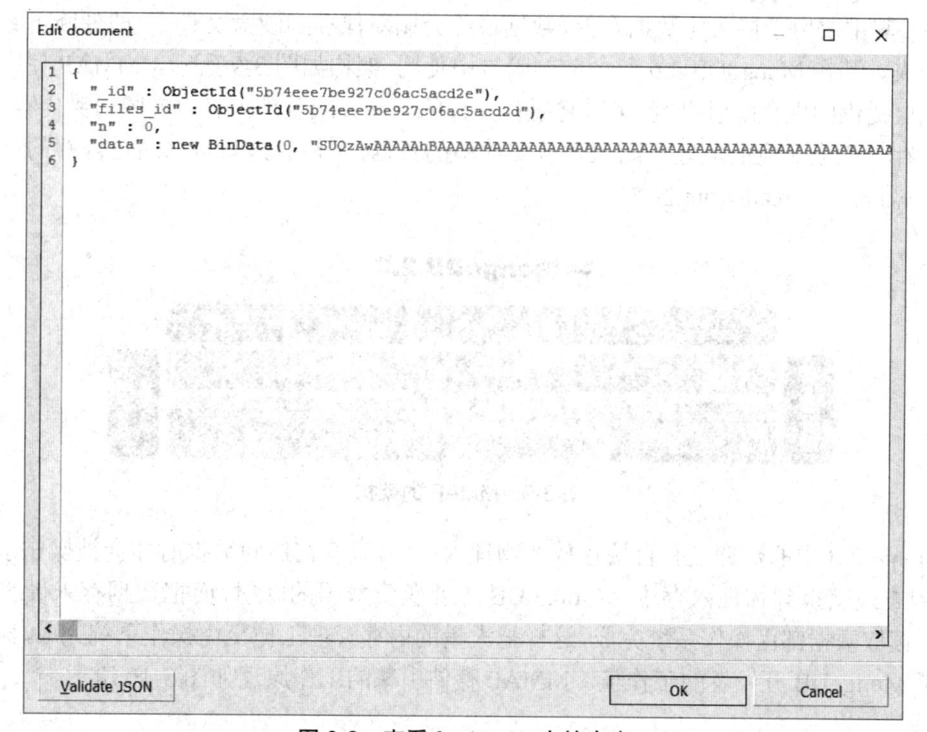

图 3-8　查看 fs.chunks 中的内容

技能点二　数据存储原理

1. 数据存储流程

MongoDB 存储数据需要多个工具联合使用，包括计算机硬盘、计算机内存、内存映射文件（Memeory-Mapped Files）、数据存储引擎等。其中，计算机硬盘主要用于存储 MongoDB 数据，计算机内存主要用于存储被内存映射文件映射的硬盘存储的部分或全部需要使用的数据，数据存储引擎主要用于管理数据在硬盘和内存中是如何存储的以及定义内存的使用方式，是 MongoDB 的核心组件。

数据存储流程为：获取数据并将数据保存在内存中，然后通过操作系统将数据保存在硬盘中，通过映射文件将硬盘中的数据映射到内存中，从内存中读取数据。

在这个过程中，数据读取快，操作简便。计算机硬盘容量大，但数据传输慢；计算机内存容量小，但数据传输较快。读取数据时，可以直接从内存中读取数据；保存数据时，将数据存入内存中，然后操作系统的虚拟内存管理器会将数据保存在硬盘中，至于什么时候保存到硬盘中就要看操作系统了。这大大简化了 MongoDB 的工作，避免了零碎的硬盘操作，提高了 MongoDB 数据库的性能。

2. MMAP 存储引擎简介

在 MongoDB 中，最早使用的是内存映射引擎，即 MMAP（Memory Mapped）Storage Engine。其主要用于持久化数据存储，数据最终会刷新保存到硬盘文件中，即使断电数据也不会丢失。其在 MongoDB 2.6 及之前的版本中使用，架构如图 3-9 所示。MMAP 使用操作系统底层提供的内存映射机制，可以将磁盘文件的一部分或全部内容直接映射到内存空间，然后内存中生成对应的地址空间来存放文件中的数据，文件的读写可以通过内存的操作实现，而不需要使用 read/write 函数。

图 3-9　MMAP 的架构

MongoDB 中的数据没有直接存放在物理内存中，只有在访问数据时才会被操作系统以 Page 的方式交换到物理内存中。MongoDB 主要负责数据的映射，而把数据存入硬盘和从硬盘中读取数据都由操作系统完成，这样把大量的内存管理工作交由操作系统完成，极大地减少了 MongoDB 开发者的工作量。MMAP 存储引擎的工作原理如图 3-10 所示。

内存地址空间
len
返回地址
MMAP映射的部分
磁盘文件
off
len

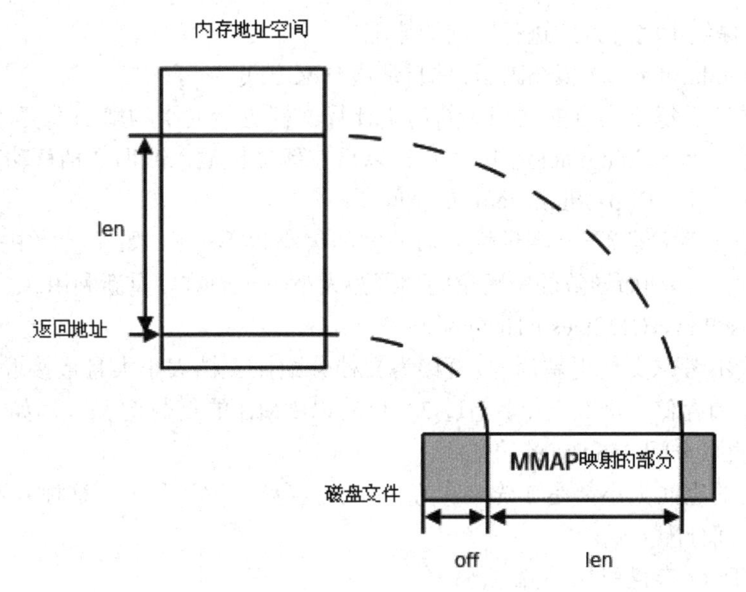

图 3-10　MMAP 存储引擎的工作原理

3. MMAPv1 存储引擎简介

MMAPv1 是 MongoDB 原生的存储引擎，比较简单，是 MMAP 存储引擎的升级，与 MMAP 在原理上大致相同，也是内存映射引擎，主要用于 MongoDB 3.2 之前的版本，是 MongoDB 3.0 的默认存储引擎，架构如图 3-11 所示。

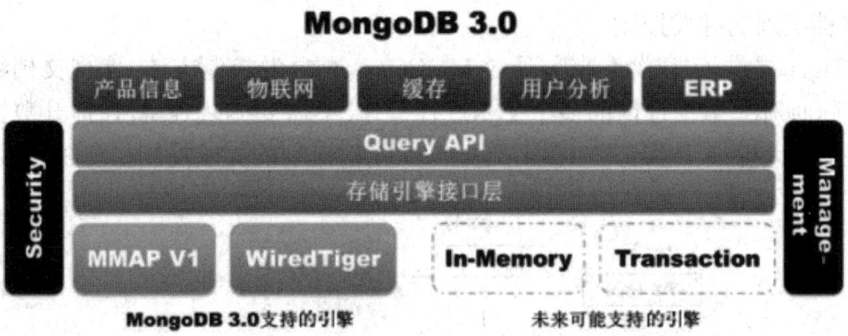

MongoDB 3.0
产品信息
物联网
缓存
用户分析
ERP
Security
Query API
存储引擎接口层
Manage-ment
MMAP V1
WiredTiger
In-Memory
Transaction
MongoDB 3.0支持的引擎
未来可能支持的引擎

图 3-11　MMAPv1 架构

MMAPv1 在 MMAP 的基础上进行了一些改进，如下所示。

（1）锁粒度由库级别的锁提升为集合级别的锁

MMAP 存储引擎提供的是库（database）级别的锁，即属于同一个库的两个集合存在锁的竞争。而 MMAPv1 存储引擎将级别提升为集合（collection）级别的锁，即同一个集合在同一时间只能进行一个写操作，提高了 MongoDB 数据库处理并发的能力。

（2）文档的空间分配方式改变

在 MMAP 存储引擎中，存储在硬盘中的文档按照写入顺序排列。当文档进行更新操作后，长度增加，但原来的存储位置后面并没有可以放下增加的数据的空间，那么就只能将文档移动，这会导致文档中数据的索引信息发生改变，严重降低写的性能。针对空间不足的问题，MMAP 提供了两种方式进行空间的分配。

1）基于 paddingFactor（填充因子）的自适应分配方式

这种方式基于每个集合的文档更新历史计算文档更新的平均增加长度，然后根据平均增加长度设置一个 paddingFactor，其大于 1，以后在新文档插入或旧文档移动时分配一个大小为文档实际长度乘以 paddingFactor 的空间。

由于每个文档大小不一，经过填充后的空间大小也不一样，如果集合中的更新操作很多，那么因为记录移动而导致的空闲空间会因为大小不一而难以重新利用。

2）基于 usePowerOf2Sizes 的预分配方式

这种方式不考虑文档更新历史，直接为文档分配比文档大小大且最接近文档大小的 2 的 *n* 次方大小的存储空间（当大小超过 2 MB 时以 2 MB 的倍数增长），例如若文档大小为 200 Bytes，则直接分配 256 Bytes 的空间。

由于分配的空间大小都是 2 的 *n* 次方，因此更容易维护和利用。这种方式是 MMAPv1 的默认文档空间分配方式。

4. WiredTiger 存储引擎简介

WiredTiger、MMAP 和 MMAPv1 都用于持久化存储数据，但 WiredTiger 比 MMAP 和 MMAPv1 功能更加强大，可以适应现代 CPU、内存和磁盘的特性，能充分利用 CPU 的速度和内存容量来弥补磁盘访问速度的不足。在 MongoDB 3.2 中将 WiredTiger 设置为默认的存储引擎，当然为了方便用户使用，WiredTiger 兼容 MMAPv1 存储引擎，用户不需要进行任何修改就可以直接切换到 WiredTiger 存储引擎。与 MMAPv1 相比，其在性能上有了很大的改进，如下所示。

（1）文档级别的并发控制

WiredTiger 提供了文档级别锁，通过 MVCC（一种并发控制方法）实现文档级别的并发控制，能够同时对一个集合内的多个文档进行操作，不需要排队等待，在提升数据库的读写性能的同时，大大提高了系统的并发处理能力。文档级别的并发控制如图 3-12 所示。

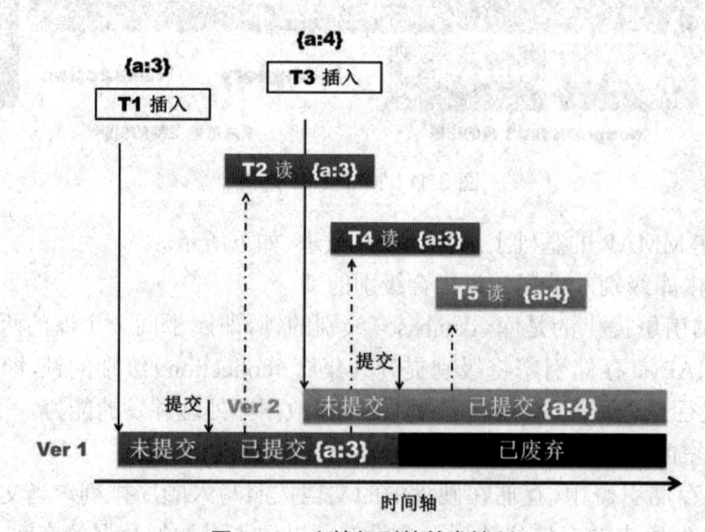

图 3-12 文档级别的并发控制

（2）磁盘数据压缩

WiredTiger 引擎会对集合（collection）和索引（index）进行压缩，以减少空间消耗，但有执行压缩和解压缩操作的额外消耗。用户可以自己调整数据的压缩比例，压缩率越高成本越高，但成本通常只有 MMAPv1 的 30% 左右。WiredTiger 提供的文件压缩类型有两种。

1）Snappy 压缩

Snappy 压缩是 WiredTiger 的默认压缩方式，是 Google 开发的压缩库，压缩速度快，利用单核 CPU 每秒可以处理 250 MB~500 MB 的数据流。在 WiredTiger 中，使用 Snappy 压缩库来压缩集合数据。Snappy 压缩如图 3-13 所示。

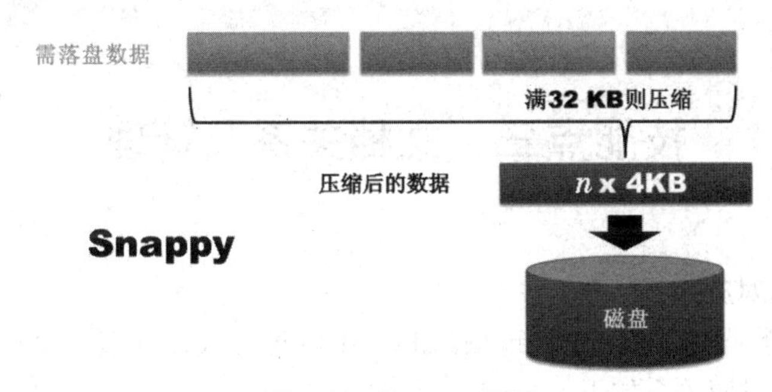

图 3-13　Snappy 压缩

2）Zlib 压缩

Zlib 是一个免费、通用、不受任何法律限制、无损、跨平台的数据压缩开发库，其提供了一套 in-memory 压缩和解压函数，可以对解压出来的数据的完整性进行检测。相较于 Snappy 压缩，其压缩率高，压缩效果好，但 CPU 消耗多且速度稍慢。Zlib 压缩如图 3-14 所示。

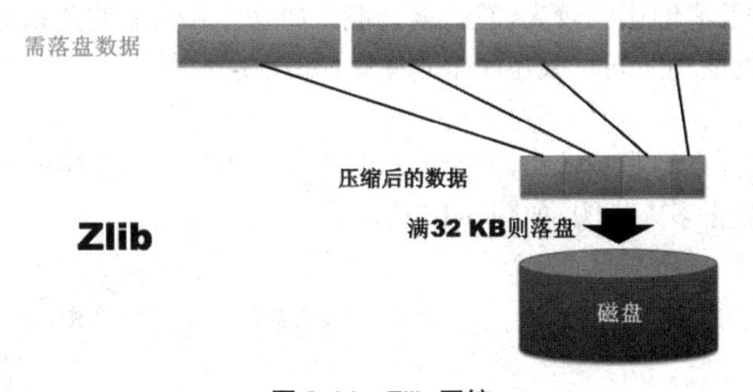

图 3-14　Zlib 压缩

（3）存储方式改变

WiredTiger 在存储方式上有很大的改进。在 MMAPv1 中，数据库中的所有集合和索引都混合存储在数据库文件中，关系复杂度较高，即使删掉某个集合或者索引，所占用的磁盘空间也很难及时自动回收。而在 WiredTiger 中，数据库中的所有集合和索引均存储在单独的文件中，关系复杂度低，当集合或者索引被删除后，对应的存储文件也会被立即删除。

（4）可配置内存使用上限

在 WiredTiger 中，用户可以通过 storage.wiredTiger.engineConfig.cacheSizeGB 参数来设置 MongoDB 数据库能够使用的内存容量，默认为物理内存大小的一半。

提示：存储引擎可以高效地管理及存储数据，除了上面几个存储引擎，在 MongoDB 中还存在一个 In-Memory 存储引擎，扫描下面的二维码可了解更多信息。

技能点三　文档关系及管理

1. 文档之间的对应关系

在 MongoDB 数据库中，可以通过嵌入和引用两种方式建立多个文档之间在逻辑上的联系。文档之间的对应关系如下。

（1）一对一

一对一关系可以使文档的数据独立存储，不会受到另一个文档中的数据的干扰，复杂度低。如人和身份证的关系，一个人只能对应一个身份证，一个身份证也只能对应一个人，如图 3-15 所示。

（2）一对多 / 多对一

一对多关系相互之间影响较大，复杂度一般。如仓库和物品的关系，一个仓库可以存放多个物品，但一个物品不能同时放在两个仓库中，如图 3-16 所示。

（3）多对多

多对多关系相互之间影响较小，复杂度较高。如学生和图书馆中的书，图书馆中同样的书有很多册，可以被很多人借阅，如图 3-17 所示。

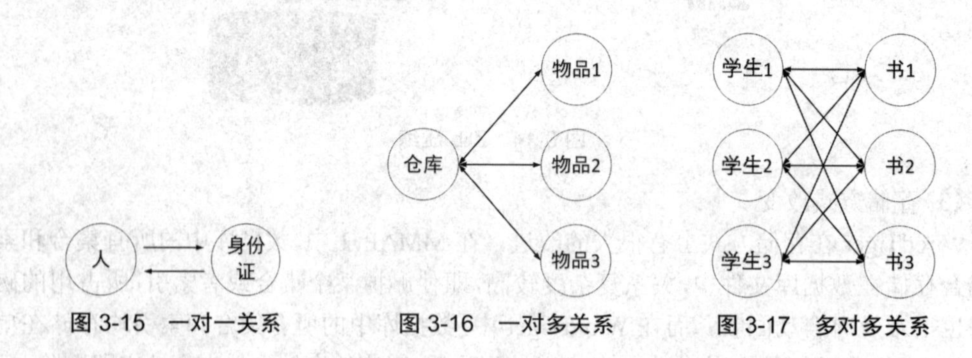

图 3-15　一对一关系　　图 3-16　一对多关系　　图 3-17　多对多关系

2. 文档嵌入连接

MongoDB 中的文档采用键值对的形式进行数据的存储，文档的嵌入式结构就是在当前文档的结构中添加一个新的键，然后采用数组的形式定义键所对应的值，值可以是任何形式的数据结构。如一个用户对应多个地址，用户集合格式如下。

```
{
  "_id":ObjectId("52ffc33cd85242f436000001"),
  "name": " 张三 ",
  "age": "20",
  "birthday": "1998-01-01"
}
```

地址集合格式如下。

```
{
  "_id":ObjectId("52ffc4a5d85242602e000000"),
  "postalcode":"301800",
  "city": " 天津 "
}
```

使用嵌入式结构进行数据的存储，格式如下。

```
{
  "_id":ObjectId("52ffc33cd85242f436000001"),
  "name": " 张三 ",
  "age": "20",
  "birthday": "1998-01-01",
  "address": [
    {
      "postalcode":"301800",
      "city": " 天津 "
    },
    {
      "postalcode":"100000",
      "city": " 北京 "
    }
  ]
}
```

使用嵌入式结构，当数据中的用户及地址信息不断增加时，数据量不断增大，会影响数据库的读写性能。

3. 文档引用连接

与嵌入式结构的数据全部存在一个集合中不同，引用式结构只是将另一个文档的id字段引用到文档中，两个文档中的数据不会变动，还是分开存放在原来的位置。如一个用户对应多个订单，用户集合格式如下。

```
{
  "_id":ObjectId("52ffc33cd85344f436000333"),
  "name": " 小明 ",
  "job": " 学生 ",
  "birthday": "1998-01-01"
}
```

订单集合格式如下。

```
{
  "_id":ObjectId("52ffc4a5d83252602e000034"),
  "ordernumber":"123456",
  "data": "2018-08-21    17:29:03",
  "goodsname": " 小零食 ",
}
```

使用引用式结构进行数据的存储，格式如下。

```
{
  "_id":ObjectId("52ffc33cd85242f436000001"),
  "name": " 小明 ",
  "job": " 学生 ",
  "birthday": "1998-01-01",
  "goods_ids": [
      ObjectId("52ffc4a5d83252602e000034"),
      ObjectId("52ffc4a5d83252602e000035"),
  ]
}
```

提示：对文档的嵌入连接和引用连接已经有了一定的了解，那么这两种方式分别在什么情况下使用呢？扫描下面的二维码可获取更多信息。

通过学习已经对两种连接方式有了一定了解，但这两种方式在什么情况下使用呢？扫描二维码，获取更多信息。

通过如下步骤使用嵌入文档的方式向 Other 集合中添加对应的文档数据，使用引用文档的方式向 User 集合中添加对应的用户数据，确保用户操作信息与用户直接关联。

第一步，在数据库 Fettler 中新建其他信息集合 Other，用来存储其他信息，使用嵌入文档的方式存储桌面清理信息，命令如下所示。

```
db.Other.insert({_id:ObjectId("5b6bec69eccc525221ab8111"),date:"2018-05-12",name:"桌面清理",content:[{filename:"新建文档.docx",size:"539KB",operation:"删除"},{filename:"test.txt",size:"123KB",operation:"删除"},{filename:"map.py",size:"12KB",operation:"剪切",path:"D:\yy"}]})

db.Other.find()
```

结果如图 3-18 所示。

Document	Data	Type
[1] (id="5b6bec69eccc525221ab8111")		Document
_id	5b6bec69eccc525221ab8111	ObjectId
date	2018-05-12	String
name	桌面清理	String
content		Array
[0]		Document
filename	新建文档.docx	String
size	539KB	String
operation	删除	String
[1]		Document
filename	test.txt	String
size	123KB	String
operation	删除	String
[2]		Document
filename	map.py	String
size	12KB	String
operation	剪切	String
path	D:yy	String

Documents fetched: 4　Focused document: 5b6bec69eccc525221ab8111

Execution time: 0.2s

图 3-18　桌面清理信息

第二步，在 Other 集合中以文档数组的形式添加网络修复信息，命令如下所示。

```
db.Other.insert({_id:ObjectId("5b6bec69eccc525221ab8123"),date:"2018-03-30",name:"网络修复",symptom:"网络无法连接，网页打不开或无法显示",Reason:["DNS 配置错误","HOSTS 文件配置异常","IE 代理服务器配置错误"],operation:"修复"})

db.Other.find()
```

结果如图 3-19 所示。

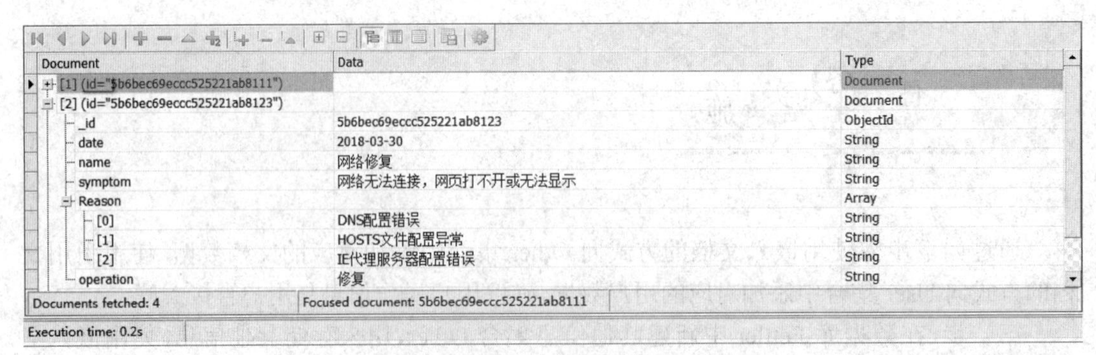

Document	Data	Type
[1] (id="5b6bec69eccc525221ab8111")		Document
[2] (id="5b6bec69eccc525221ab8123")		Document
_id	5b6bec69eccc525221ab8123	ObjectId
date	2018-03-30	String
name	网络修复	String
symptom	网络无法连接，网页打不开或无法显示	String
Reason		Array
[0]	DNS配置错误	String
[1]	HOSTS文件配置异常	String
[2]	IE代理服务器配置错误	String
operation	修复	String

Documents fetched: 4 Focused document: 5b6bec69eccc525221ab8111

Execution time: 0.2s

图 3-19　网络修复信息

第三步，在 Other 集合中以文档数组的形式添加硬件检测信息，命令如下所示。

```
db.Other.insert({date:"2017-05-12",name:" 硬 件 检 测 ",ComModel:" 戴 尔 Inspiron 14 7000 Gaming 笔记本电脑 ",system:"Windows 10 64 位 (DirectX12)",processor:" 英特尔 Core i7-7700HQ @ 2.80GHz 四核 ",board:" 戴尔 01HPWC",memory:"16GB( 海力士 DDR4 2400MHz)",SSD:" 闪迪 X400 M。2 2280 128GB",Videocard:"Nvidia GeForce GTX 1050"})

db.Other.insert({date:"2017-08-29",name:" 硬 件 检 测 ",ComModel:" 联 想 ThinkPad T470P 笔记本电脑 ",system:"Windows 10 64 位 ",processor:"Intel(R) Core(TM) i7-7700HQ CPU @ 2.80GHz",board:"20J6A00AHH",memory:"8.0GB",SSD:"Lenovo SSD SL700 M.2 256G (256GB)",Videocard:"Nvidia GeForce 940MX"})

db.Other.find()
```

结果如图 3-20 所示。

Document	Data	Type
[3] (id="5b6bec69eccc525221ab8112")		Document
_id	5b6bec69eccc525221ab8112	ObjectId
date	2017-05-12	String
name	硬件检测	String
ComModel	戴尔Inspiron 14 7000 Gaming笔记本电脑	String
system	Windows 10 64位(DirectX12)	String
processor	英特尔 Core i7-7700HQ @ 2.80GHz 四核	String
board	戴尔 01HPWC	String
memory	16GB(海力士 DDR4 2400MHz)	String
SSD	闪迪X400 M。2 2280 128GB	String
Videocard	Nvidia GeForce GTX 1050	String
[4] (id="5b6bec69eccc525221ab8113")		Document
_id	5b6bec69eccc525221ab8113	ObjectId
date	2017-08-29	String
name	硬件检测	String
ComModel	联想ThinkPad T470P 笔记本电脑	String
system	Windows 10 64位	String
processor	Intel(R) Core(TM) i7-7700HQ CPU @ 2.80GHz	String
board	20J6A00AHH	String

Documents fetched: 4 Focused document: 5b6bec69eccc525221ab8123

Execution time: 0.2s

图 3-20　硬件检测信息

第四步，在 User 集合中存储不同用户的信息，同时引用关系其操作信息，用户“张无忌”的信息添加命令如下所示。

```
db.User.insert({username:" 张无忌 ",password:"123456",sex:" 男 ",realname:" 吴昕 ",address:" 山西省朔州市怀仁县健康路家人花园 F501",phone:"13595278423",e_mail:"wuxin@163.com",registDate:"2015-03-12",
activity:
[{$ref:"VS",$id:ObjectId("5b67b60f7ab9e466e3268111")},
{$ref:"VS",$id:ObjectId("5b67b60f7ab9e466e3268112")},
{$ref:"VS",$id:ObjectId("5b67b60f7ab9e466e3268113")},
{$ref:"CRT",$id:ObjectId("5b67bbc97ab9e466e3268111")},
{$ref:"CRT",$id:ObjectId("5b67bbc97ab9e466e3268112")},
{$ref:"CRT",$id:ObjectId("5b67bbc97ab9e466e3268113")},
{$ref:"CA",$id:ObjectId("5b67c4c37ab9e466e3268111")},
{$ref:"CA",$id:ObjectId("5b67c4c37ab9e466e3268112")},
{$ref:"SM",$id:ObjectId("5b6a46ff2ebd9e26bab9e111")},
{$ref:"SM",$id:ObjectId("5b6a46ff2ebd9e26bab9e112")},
{$ref:"SR",$id:ObjectId("5b6a530c2ebd9e26bab9e111")},
{$ref:"SR",$id:ObjectId("5b6a530c2ebd9e26bab9e112")}]})
db.User.find().pretty()
```

结果如图 3-21 所示。

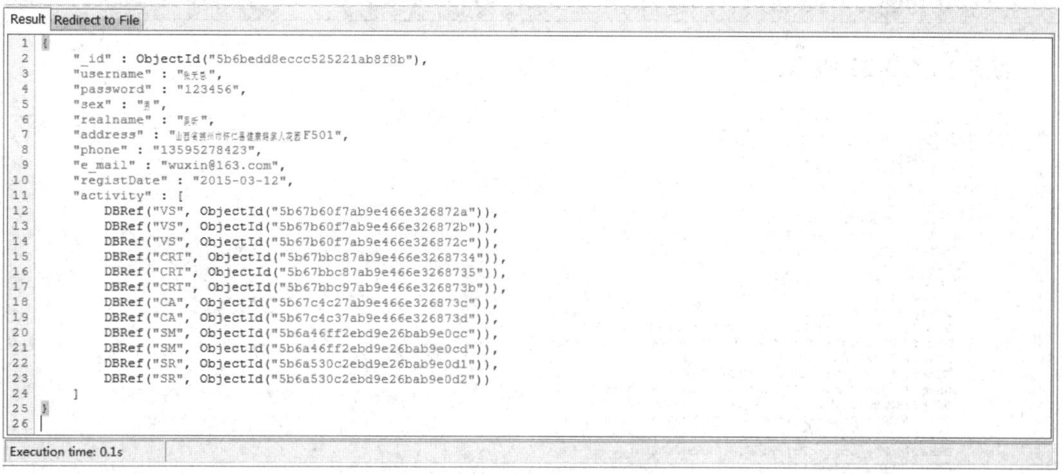

```
Result | Redirect to File
1  {
2      "_id" : ObjectId("5b6bedd8eccc525221ab8f8b"),
3      "username" : "张无忌",
4      "password" : "123456",
5      "sex" : "男",
6      "realname" : "吴昕",
7      "address" : "山西省朔州市怀仁县健康路家人花园F501",
8      "phone" : "13595278423",
9      "e_mail" : "wuxin@163.com",
10     "registDate" : "2015-03-12",
11     "activity" : [
12         DBRef("VS", ObjectId("5b67b60f7ab9e466e326872a")),
13         DBRef("VS", ObjectId("5b67b60f7ab9e466e326872b")),
14         DBRef("VS", ObjectId("5b67b60f7ab9e466e326872c")),
15         DBRef("CRT", ObjectId("5b67bbc87ab9e466e3268734")),
16         DBRef("CRT", ObjectId("5b67bbc87ab9e466e3268735")),
17         DBRef("CRT", ObjectId("5b67bbc97ab9e466e326873b")),
18         DBRef("CA", ObjectId("5b67c4c27ab9e466e326873c")),
19         DBRef("CA", ObjectId("5b67c4c37ab9e466e326873d")),
20         DBRef("SM", ObjectId("5b6a46ff2ebd9e26bab9e0cc")),
21         DBRef("SM", ObjectId("5b6a46ff2ebd9e26bab9e0cd")),
22         DBRef("SR", ObjectId("5b6a530c2ebd9e26bab9e0d1")),
23         DBRef("SR", ObjectId("5b6a530c2ebd9e26bab9e0d2"))
24     ]
25 }
26
Execution time: 0.1s
```

图 3-21　用户“张无忌”的信息

第五步，用户“张三丰”的信息添加命令如下所示。

```
db.User.insert({username:" 张三丰 ",password:"123789",sex:" 男 ",realname:" 张震 ",address:" 北京市朝阳区金山花园 A304",phone:"18233589904",e_mail:"zhangzhen@163.com",registDate:"2013-02-28",
```

```
activity:
[{$ref:"VS",$id:ObjectId("5b67b60f7ab9e466e3268114")},
{$ref:"VS",$id:ObjectId("5b67b60f7ab9e466e3268115")},
{$ref:"VS",$id:ObjectId("5b67b60f7ab9e466e3268116")},
{$ref:"CRT",$id:ObjectId("5b67bbc97ab9e466e3268114")},
{$ref:"CRT",$id:ObjectId("5b67bbc97ab9e466e3268115")},
{$ref:"CRT",$id:ObjectId("5b67bbc97ab9e466e3268116")},
{$ref:"CA",$id:ObjectId("5b67c4c37ab9e466e3268113")},
{$ref:"CA",$id:ObjectId("5b67c4c37ab9e466e3268114")},
{$ref:"SM",$id:ObjectId("5b6a46ff2ebd9e26bab9e113")},
{$ref:"SM",$id:ObjectId("5b6a46ff2ebd9e26bab9e114")},
{$ref:"SM",$id:ObjectId("5b6a46ff2ebd9e26bab9e115")},
{$ref:"SR",$id:ObjectId("5b6a530c2ebd9e26bab9e113")},
{$ref:"SR",$id:ObjectId("5b6a530c2ebd9e26bab9e114")},
{$ref:"SR",$id:ObjectId("5b6a530c2ebd9e26bab9e115")},
{$ref:"SR",$id:ObjectId("5b6a530c2ebd9e26bab9e116")},
{$ref:"SR",$id:ObjectId("5b6a530c2ebd9e26bab9e120")},
{$ref:"SR",$id:ObjectId("5b6a530c2ebd9e26bab9e121")},
{$ref:"Other",$id:ObjectId("5b6bec69eccc525221ab8111")},
{$ref:"Other",$id:ObjectId("5b6bec69eccc525221ab8112")}]})
db.SR.find().pretty()
```

结果如图 3-22 所示。

```
Result | Redirect to File
27      "_id" : ObjectId("5b6bfd5eeccc525221ab8fc8"),
28      "username" : "张三丰",
29      "password" : "123789",
30      "sex" : "男",
31      "realname" : "张震",
32      "address" : "北京市朝阳区金山花园A304",
33      "phone" : "18233589904",
34      "e_mail" : "zhangzhen@163.com",
35      "registDate" : "2013-02-28",
36      "activity" : [
37          DBRef("VS", ObjectId("5b67b60f7ab9e466e326872d")),
38          DBRef("VS", ObjectId("5b67b60f7ab9e466e326872e")),
39          DBRef("VS", ObjectId("5b67b60f7ab9e466e326872f")),
40          DBRef("CRT", ObjectId("5b67bbc87ab9e466e3268736")),
41          DBRef("CRT", ObjectId("5b67bbc87ab9e466e3268737")),
42          DBRef("CRT", ObjectId("5b67bbc97ab9e466e3268738")),
43          DBRef("CA", ObjectId("5b67c4c37ab9e466e326873e")),
44          DBRef("CA", ObjectId("5b67c4c37ab9e466e326873f")),
45          DBRef("SM", ObjectId("5b6a46ff2ebd9e26bab9e0ce")),
46          DBRef("SM", ObjectId("5b6a46ff2ebd9e26bab9e0cf")),
47          DBRef("SM", ObjectId("5b6a46ff2ebd9e26bab9e0d0")),
48          DBRef("SM", ObjectId("5b6bfabceccc525221ab8faa")),
49          DBRef("SR", ObjectId("5b6a530c2ebd9e26bab9e0d3")),
50          DBRef("SR", ObjectId("5b6a530c2ebd9e26bab9e0d5")),
51          DBRef("SR", ObjectId("5b6a530c2ebd9e26bab9e0d6")),
52          DBRef("SR", ObjectId("5b6a530d2ebd9e26bab9e0d7")),
53          DBRef("SR", ObjectId("5b6a530d2ebd9e26bab9e0d8")),
54          DBRef("SR", ObjectId("5b6a530c2ebd9e26bab9e0d4"))
Execution time: 0.1s
```

图 3-22 用户“张三丰”的信息

第六步,用户“段誉”的信息添加命令如下所示。

```
db.User.insert({username:" 段誉 ",password:"567856",sex:" 男 ",realname:" 顾海涛 ",address:" 天津市十一经路十纬路嘉华小区 D304",phone:["17835022752","13487920358"],e_mail:"haitao@126.com", registDate:"2014-09-04",
activity:
[{$ref:"VS",$id:ObjectId("5b67b60f7ab9e466e3268117")},
{$ref:"VS",$id:ObjectId("5b67b60f7ab9e466e3268118")},
{$ref:"VS",$id:ObjectId("5b67b60f7ab9e466e3268119")},
{$ref:"VS",$id:ObjectId("5b67b60f7ab9e466e3268110")},
{$ref:"CRT",$id:ObjectId("5b67bbc97ab9e466e3268117")},
{$ref:"CRT",$id:ObjectId("5b67bbc97ab9e466e3268118")},
{$ref:"CA",$id:ObjectId("5b67c4c37ab9e466e3268115")},
{$ref:"CA",$id:ObjectId("5b67c4c37ab9e466e3268116")},
{$ref:"CA",$id:ObjectId("5b67c4c37ab9e466e3268117")},
{$ref:"CA",$id:ObjectId("5b67c4c37ab9e466e3268118")},
{$ref:"CA",$id:ObjectId("5b67c4c37ab9e466e3268119")},
{$ref:"CA",$id:ObjectId("5b67c4c37ab9e466e3268121")},
{$ref:"CA",$id:ObjectId("5b67c4c37ab9e466e3268131")},
{$ref:"SR",$id:ObjectId("5b6a530c2ebd9e26bab9e122")},
{$ref:"SR",$id:ObjectId("5b6a530c2ebd9e26bab9e123")},
{$ref:"SR",$id:ObjectId("5b6a530c2ebd9e26bab9e124")},
{$ref:"SR",$id:ObjectId("5b6a530c2ebd9e26bab9e125")},
{$ref:"SR",$id:ObjectId("5b6a530c2ebd9e26bab9e130")},
{$ref:"SR",$id:ObjectId("5b6a530c2ebd9e26bab9e131")},
{$ref:"SR",$id:ObjectId("5b6a530c2ebd9e26bab9e132")},
{$ref:"SR",$id:ObjectId("5b6a530c2ebd9e26bab9e133")},
{$ref:"SR",$id:ObjectId("5b6a530c2ebd9e26bab9e134")},
{$ref:"SR",$id:ObjectId("5b6a530c2ebd9e26bab9e135")},
{$ref:"Other",$id:ObjectId("5b6bec69eccc525221ab8123")},
{$ref:"Other",$id:ObjectId("5b6bec69eccc525221ab8113")}]})
db.SR.find().pretty()
```

结果如图 3-23 所示。

```
Result  Redirect to File
116 {
117     "_id" : ObjectId("5b6c1246eccc525221ab8fcb"),
118     "username" : "段誉",
119     "password" : "567856",
120     "sex" : "男",
121     "realname" : "顾海涛",
122     "address" : "天津市十一经路十纬路嘉华小区D304",
123     "phone" : [
124         "17835022752",
125         "13487920358"
126     ],
127     "e_mail" : "haitao@126.com",
128     "registDate" : "2014-09-04",
129     "activity" : [
130         DBRef("VS", ObjectId("5b67b60f7ab9e466e3268117")),
131         DBRef("VS", ObjectId("5b67b60f7ab9e466e3268118")),
132         DBRef("VS", ObjectId("5b67b60f7ab9e466e3268119")),
133         DBRef("VS", ObjectId("5b67b60f7ab9e466e3268110")),
134         DBRef("CRT", ObjectId("5b67bbc97ab9e466e3268117")),
135         DBRef("CRT", ObjectId("5b67bbc97ab9e466e3268118")),
136         DBRef("CA", ObjectId("5b67c4c37ab9e466e3268115")),
137         DBRef("CA", ObjectId("5b67c4c37ab9e466e3268116")),
138         DBRef("CA", ObjectId("5b67c4c37ab9e466e3268117")),
139         DBRef("CA", ObjectId("5b67c4c37ab9e466e3268118")),
140         DBRef("CA", ObjectId("5b67c4c37ab9e466e3268119")),
141         DBRef("CA", ObjectId("5b67c4c37ab9e466e3268121")),
142         DBRef("CA", ObjectId("5b67c4c37ab9e466e3268131")),
143         DBRef("SR", ObjectId("5b6a530c2ebd9e26bab9e122")),
Execution time: 0.1s
```

图 3-23　用户"段誉"的信息

【拓展目的】

熟练运用 MongoDB 数据库文档的嵌入式连接进行文档数据的添加。

【拓展内容】

使用 python 技术实现日志引用功能，效果如图 3-24 所示。

【拓展步骤】

第一步，读取用户日志文件并获取用户数据，用户日志文件数据如图 3-25 所示。

```
{
    "_id" : ObjectId("5ba0d4c2d812500874bdc6f7"),
    "username" : "段誉",
    "password" : "567856",
    "sex" : "男",
    "realname" : "顾海涛",
    "address" : "天津市十一经路十纬路嘉华小区D304",
    "phone" : [
        "17835022752",
        "13487920358"
    ],
    "e_mail" : "haitao@126.com",
    "registDate" : "2014-09-04",
    "activity" : [
        {
            "data" : "2018-8-1 08:37:51",
            "MD5" : "8a8ac9553ce9c3cc3585b4f7b37233d8",
            "path" : "J:/o.html",
            "Reason" : [
                "Html.Win32.Script.1501246"
            ],
            "mode" : [
                "未处理"
            ]
        },
        {
            "data" : "2018-8-1 08:37:51",
            "MD5" : "599557f86e3eb41b059d9d0ebde33c92",
            "path" : "J:/classes.dex",
            "Reason" : [
                "Trojan.Android.SmsThief.ayad"
            ],
            "mode" : [
                "未处理"
            ]
        },
        {
            "data" : "2018-8-1 08:37:51",
            "MD5" : "7ca0e379f79eaf5e76b8a77618ae7032",
            "path" : "J:/sclm.html",
            "Reason" : [
                "Html.Win32.Script.1501246"
            ],
            "mode" : [
                "未处理"
            ]
        }
    ]
}
```

图 3-24　日志引用效果

user.log - 记事本
文件(F)　编辑(E)　格式(O)　查看(V)　帮助(H)


```
{
    "username":"段誉",
    "password":"567856",
    "sex":"男",
    "realname":"顾海涛",
    "address":"天津市十一经路十纬路嘉华小区D304",
    "phone":["17835022752","13487920358"],
    "e_mail":"haitao@126.com",
    "registDate":"2014-09-04"
}
```


图 3-25　用户日志文件数据

读取用户日志文件的代码如下所示。

```
//coding=UTF-8
from pymongo import Mongo
Client import json client = MongoClient('localhost',27017)
db=client["Fettler"]
collection=db.User
user_object = open('user.log')
try:
    user_log = user_object.read()
    user_dict = json.loads(user_log)
    user=user_dict
finally:
    user_object.close()
```

第二步，在读取用户日志文件的基础上读取病毒查杀日志文件并进行数据的获取，病毒查杀日志文件数据如图 3-26 所示。

VS.log - 记事本
文件(F)　编辑(E)　格式(O)　查看(V)　帮助(H)


```
[
  {
    "_id":"ObjectId('5b67b60f7ab9e466e3268111')",
    "date":"2018-8-1 08:37:51",
    "MD5":"8a8ac9553ce9c3cc3585b4f7b37233d8",
    "path":"J:/o.html",
    "Reason":["Html.Win32.Script.1501246"],
    "mode":["未处理"]
  },
  {
    "_id":"ObjectId('5b67b60f7ab9e466e3268112')",
    "date":"2018-8-1 08:37:51",
    "MD5":"599557f86e3eb41b059d9d0ebde33c92",
    "path":"J:/classes.dex",
    "Reason":["Trojan.Android.SmsThief.ayad"],
    "mode":["未处理"]
  },
  {
    "_id":"ObjectId('5b67b60f7ab9e466e3268113')",
    "date":"2018-8-1 08:37:51",
    "MD5":"7ca0e379f79eaf5e76b8a77618ae7032",
    "path":"J:/sclm.html",
    "Reason":["Html.Win32.Script.1501246"],
    "mode":["未处理"]
  }
```


图 3-26　病毒查杀日志文件数据

总体日志引用代码如下。

```
from pymongo import MongoClient
import json
client = MongoClient('localhost',27017)
db=client["Fettler"]
collection=db.User
VS_object = open('VS.log')
user_object = open('user.log')
try:
    user_log = user_object.read()
    user_dict = json.loads(user_log)
    user=user_dict
    VS_log = VS_object.read()
    VS_dict = json.loads(VS_log)
    VS =VS_dict
    // 定义数组
    arr=[]
    // 遍历病毒日志数据
    for i in VS:
        // 向数组中插入数据
        arr.append({"data":i["date"],"MD5":i["MD5"],"path":i["path"],"Reason":i["Rea-
son"],"mode":i["mode"]})
    // 向用户数据中插入病毒数据
    user['activity']=arr
    // 保存数据
    result = collection.insert(user)
    print(result)
finally:
    VS_object.close()
    user_object.close()
```

运行以上代码，会返回保存后文档的“_id”属性值，如图 3-27 所示。

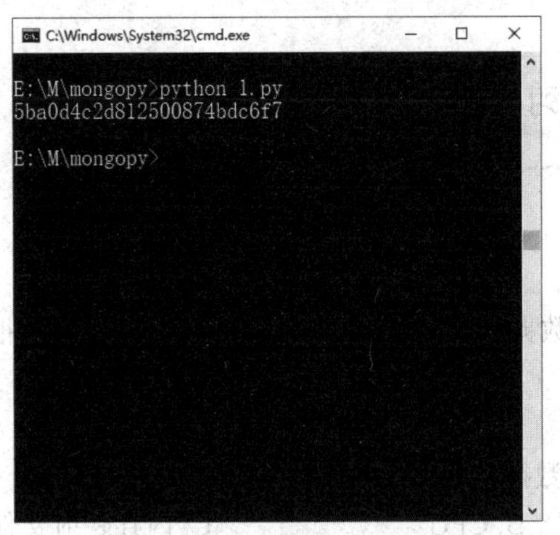

图 3-27　存储数据后的效果

采用 Python 代码进行数据库的操作，最终可以实现跟手动引用数据一样的效果。

通过 Fettler 日志引用功能的实现，对数据存储规范的相关知识有了初步的了解，并详细了解了数据存储流程以及使用的存储引擎，具有使用文档嵌入连接实现日志引用存储的能力。

file	文档	chunk	块
data	数据	length	长度
memory	记忆	mapped	映射
storage	存储	engine	发动机
page	页	snappy	瞬间

1. 选择题

(1)GridFS 能够将数据存储在 MongoDB 数据库的集合中,很好地支持对大于(　　)的文件的存储。

A. 8 KB　　B. 8 MB　　C. 16 KB　　D. 16 MB

(2)MongoDB 存储数据需要多个工具联合使用,不包括(　　)。

A. 计算机硬盘　　B. CPU　　C. 内存映射文件　　D. 数据存储引擎

(3)在 MongoDB 中,最早使用的内存映射引擎是(　　)。

A. MMVPv1　　B. MMAP　　C. MMAPv1　　D. WiredTiger

(4)文档之间的对应关系有(　　)种。

A. 一　　B. 两　　C. 三　　D. 四

(5)可以通过(　　)种方式建立多个文档之间在逻辑上的联系。

A. 一　　B. 两　　C. 三　　D. 四

2. 简答题

(1)简述数据存储流程。

(2)与 MMAPv1 相比,WiredTiger 在性能上有哪些改进?

项目四　Fettler 用户行为快速过滤

通过本项目 Fettler 用户行为快速过滤功能的实现，了解数据基本查询的相关知识，熟悉游标的使用，掌握数据查询条件的定义，具有使用数据查询实现快速过滤功能的能力，在任务实现过程中：

- 了解数据基本查询的相关知识；
- 熟悉游标的使用；
- 掌握数据查询条件的定义；
- 具有通过数据查询实现快速过滤功能的能力。

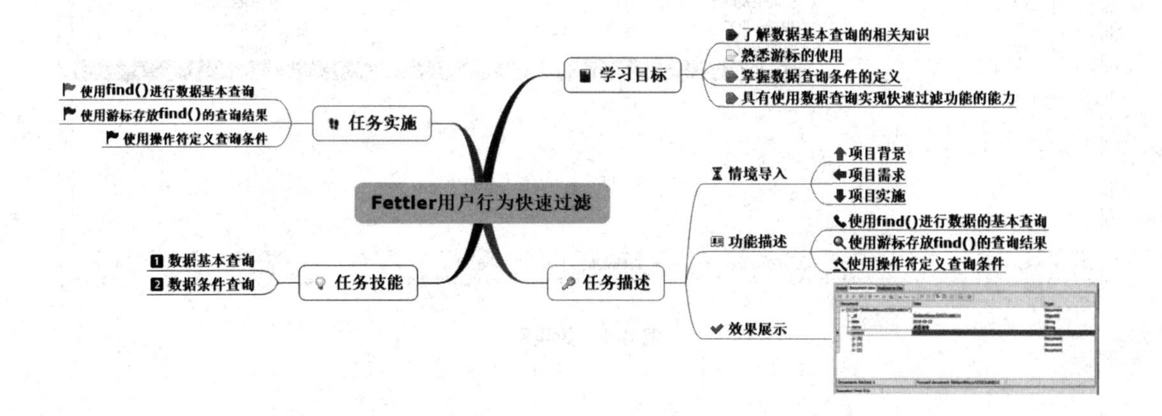

【情境导入】

在项目中，使数据在页面上显示是必不可少的。开发 Fettler 项目时，想显示数据，需要用到数据查询功能，可以根据用户的条件对数据库中的数据进行过滤，然后使查询结果在页面上显示。用户对 Fettler 软件进行操作时，操作页面的内容都是使用查询功能获取的。本项目通过对 MongoDB 数据基本查询、数据条件查询的讲解，最终实现 Fettler 用户行为快速过滤功能。

【功能描述】

- 使用 find() 进行数据基本查询；
- 使用游标存放 find() 的查询结果；
- 使用操作符定义查询条件。

【效果展示】

通过对本任务的学习，使用数据条件查询实现 Fettler 用户行为快速过滤功能，效果如图 4-1 所示。

Result | Document view | Redirect to File

Document	Data	Type
[1] (id="5b6bec69eccc525221ab8111")		Document
_id	5b6bec69eccc525221ab8111	ObjectId
date	2018-05-12	String
name	桌面清理	String
content		Array
[0]		Document
[1]		Document
[2]		Document

Documents fetched: 1 | Focused document: 5b6bec69eccc525221ab8111

Execution time: 0.1s

图 4-1 效果图

技能点一 数据基本查询

1. find() 查询

在实际项目中，数据查询是最常出现的情况。MongoDB 数据库提供了一种 find() 方法用于查询集合中的文档，在项目二中对该方法进行了概述，它可以以非结构化的方式返回一个表示查询结果的文档子集。MongoDB 查询的语法格式如下。

```
db.collection.find( 参数 1，参数 2)
```

其中，参数 1 和参数 2 都是可选参数，参数 1 表示数据查询的指定条件，参数 2 表示数据查询返回的指定的所有键值。键对应的值为 1 或 true 时，表示可以显示键，当值为 0 或 false 时，表示不显示键。

查询数据集中的所有文档，命令如下所示。

```
db.user.find()
```

结果如图 4-2 所示。

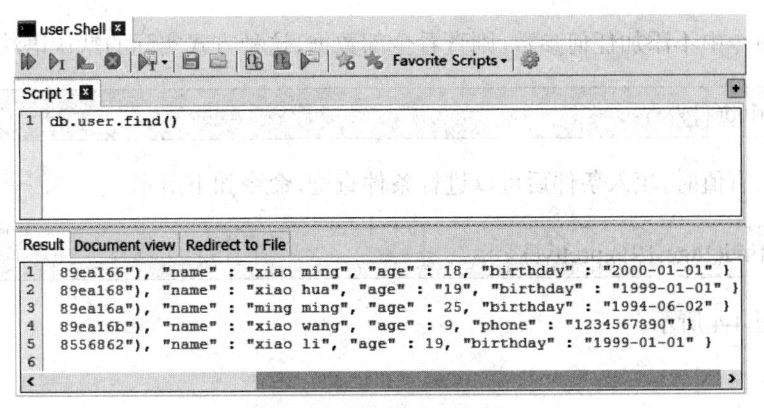

图 4-2 数据集查询结果

如图 4-2 所示，查询结果为非结构化的文档格式，不便于查看，如果想使返回的文档结构化，只需要使用 pretty() 方法即可实现，命令如下所示。

```
db.user.find().pretty()
```

结果如图 4-3 所示。

```
user.Shell
Favorite Scripts
Script 1
1 db.user.find().pretty()
```

```
Result  Redirect to File
1  {
2      "_id" : ObjectId("5b7cd25178f847f7889ea166"),
3      "name" : "xiao ming",
4      "age" : 18,
5      "birthday" : "2000-01-01"
6  }
7  {
8      "_id" : ObjectId("5b7cd33778f847f7889ea168"),
9      "name" : "xiao hua",
10     "age" : "19",
11     "birthday" : "1999-01-01"
12 }
13 {
14     "_id" : ObjectId("5b7cd36e78f847f7889ea16a"),
15     "name" : "ming ming",
16     "age" : 25,
17     "birthday" : "1994-06-02"
18 }
19 {
20     "_id" : ObjectId("5b7e057478f847f7889ea16b"),
21     "name" : "xiao wang",
22     "age" : 9,
23     "phone" : "1234567890"
24 }
25 {
26     "_id" : ObjectId("5b7e1928e2d9ce30e8556862"),
27     "name" : "xiao li",
28     "age" : 19,
29     "birthday" : "1999-01-01"
30 }
31
```

图 4-3　结构化数据集查询结果

如上述命令中不添加任何参数，则查看全部数据，这种方式实际的默认语法如下所示。

```
db.user.find({})
```

当参数 1 有值时，填入条件后可以进行条件查询，命令如下所示。

```
db.user.find({age:19}).pretty()
```

结果如图 4-4 所示。

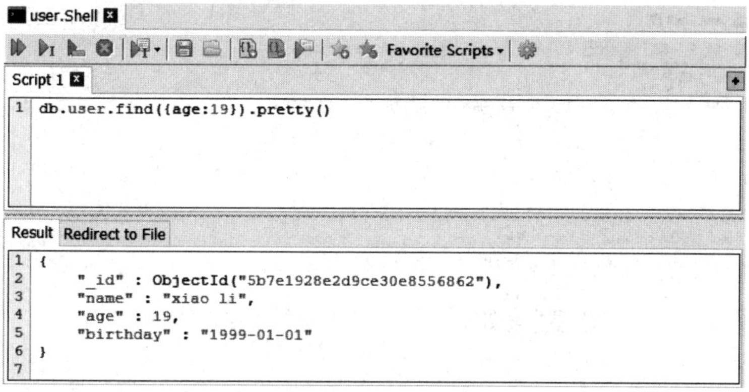

```
db.user.find({age:19}).pretty()
```

```
{
    "_id" : ObjectId("5b7e1928e2d9ce30e8556862"),
    "name" : "xiao li",
    "age" : 19,
    "birthday" : "1999-01-01"
}
```

图 4-4　条件查询结果

当参数 2 有值时，填入想获取的键值，命令如下所示。

```
db.user.find({},{"name":1,"age":1}).pretty()
```

结果如图 4-5 所示。

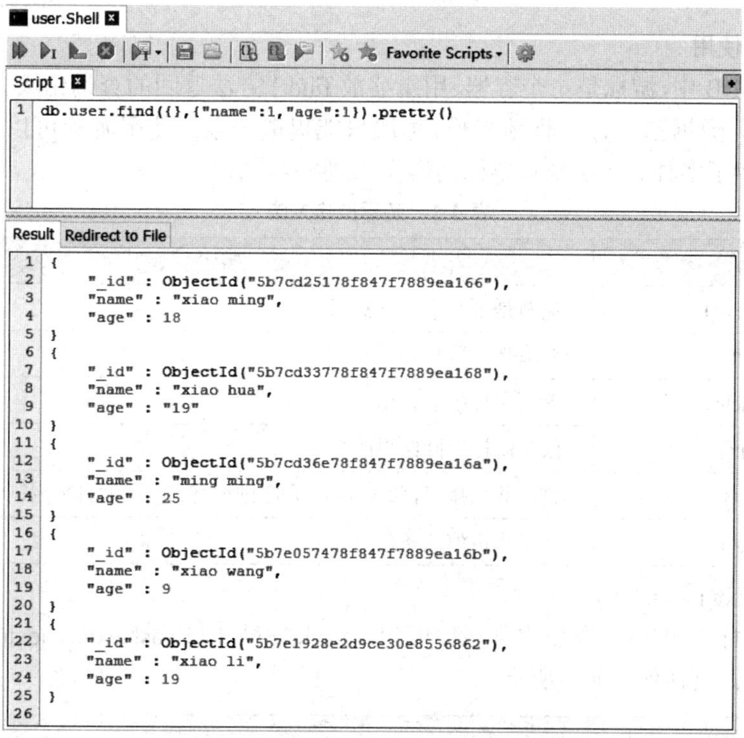

```
db.user.find({},{"name":1,"age":1}).pretty()
```

```
{
    "_id" : ObjectId("5b7cd25178f847f7889ea166"),
    "name" : "xiao ming",
    "age" : 18
}
{
    "_id" : ObjectId("5b7cd33778f847f7889ea168"),
    "name" : "xiao hua",
    "age" : "19"
}
{
    "_id" : ObjectId("5b7cd36e78f847f7889ea16a"),
    "name" : "ming ming",
    "age" : 25
}
{
    "_id" : ObjectId("5b7e057478f847f7889ea16b"),
    "name" : "xiao wang",
    "age" : 9
}
{
    "_id" : ObjectId("5b7e1928e2d9ce30e8556862"),
    "name" : "xiao li",
    "age" : 19
}
```

图 4-5　设置条件查询结果显示的字段

通过图 4-5 可以看到，想显示的数据为 name 和 age，却包含了 _id 字段，实际上 _id 字段总是被返回，不管有没有指定，但可以通过将 _id 的值设置为 0 或 false 将其从查询结果中移除，效果如图 4-6 所示。

```
user.Shell
Script 1
1 db.user.find({},{"name":1,"age":10,"_id":0}).pretty()

Result | Document view | Redirect to File
1 { "name" : "xiaoming", "age" : 18 }
2 { "name" : "xiaoli", "age" : 19 }
3 { "name" : "xiaohua", "age" : 19 }
4 { "name" : "xiaozhang", "age" : 9 }
5 { "name" : "mingming", "age" : 25 }
6
```

图 4-6 隐藏 _id 字段

提示：find() 方法会将所有查询结果返回，MongoDB 还提供了一种只查询一条数据的方法。扫描下面的二维码，你将学到更多。

在MongoDB中，还提供了一个只查询一条数据的方法，扫描二维码，你将学到更多。

2. 游标的使用

在 MongoDB 中，游标是一个容器，用于盛放 find() 方法返回的查询结果。不管游标中有多少条数据，数据都一行一行地操作，每次只能提取一条。使用游标可以遍历数据集。MongoDB 提供了多种方法实现对游标的操作，如表 4-1 所示。

表 4-1 游标操作方法

方法	描述
hasNext()	判断是否有下一条数据
next()	获取当前数据
forEach()	遍历游标中的数据
limit()	限制游标返回结果的数量
sort()	进行数据排序，值为 1 时，升序排列；值为 -1 时，降序排列
skip()	跳过指定值的条数

（1）hasNext() 和 next()

想遍历游标中的数据，需要用到循环语句，将 while 循环与 hasNext()、next() 结合即可实现游标的遍历。具体使用如下所示。

```
var cursor=db.user.find()
while(cursor.hasNext()){
  var doc = cursor.next();
  print(doc.name);
};
```

效果如图 4-7 所示。

```
user.Shell
Favorite Scripts
Script 1
1 var cursor=db.user.find()
2 while(cursor.hasNext()){
3   var doc = cursor.next();
4   print(doc.name);
5 };

Result  Redirect to File
1  // 2018/8/23 10:23:01
2  // Command #1:
3  // var cursor=db.user.find()
4
5  // 2018/8/23 10:23:01
6  // Command #2:
7  // while(cursor.hasNext()){
8  //   var doc = cursor.next();
9  //   print(doc.name);
10 // };
11 // Execution time: 0.0s
12 // Result:
13 xiao ming
14 xiao hua
15 ming ming
16 xiao wang
17 xiao li
18
```

图 4-7　将 while 循环与 hasNext()、next() 结合遍历游标

（2）forEach()

除了将 while 循环与 hasNext()、next() 结合遍历游标之外，还可以使用 forEach() 方法遍历游标。forEach() 方法的使用如下所示。

```
var cursor=db.user.find()
cursor.forEach(function(doc){
  print(doc.age)
})
```

效果如图 4-8 所示。

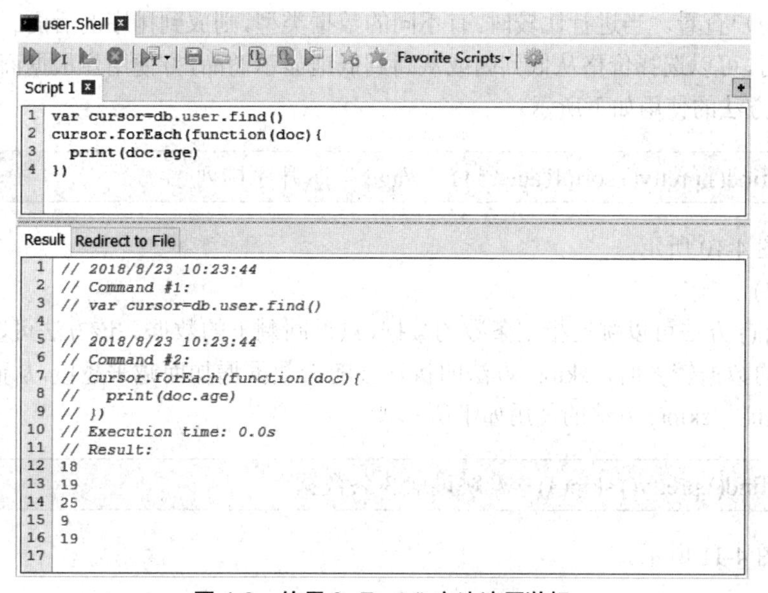

图 4-8　使用 forEach() 方法遍历游标

（3）limit()

获取的数据非常多，一次可能不会用到全部数据，只需要其中的几条使用 limit() 方法限制获取的数据条数，也就是限制游标中包含的数据条数。limit() 方法的使用如下所示。

```
db.user.find().pretty().limit(3)   // 只包含 3 条数据
```

效果如图 4-9 所示。

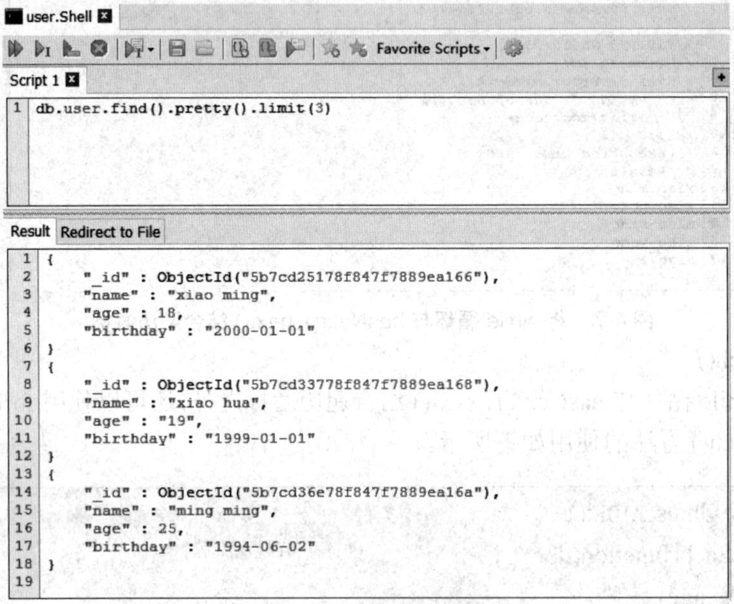

```
db.user.find().pretty().limit(3)
```

```
{
	"_id" : ObjectId("5b7cd25178f847f7889ea166"),
	"name" : "xiao ming",
	"age" : 18,
	"birthday" : "2000-01-01"
}
{
	"_id" : ObjectId("5b7cd33778f847f7889ea168"),
	"name" : "xiao hua",
	"age" : "19",
	"birthday" : "1999-01-01"
}
{
	"_id" : ObjectId("5b7cd36e78f847f7889ea16a"),
	"name" : "ming ming",
	"age" : 25,
	"birthday" : "1994-06-02"
}
```

图 4-9　限制获取的数据条数

（4）sort()

在游标中，可以使用 sort() 方法将数据中的某一项从大到小或者从小到大排序，在特定情况下方便用户查看。当进行比较时，有不同的数据类型，则放到排序的后面。如在淘宝网上浏览商品时，可以选择价格从低到高或从高到低地显示商品，方便用户根据商品价格选择商品。sort() 方法的使用如下所示。

```
db.user.find().pretty().sort({"age":1})   //age 按照升序排列
```

效果如图 4-10 所示。

（5）skip()

使用 skip() 方法可以跳过指定条数的数据，只返回剩下的数据。该方法可以用于分页，但当集合中的数据较多时，skip() 方法的执行会随着数据增加而越来越慢，从而影响 MongoDB 数据性能。skip() 方法的使用如下所示。

```
db.user.find().pretty().skip(3)   // 跳过前 3 条数据
```

效果如图 4-11 所示。

```
user.Shell
Favorite Scripts
Script 1
1 db.user.find().pretty().sort({"age":1})

Result  Redirect to File
1  {
2      "_id" : ObjectId("5b7e057478f847f7889ea16b"),
3      "name" : "xiao wang",
4      "age" : 9,
5      "phone" : "1234567890"
6  }
7  {
8      "_id" : ObjectId("5b7cd25178f847f7889ea166"),
9      "name" : "xiao ming",
10     "age" : 18,
11     "birthday" : "2000-01-01"
12 }
13 {
14     "_id" : ObjectId("5b7e1928e2d9ce30e8556862"),
15     "name" : "xiao li",
16     "age" : 19,
17     "birthday" : "1999-01-01"
18 }
19 {
20     "_id" : ObjectId("5b7cd36e78f847f7889ea16a"),
21     "name" : "ming ming",
22     "age" : 25,
23     "birthday" : "1994-06-02"
24 }
25 {
26     "_id" : ObjectId("5b7cd33778f847f7889ea168"),
27     "name" : "xiao hua",
28     "age" : "19",
29     "birthday" : "1999-01-01"
30 }
31
```

图 4-10　对返回数据的进行排序

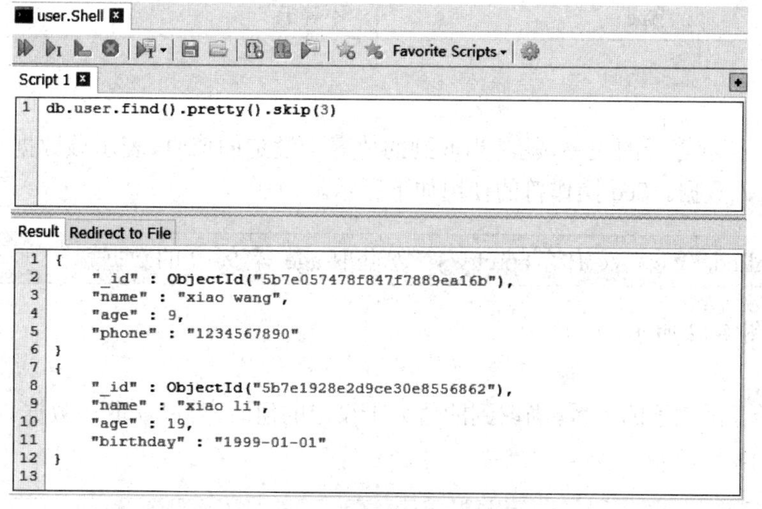

```
user.Shell
Favorite Scripts
Script 1
1 db.user.find().pretty().skip(3)

Result  Redirect to File
1  {
2      "_id" : ObjectId("5b7e057478f847f7889ea16b"),
3      "name" : "xiao wang",
4      "age" : 9,
5      "phone" : "1234567890"
6  }
7  {
8      "_id" : ObjectId("5b7e1928e2d9ce30e8556862"),
9      "name" : "xiao li",
10     "age" : 19,
11     "birthday" : "1999-01-01"
12 }
13
```

图 4-11　跳过指定条数的数据

技能点二　数据条件查询

在讲解 find() 方法时提到其有两个参数，第一个参数为数据查询的条件，格式为 BSON。MongoDB 提供了多个分属不同类别的操作符，使用单个或多个操作符可以实现查询条件的定义。下面主要对比较操作符、逻辑操作符、元素操作符、数组操作符、特殊操作符进行介绍。

1. 比较操作符

在查询数据时，查询到的数据可能很多，需要根据一个条件进行数据的过滤，通过比较操作符可以实现数据的比较。如购买东西时对商品的价格进行区间查询，就是通过比较操作符实现的。比较操作符有很多，如表 4-2 所示。

表 4-2　比较操作符

操作符	含义
$eq	等于
$gt	大于
$gte	大于或等于
$lt	小于
$lte	小于或等于
$ne	不等于

（1）$eq

$eq 用于表示等于的关系，就是当取到的值等于设定的值时，表示该数据与查询条件相符，可以获取该数据。$eq 操作符的使用如下所示。

```
db.user.find({age:{$eq:19}}).pretty()    // 获取 age 等于 19 的数据
```

效果如图 4-12 所示。

（2）$gt

$gt 用于表示大于的关系，当取到的值大于设定的值时，可以获取该数据。$gt 操作符的使用如下所示。

```
db.user.find({age:{$gt:19}}).pretty()    // 获取 age 大于 19 的数据
```

效果如图 4-13 所示。

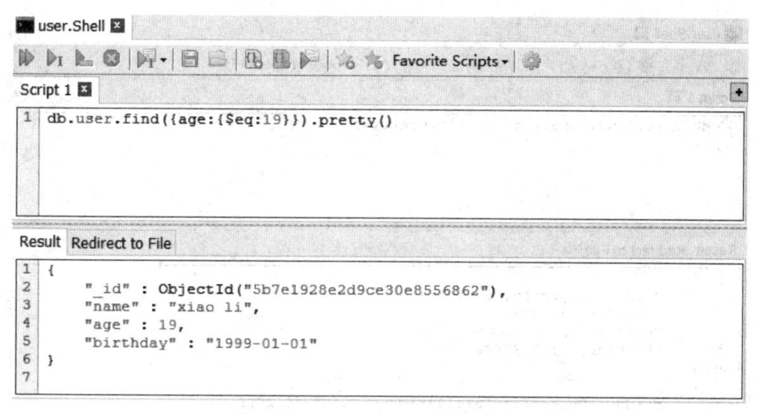

图 4-12　$eq 操作符的使用

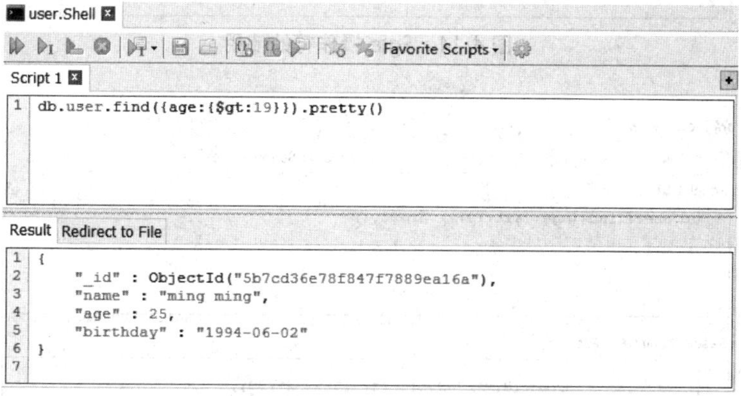

```
db.user.find({age:{$gt:19}}).pretty()
```

```
{
    "_id" : ObjectId("5b7cd36e78f847f7889ea16a"),
    "name" : "ming ming",
    "age" : 25,
    "birthday" : "1994-06-02"
}
```

图 4-13　$gt 操作符的使用

（3）$gte

$gte 用于获取值大于或等于设定的值的数据，当有数据符合查询条件时，返回该数据。$gte 操作符的使用如下所示。

```
db.user.find({age:{$gte:19}}).pretty()    // 获取 age 大于或等于 19 的数据
```

效果如图 4-14 所示。

（4）$lt

$lt 用于表示小于的关系，如果有数据的值小于设定的值，则返回该数据。$lt 操作符的使用如下所示。

```
db.user.find({age:{$lt:19}}).pretty()    // 获取 age 小于 19 的数据
```

效果如图 4-15 所示。

user.Shell

Favorite Scripts

Script 1

```
1 db.user.find({age:{$gte:19}}).pretty()
```

Result Redirect to File

```
1  {
2      "_id" : ObjectId("5b7cd36e78f847f7889ea16a"),
3      "name" : "ming ming",
4      "age" : 25,
5      "birthday" : "1994-06-02"
6  }
7  {
8      "_id" : ObjectId("5b7e1928e2d9ce30e8556862"),
9      "name" : "xiao li",
10     "age" : 19,
11     "birthday" : "1999-01-01"
12 }
13
```

图 4-14 $gte 操作符的使用

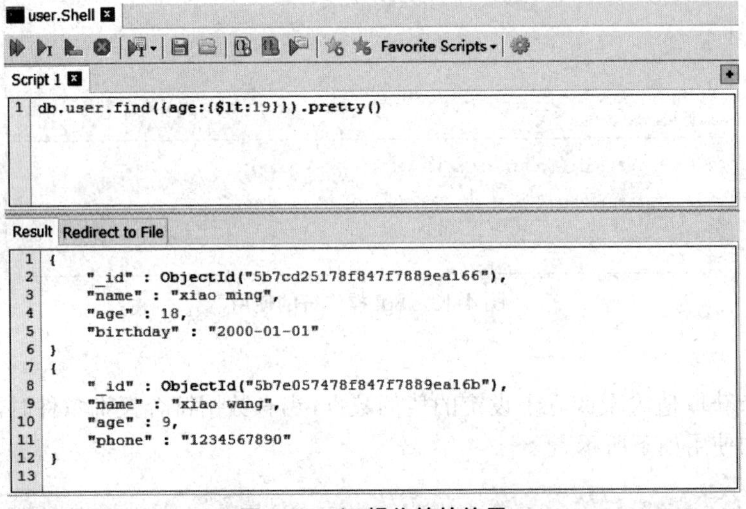

图 4-15 $lt 操作符的使用

（5）$lte

$lte 用于表示小于或等于的关系，当取到的值小于或等于设定的值时，可以获取该数据。$lte 操作符的使用如下所示。

```
db.user.find({age:{$lte:19}}).pretty()    // 获取 age 小于或等于 19 的数据
```

效果如图 4-16 所示。

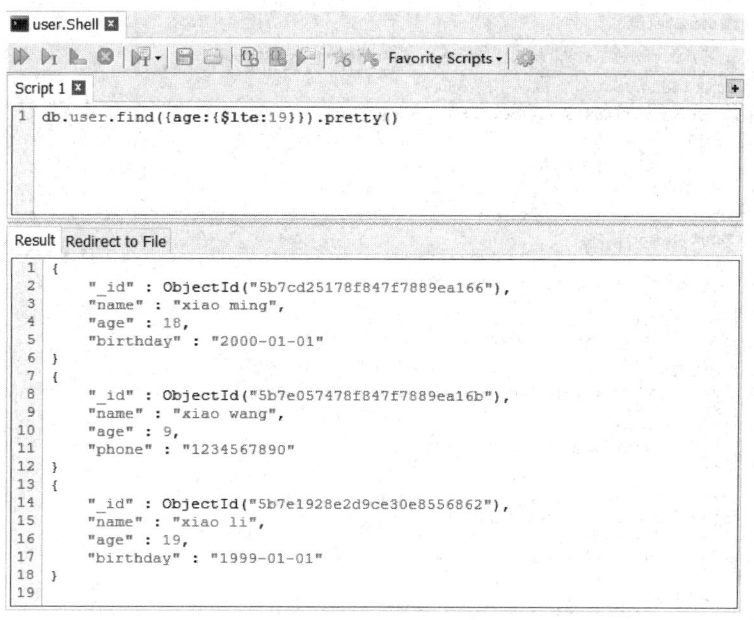

图 4-16　$lte 操作符的使用

（6）$ne

$ne 用来表示不等于的关系，如果获取的数据的值与设定的值不相等，返回该数据。$ne 操作符的使用如下所示。

```
db.user.find({age:{$ne:19}}).pretty()   // 获取 age 不等于 19 的数据
```

效果如图 4-17 所示。

2. 逻辑操作符

逻辑操作符主要用来对查询条件进行定义。在数据查询中经常有查询不匹配查询条件的情况，这个时候可以使用逻辑操作符很好地过滤数据。逻辑操作符表示的关系如表 4-3 所示。

表 4-3　逻辑操作符

操作符	含义
$or	或
$and	与
$not	非
$nor	都不

```
user.Shell
Favorite Scripts
Script 1
1  db.user.find({age:{$ne:19}}).pretty()

Result  Redirect to File
1  {
2      "_id" : ObjectId("5b7cd25178f847f7889ea166"),
3      "name" : "xiao ming",
4      "age" : 18,
5      "birthday" : "2000-01-01"
6  }
7  {
8      "_id" : ObjectId("5b7cd33778f847f7889ea168"),
9      "name" : "xiao hua",
10     "age" : "19",
11     "birthday" : "1999-01-01"
12 }
13 {
14     "_id" : ObjectId("5b7cd36e78f847f7889ea16a"),
15     "name" : "ming ming",
16     "age" : 25,
17     "birthday" : "1994-06-02"
18 }
19 {
20     "_id" : ObjectId("5b7e057478f847f7889ea16b"),
21     "name" : "xiao wang",
22     "age" : 9,
23     "phone" : "1234567890"
24 }
25
```

图 4-17　$ne 操作符的使用

（1）$or

$or 表示或的关系，用于两个及两个以上条件的情况，当获取的数据符合查询条件中的任意一个时，该数据被返回。$or 操作符的使用如下所示。

```
// 获取 name 是小明或者 age 是 25 的数据
db.user.find({$or:[{name:"xiao ming"},{age:25}]}).pretty()
```

效果如图 4-18 所示。

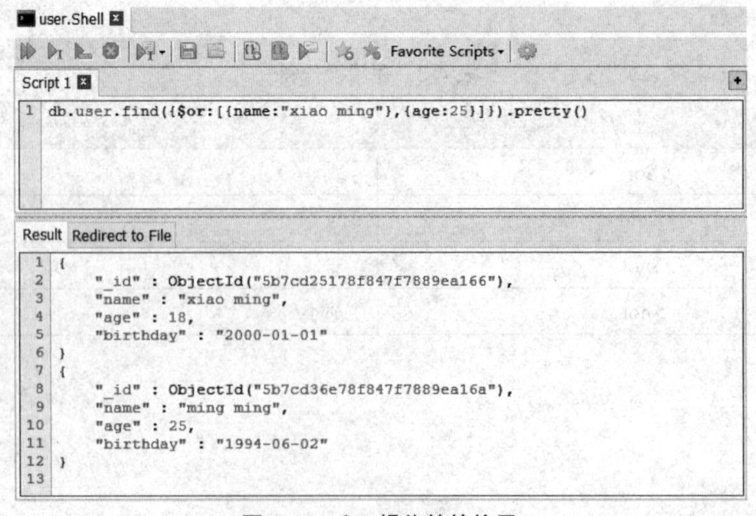

图 4-18　$or 操作符的使用

（2）$and

$and 表示与的关系，即并列的关系，同样用于两个及两个以上条件的情况，当获取的数据符合所有查询条件时，该数据才会被返回。$and 操作符的使用如下所示。

```
// 获取 name 是 xiaoming 且 age 是 18 的数据
db.user.find({$and:[{name:"xiao ming"},{age:18}]}).pretty()
// 相当于
db.user.find({name:"xiao ming",age:18}).pretty()
```

效果如图 4-19 所示。

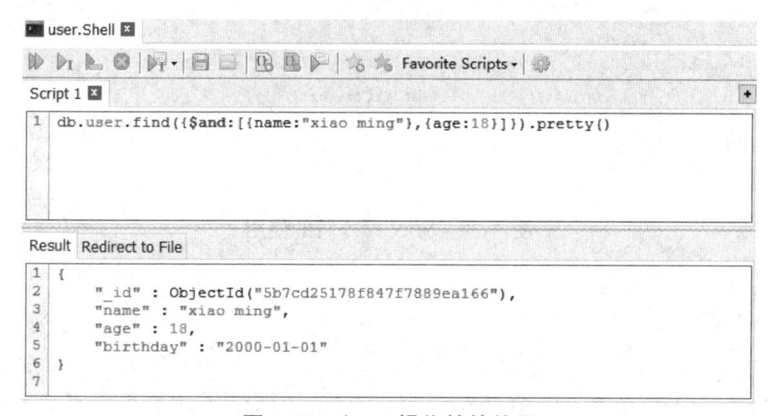

图 4-19　$and 操作符的使用

（3）$not

$not 表示非的关系，即相反的关系，用于一个或多个条件的情况，当获取的数据不符合所有查询条件时，该数据才会被返回，主要应用在比较操作符定义的查询条件中。$not 操作符的使用如下所示。

```
// 获取 age 不大于 18 的数据
db.user.find({age:{$not:{$gt:18}}}).pretty()
```

效果如图 4-20 所示。

（4）$nor

$nor 表示都不的关系，即并列不的关系，同样用于一个或多个条件的情况，当获取的数据与查询条件中的任意一个相符时，该数据都不会被返回。$nor 操作符的使用如下所示。

```
// 获取 name 不是 xiaoming 且 age 不是 19 的数据
db.user.find({$nor:[{name:"xiao ming"},{age:19}]}).pretty()
```

效果如图 4-21 所示。

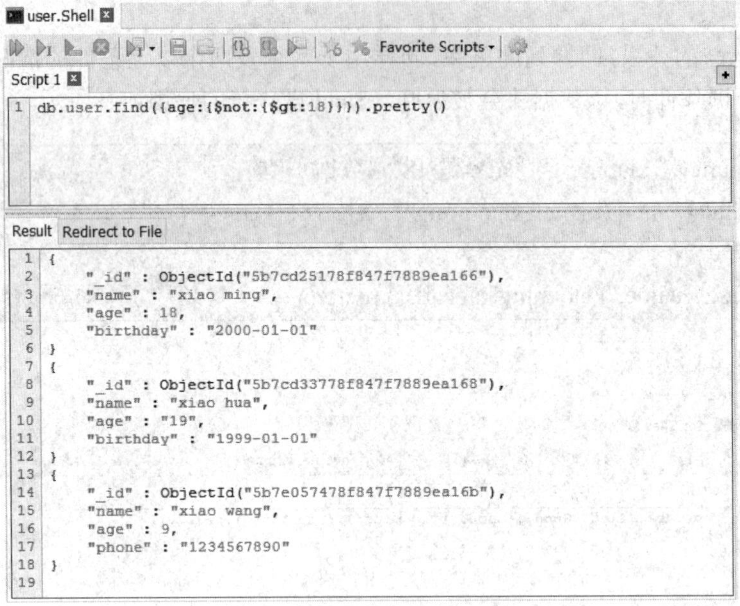
user.Shell
Favorite Scripts
Script 1
db.user.find({age:{$not:{$gt:18}}}).pretty()
Result
Redirect to File
{
"_id" : ObjectId("5b7cd25178f847f7889ea166"),
"name" : "xiao ming",
"age" : 18,
"birthday" : "2000-01-01"
}
{
"_id" : ObjectId("5b7cd33778f847f7889ea168"),
"name" : "xiao hua",
"age" : "19",
"birthday" : "1999-01-01"
}
{
"_id" : ObjectId("5b7e057478f847f7889ea16b"),
"name" : "xiao wang",
"age" : 9,
"phone" : "1234567890"
}

图 4-20 $not 操作符的使用

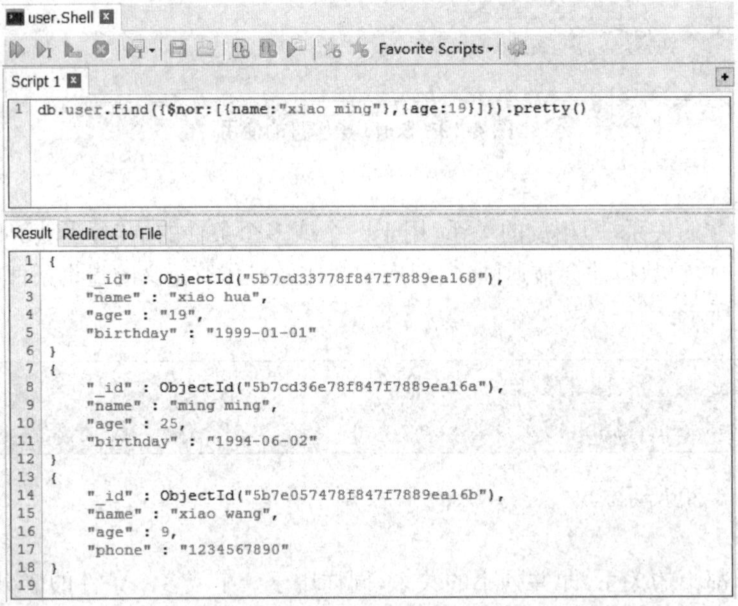
user.Shell
Favorite Scripts
Script 1
db.user.find({$nor:[{name:"xiao ming"},{age:19}]}).pretty()
Result
Redirect to File
{
"_id" : ObjectId("5b7cd33778f847f7889ea168"),
"name" : "xiao hua",
"age" : "19",
"birthday" : "1999-01-01"
}
{
"_id" : ObjectId("5b7cd36e78f847f7889ea16a"),
"name" : "ming ming",
"age" : 25,
"birthday" : "1994-06-02"
}
{
"_id" : ObjectId("5b7e057478f847f7889ea16b"),
"name" : "xiao wang",
"age" : 9,
"phone" : "1234567890"
}

图 4-21 $nor 操作符的使用

3. 元素操作符

元素操作符的过滤对象主要是键和值，由于 MongoDB 数据库的文档存储结构与 SQL 数据库表中格式统一不同，MongoDB 会出现文档格式不一样的情况，针对这种情况 MongoDB 提供了元素操作符，可以通过键和值来过滤数据。MongoDB 提供的元素操作符如表 4-4 所示。

表 4-4　元素操作符

操作符	含义
$exists	判断是否存在指定字段，值为 true 或 false
$type	判断值的数据类型

（1）$exists

$exists 用于对文档中是否含有某字段（键）进行判断，当文档中含有该字段时，则获取该数据。$exists 操作符的使用如下所示。

```
// 获取含有 phone 字段的数据
db.user.find({phone:{$exists:true}}).pretty()
```

效果如图 4-22 所示。

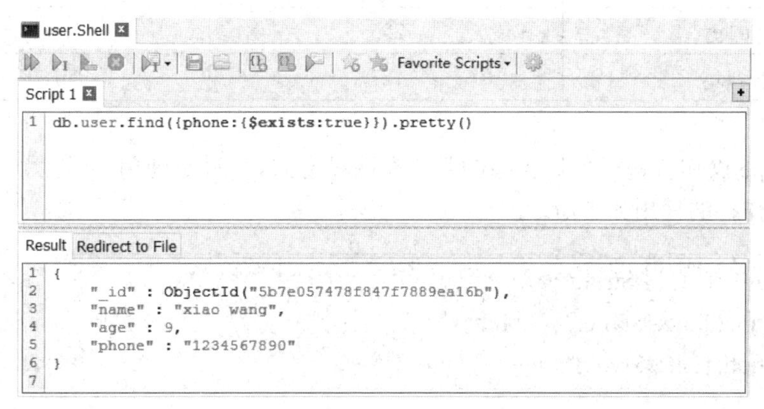

图 4-22　$exists 操作符的使用

（2）$type

$type 针对的对象是数据的值，用于对文档中数据的类型进行判断，当数据类型相符时，则获取该数据。MongoDB 中的数据类型有很多，具体如表 4-5 所示。

表 4-5　数据类型

数据类型	序号	类型
Double	1	"double"
String	2	"string"
Object	3	"object"
Array	4	"array"
Binary data	5	"binData"
Undefined	6	"undefined"
Object id	7	"objectId"

续表

数据类型	序号	类型
Boolean	8	"bool"
Date	9	"date"
Null	10	"null"
Regular expression	11	"regex"
JavaScript	13	"javascript"
Symbol	14	"symbol"
JavaScript (with scope)	15	"javascriptWithScope"
32-bit integer	16	"int"
Timestamp	17	"timestamp"
64-bit integer	18	"long"
Min key	255	"minKey"
Max key	127	"maxKey"

使用 $type 操作符进行数据类型的判断有两种方式，一种是使用序号，另一种是使用类型。$type 操作符的使用如下所示。

```
// 获取 age 的值为 String 类型的数据
db.user.find({age:{$type:2}}).pretty()
db.user.find({age:{$type:"string"}}).pretty()
```

效果如图 4-23 所示。

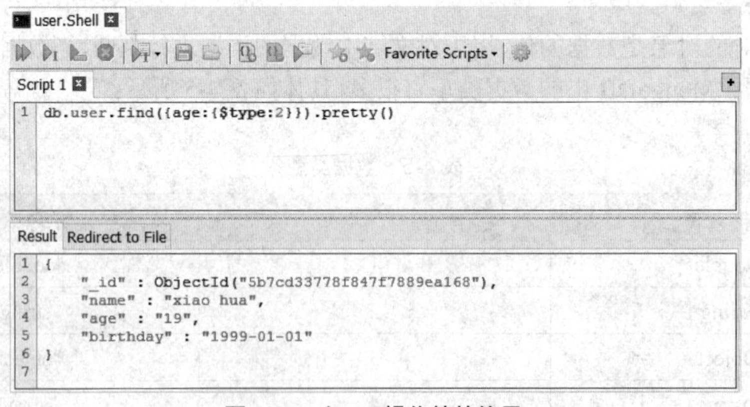

图 4-23 $type 操作符的使用

4. 数组操作符

由于 MongoDB 数据库存储的文档结构多样，当文档中字段的值为数组格式时，一些查询条件需要用数组操作符定义。MongoDB 中的数组操作符如表 4-6 所示。

表 4-6　数据操作符

操作符	含义
$all	数组多元素查询
$size	数组长度查询
$elemMatch	元素查询

由于以上所使用的数据中并不包含数组格式的数据，因此新建一个数据集（list），并插入数据，数据如图 4-24 所示。

```
{
    "_id" : ObjectId("5b7e5938e2d9ce30e855686b"),
    "name" : "xiao ming",
    "age" : 11,
    "likefruits" : [
        "apple",
        "pear",
        "peach",
        "grape",
        "banana"
    ]
}
{
    "_id" : ObjectId("5b7e59f6e2d9ce30e855686d"),
    "name" : "xiao li",
    "age" : 14,
    "likefruits" : [
        "pineapple",
        "pear",
        "peach",
        "lemon",
        "banana"
    ]
}
{
    "_id" : ObjectId("5b7e5a1fe2d9ce30e8556871"),
    "name" : "xiao hua",
    "age" : 9,
    "likefruits" : [
        "pineapple",
        "mango ",
        "lemon",
        "strawberry"
    ]
}
```

图 4-24　数据集中数据文档

（1）$all

$all 中可以包含多个值，当 $all 中的值都被包含在一个数组中时，这个数组所在的文档就是人们需要的。$all 操作符的使用如下所示。

```
// 获取 likefruits 中既包含 lemon 又包含 banana 的数据
db.list.find({likefruits:{$all:["lemon","banana"]}}).pretty()
```

效果如图 4-25 所示。

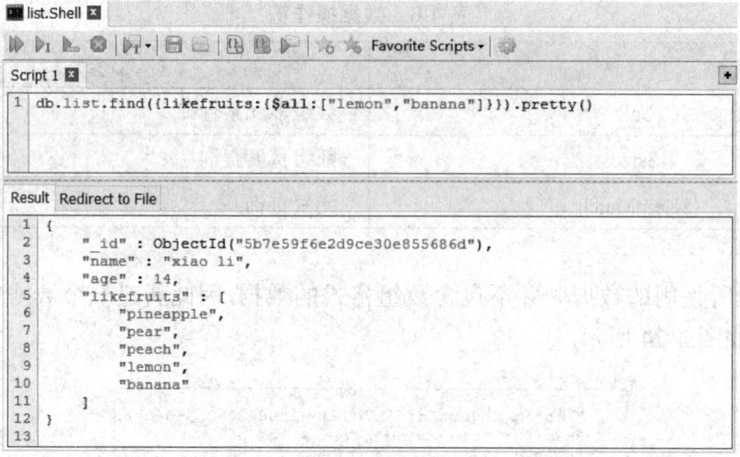

```
db.list.find({likefruits:{$all:["lemon","banana"]}}).pretty()
```

```
{
    "_id" : ObjectId("5b7e59f6e2d9ce30e855686d"),
    "name" : "xiao li",
    "age" : 14,
    "likefruits" : [
        "pineapple",
        "pear",
        "peach",
        "lemon",
        "banana"
    ]
}
```

图 4-25　$all 操作符的使用

（2）$size

$size 允许人们根据数组的长度进行查询。如，在一个集卡活动中，由于卡的种类是有限制的，当每张卡都有时集卡成功，可以使用 $size 进行查询。$size 操作符的使用如下所示。

```
// 获取 likefruits 中包含五个元素的数据
db.list.find({likefruits:{$size:5}}).pretty()
```

效果如图 4-26 所示。

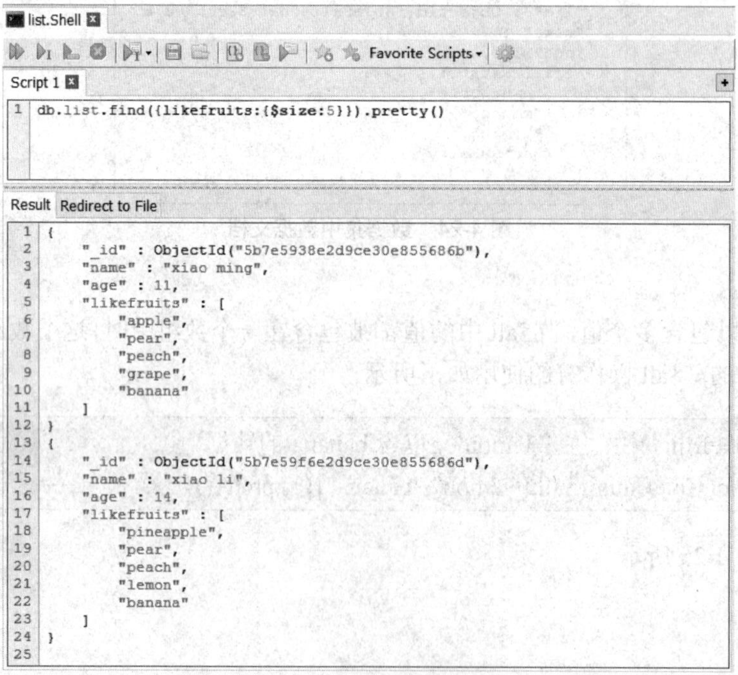

```
db.list.find({likefruits:{$size:5}}).pretty()
```

```
{
    "_id" : ObjectId("5b7e5938e2d9ce30e855686b"),
    "name" : "xiao ming",
    "age" : 11,
    "likefruits" : [
        "apple",
        "pear",
        "peach",
        "grape",
        "banana"
    ]
}
{
    "_id" : ObjectId("5b7e59f6e2d9ce30e855686d"),
    "name" : "xiao li",
    "age" : 14,
    "likefruits" : [
        "pineapple",
        "pear",
        "peach",
        "lemon",
        "banana"
    ]
}
```

图 4-26　$size 操作符的使用

（3）$elemMatch

使用 $elemMatch 可以根据数组中的元素进行查询，也可以通过数组中子文档的数据进行查询。$elemMatch 操作符的使用如下所示。

```
// 获取 likefruits 中包含 lemon 元素的数据
db.list.find({likefruits:{$elemMatch:{$eq:"lemon"}}}).pretty()
```

效果如图 4-27 所示。

```
list.Shell
Favorite Scripts
Script 1
1 db.list.find({likefruits:{$elemMatch:{$eq:"lemon"}}}).pretty()
Result  Redirect to File
1  {
2      "_id" : ObjectId("5b7e59f6e2d9ce30e855686d"),
3      "name" : "xiao li",
4      "age" : 14,
5      "likefruits" : [
6          "pineapple",
7          "pear",
8          "peach",
9          "lemon",
10         "banana"
11     ]
12 }
13 {
14     "_id" : ObjectId("5b7e5a1fe2d9ce30e8556871"),
15     "name" : "xiao hua",
16     "age" : 9,
17     "likefruits" : [
18         "pineapple",
19         "mango ",
20         "lemon",
21         "strawberry"
22     ]
23 }
24
```

图 4-27　$elemMatch 操作符的使用

5. 特殊操作符

特殊操作符主要针对一些特殊情况使用，在特殊情况下，特殊操作符的功能非常强大。如针对一篇文章进行关键词的搜索就可以使用特殊操作符。MongoDB 包含的特殊操作符如表 4-7 所示。

表 4-7　特殊操作符

操作符	含义
$mod	对取余条件进行判断
$regex	正则表达式查询
$text	文本索引查询
$where	进行 JavaScript 表达式或函数的转换

（1）$mod

使用 $mod 可以对取余条件进行设置，如将获取条件设置为“数据值 /n=x”（表示数据值除以 n 余 x），当文档中有数据满足该条件时，则数据被返回。$mod 操作符的使用如下所示。

```
// 获取 age 除以 2 余 0 的数据
db.user.find({age:{$mod:[2,0] }}).pretty()
```

效果如图 4-28 所示。

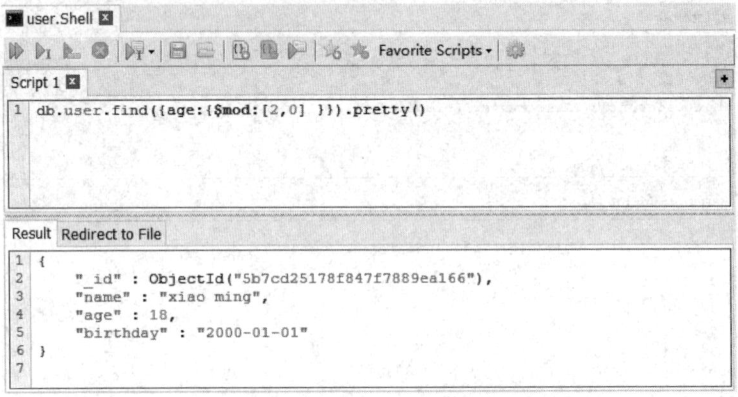

```
user.Shell
Favorite Scripts
Script 1
1 db.user.find({age:{$mod:[2,0] }}).pretty()

Result  Redirect to File
1 {
2     "_id" : ObjectId("5b7cd25178f847f7889ea166"),
3     "name" : "xiao ming",
4     "age" : 18,
5     "birthday" : "2000-01-01"
6 }
7
```

图 4-28　$mod 操作符的使用

（2）$regex

$regex 允许人们使用正则表达式对查询条件进行设置。$regex 操作符主要针对 string 类型的数据，不适合用于比较条件的设置。针对 string 类型数据可以进行任意条件的设置。$regex 操作符的使用如下所示。

```
// 获取 name 中包含“xiao m”的数据
db.user.find({name:{$regex:/^xiao m/i}}).pretty()
```

效果如图 4-29 所示。

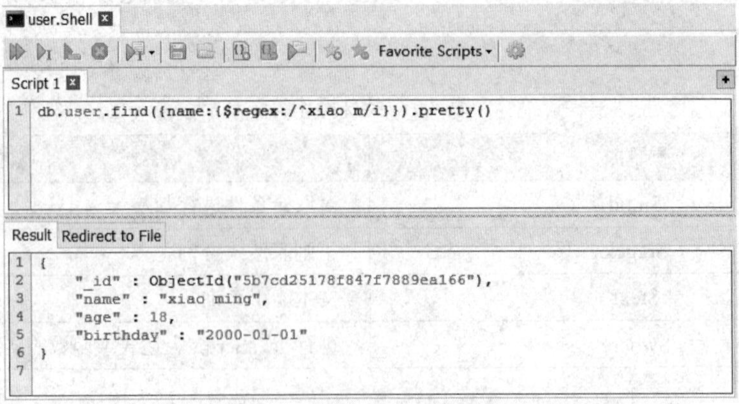

```
user.Shell
Favorite Scripts
Script 1
1 db.user.find({name:{$regex:/^xiao m/i}}).pretty()

Result  Redirect to File
1 {
2     "_id" : ObjectId("5b7cd25178f847f7889ea166"),
3     "name" : "xiao ming",
4     "age" : 18,
5     "birthday" : "2000-01-01"
6 }
7
```

图 4-29　$regex 操作符的使用

（3）$text

$text 用来进行文本索引查询，也可以用来提取关键词，如进行文章检索时就可以使用 $text 实现。由于 $text 是文本索引查询，在使用前必须创建文本索引。文本索引建立在数据集上，一个数据集只能有一个文本索引，而一个文本索引中可以包含多个索引项。创建文本索引的命令如下：

```
// 针对 name 和 age 创建索引
db.user.createIndex({name:"text",age:"text"})
```

效果如图 4-30 所示。

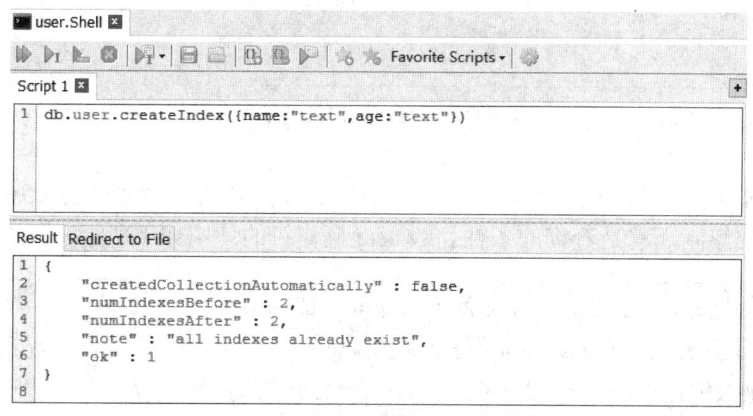

图 4-30　$text 操作符的使用

使用 $text 进行查询时，需要先定义查询条件。在 $text 中包含了多个操作符对查询条件进行定义，操作符如表 4-8 所示。

表 4-8　$text 中包含的多个操作符

操作符	含义
$search	定义关键词
$language	定义语言
$caseSensitive	定义是否区分大小写，默认为 false
$diacriticSensitive	定义是否区分读音，默认为 false

$text 操作符的使用如下所示。

```
// 获取 name 中包含 ming 的数据
db.user.find({$text:{$search:"ming"}}).pretty()
```

效果如图 4-31 所示。

```
db.user.find({$text:{$search:"ming"}}).pretty()
```

```
{
    "_id" : ObjectId("5b7cd36e78f847f7889ea16a"),
    "name" : "ming ming",
    "age" : 25,
    "birthday" : "1994-06-02"
}
{
    "_id" : ObjectId("5b7cd25178f847f7889ea166"),
    "name" : "xiao ming",
    "age" : 18,
    "birthday" : "2000-01-01"
}
```

图 4-31 $text 操作符的使用

（4）$where

$where 通过表达式或函数方法定义查询条件。在表达式或者函数方法中，可以进行比较判断，这个比较判断就是查询的条件。$where 操作符的使用如下所示。

```
// 使用表达式的方式获取 name 值不等于 age 值的数据
db.user.find({$where:"this.name!=this.age"}).pretty()
// 使用函数方法的方式获取 name 值不等于 age 值的数据
db.user.find({$where:function(){return obj.name!=obj.age;}}).pretty()
```

由于数据库中的数据都是正常数据，因此不会出现 name 值等于 age 值的情况，因此进行上述条件的判断，会获取全部数据。效果如图 4-32 所示。

提示：在 MongoDB 中包含着很多的操作符，除了上面介绍的几种，还有很多，扫描下方二维码，了解更多的操作符信息。

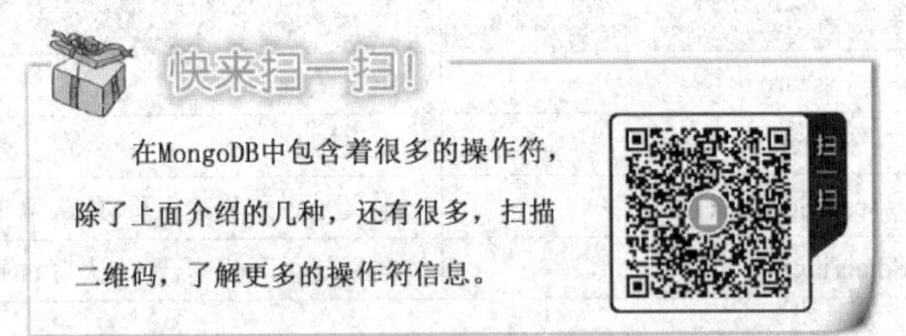
快来扫一扫!
在MongoDB中包含着很多的操作符，除了上面介绍的几种，还有很多，扫描二维码，了解更多的操作符信息。
扫一扫

任务实施

通过如下步骤根据不同数据指标查询当前数据库中的数据信息。

第一步，查询在病毒查杀集合中未直接处理的数据信息，命令如下所示。

```
db.VS.find({mode:"[ 未处理 ]"})
```

结果如图 4-33 所示。

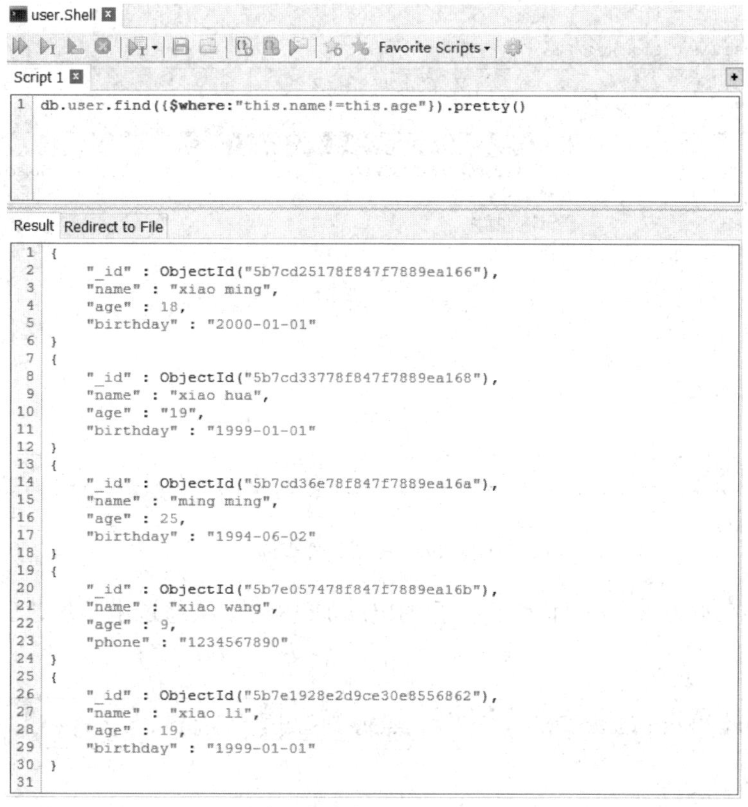

图 4-32　$where 操作符的使用

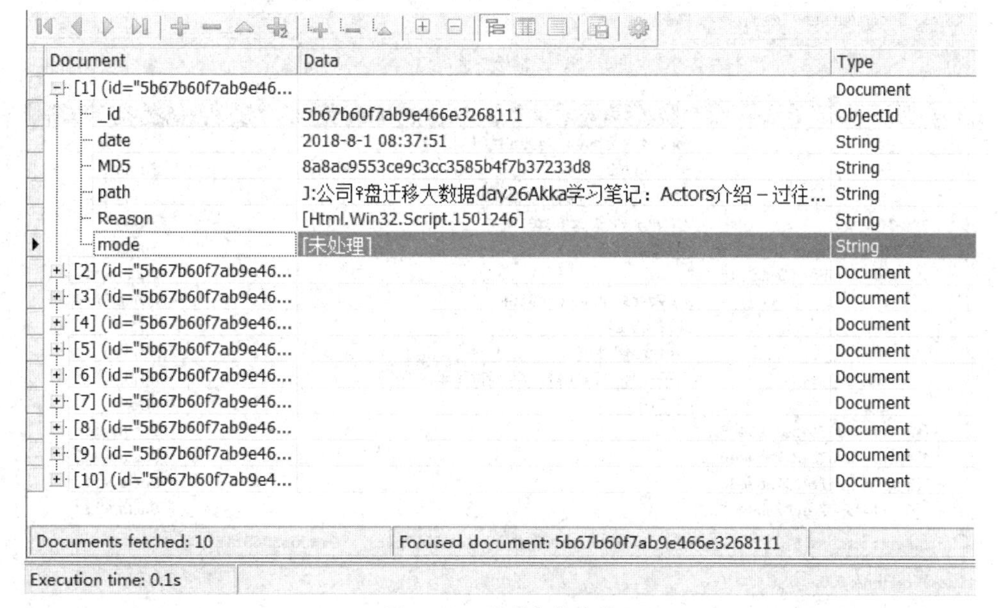

图 4-33　单项条件查询

第二步，查询 2018 年 11 月 16 日清理且评价等级为“中评”的信息，命令如下所示。

```
db.CRT.find({date:"2018-11-16",assess:" 中评 "})
```

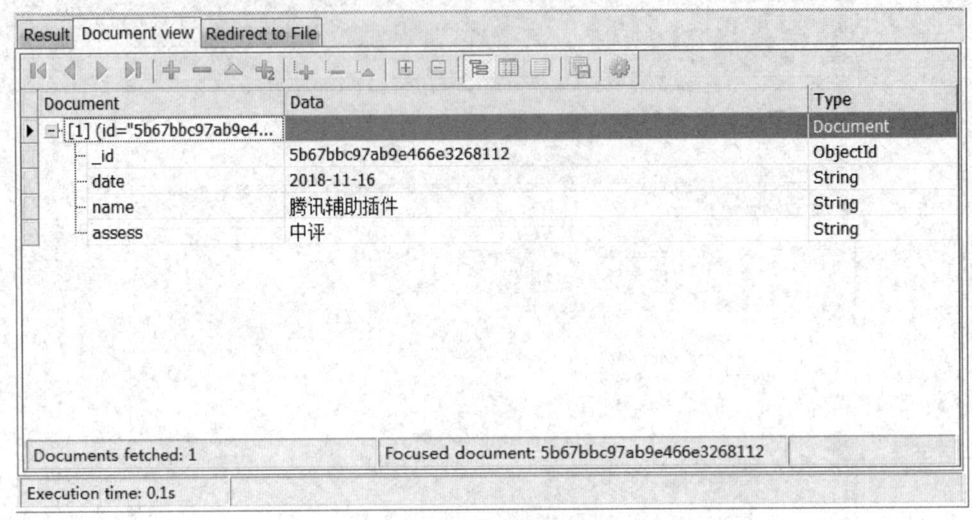

图 4-34　多项条件查询

第三步，查询 2018 年 5 月 27 日执行的电脑加速操作，或通过电脑加速已删除的服务，命令如下所示。

```
db.CA.find({$or:[{date:"2018-05-27"},{state:" 已删除 "}]})
```

结果如图 4-35 所示。

Result | Document view | Redirect to File

Document	Data	Type
[1] (id="5b67c4c37ab9e46...		Document
_id	5b67c4c37ab9e466e3268115	ObjectId
date	2017-11-03	String
name	iTools的相关任务（无效项）	String
describe	D:Itools 4TSUpd4.exe	String
state	已删除	String
[2] (id="5b67c4c37ab9e46...		Document
_id	5b67c4c37ab9e466e3268117	ObjectId
date	2018-05-27	String
name	Lantern代理软件	String
describe	用于代理上网功能，使用时可手动运行	String
state	已禁用	String
[3] (id="5b67c4c37ab9e46...		Document
[4] (id="5b67c4c37ab9e46...		Document
[5] (id="5b67c4c37ab9e46...		Document
[6] (id="5b67c4c37ab9e46...		Document

Documents fetched: 6　Focused document: 5b67c4c37ab9e466e3268115

Execution time: 0.1s

图 4-35　满足某一条件的信息

第四步，查询漏洞修复信息中补丁小于或等于 5000 KB 的修复信息，命令如下所示。

```
db.SR.find({size:{$lte:5000}})
```

结果如图 4-36 所示。

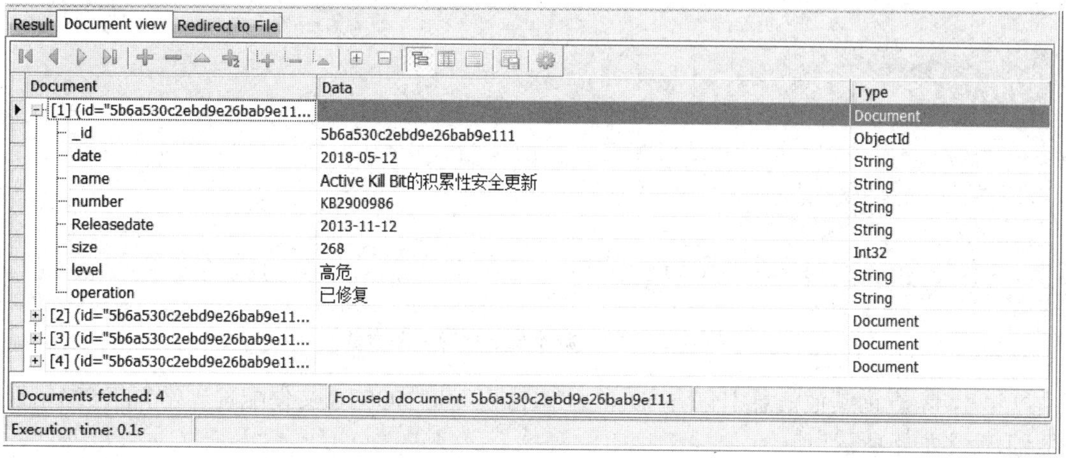

Document	Data	Type
[1] (id="5b6a530c2ebd9e26bab9e11...		Document
_id	5b6a530c2ebd9e26bab9e111	ObjectId
date	2018-05-12	String
name	Active Kill Bit的积累性安全更新	String
number	KB2900986	String
Releasedate	2013-11-12	String
size	268	Int32
level	高危	String
operation	已修复	String
[2] (id="5b6a530c2ebd9e26bab9e11...		Document
[3] (id="5b6a530c2ebd9e26bab9e11...		Document
[4] (id="5b6a530c2ebd9e26bab9e11...		Document

Documents fetched: 4　Focused document: 5b6a530c2ebd9e26bab9e111

Execution time: 0.1s

图 4-36　漏洞修复信息查询 1

第五步，查询漏洞修复信息中漏洞等级为“高危”且补丁大小或大于 10000 KB 或更新时间为 2015 年 8 月 11 日，命令如下所示。

```
db.SR.find({level:" 高危 ",$or:[{size:{$gt:10000}},{Releasedate:"2015-08-11"}]})
```

结果如图 4-37 所示。

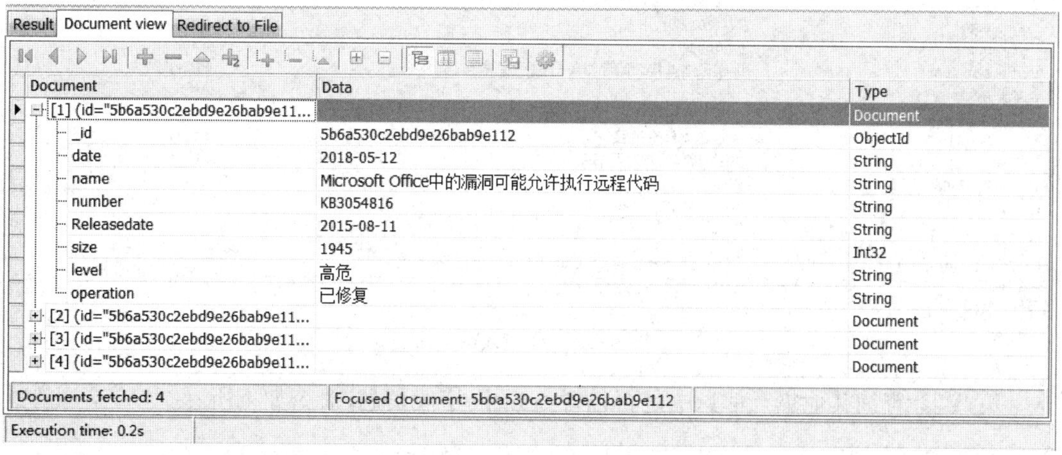

Document	Data	Type
[1] (id="5b6a530c2ebd9e26bab9e11...		Document
_id	5b6a530c2ebd9e26bab9e112	ObjectId
date	2018-05-12	String
name	Microsoft Office中的漏洞可能允许执行远程代码	String
number	KB3054816	String
Releasedate	2015-08-11	String
size	1945	Int32
level	高危	String
operation	已修复	String
[2] (id="5b6a530c2ebd9e26bab9e11...		Document
[3] (id="5b6a530c2ebd9e26bab9e11...		Document
[4] (id="5b6a530c2ebd9e26bab9e11...		Document

Documents fetched: 4　Focused document: 5b6a530c2ebd9e26bab9e112

Execution time: 0.2s

图 4-37　漏洞修复信息查询 2

第六步，查询插件清理信息中经过滤不是差评的插件信息，命令如下所示。

```
db.CRT.find({assess:{'$nin':[" 差评 "]}})
```

结果如图 4-38 所示。

Result | Document view | Redirect to File

```
1  id" : ObjectId("5b67bbc97ab9e466e3268112"), "date" : "2018-11-16", "name" : "腾讯辅助插件", "assess" : "中评" }
2  id" : ObjectId("5b67bbc97ab9e466e3268116"), "date" : "2018-06-23", "name" : "360防火墙功能模块", "assess" : "中评" }
3
```

Execution time: 0.1s

图 4-38　经过滤不是差评的插件信息

第七步，查询其他信息中包含“DNS 配置错误”和“HOSTS 文件配置异常”的网络错误原因，命令如下所示。

```
db.Other.find({Reason:{'$all':["DNS 配置错误 ","HOSTS 文件配置异常 "]}})
```

结果如图 4-39 所示。

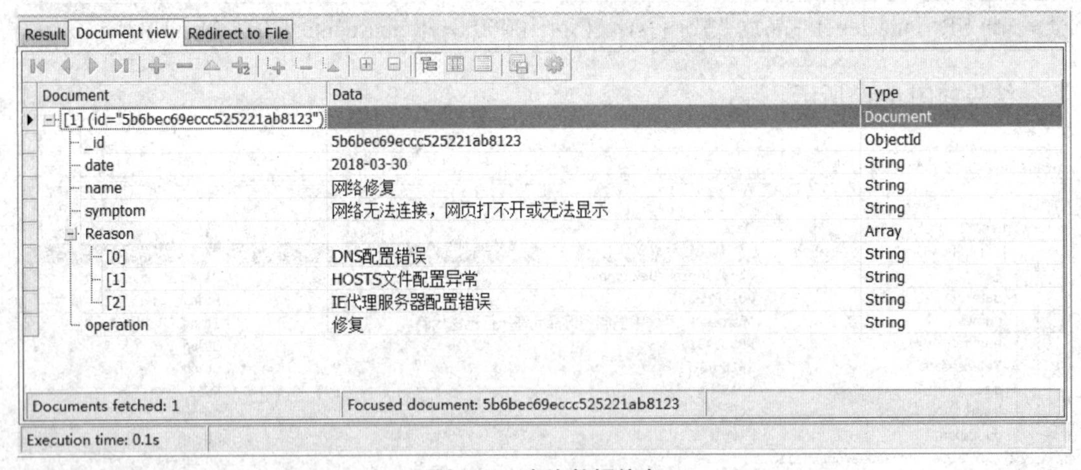

图 4-39　查询数据信息

第八步，查询其他集合信息中是否包含 content 字段信息，命令如下所示。

```
db.Other.find({content:{$exists:true}})
```

结果如图 4-40 所示。

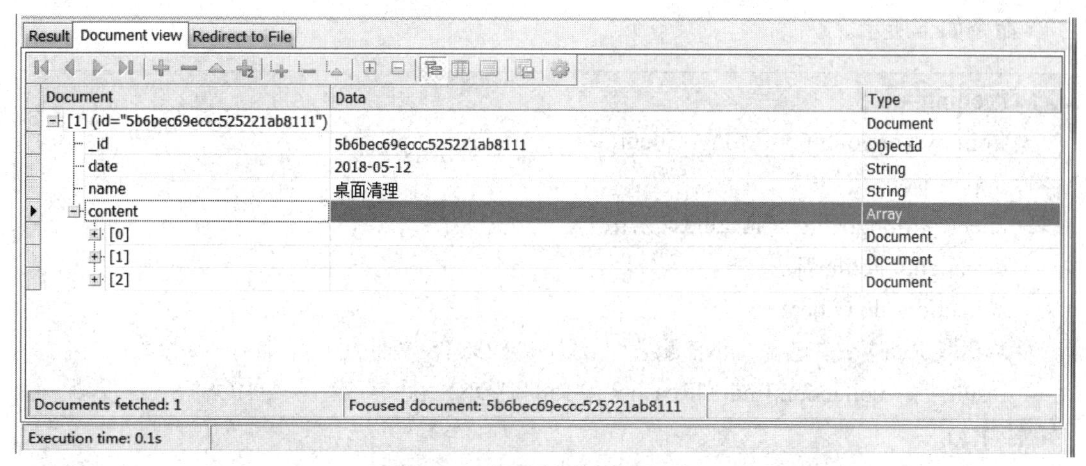

图 4-40　查询是否包含字段信息

【拓展目的】

熟练运用 MongoDB 数据库数据条件查询知识进行文档数据的快速过滤

【拓展内容】

使用 python 技术实现本项目数据快速过滤的功能。

【拓展步骤】

第一步,连接数据库并查询其他信息中包含“DNS 配置错误”和“HOSTS 文件配置异常”的网络错误原因,如图 4-41 所示。

图 4-41　获取数据

命令如下所示。

```
#coding=utf-8
from pymongo import MongoClient
import json
client = MongoClient('localhost',27017)
db=client["Fettler"]
collection=db.Other
# 获取 Reason 中包含“DNS 配置错误”和“HOSTS 文件配置异常”两项的数据
result = collection.find({"Reason":{"$all":["DNS 配 置 错 误 ","HOSTS 文 件 配 置 异常 "]}})
for i in result:
    print(i)
```

第二步，查询其他集合信息中是否包含 content 字段信息，如图 4-42 所示，

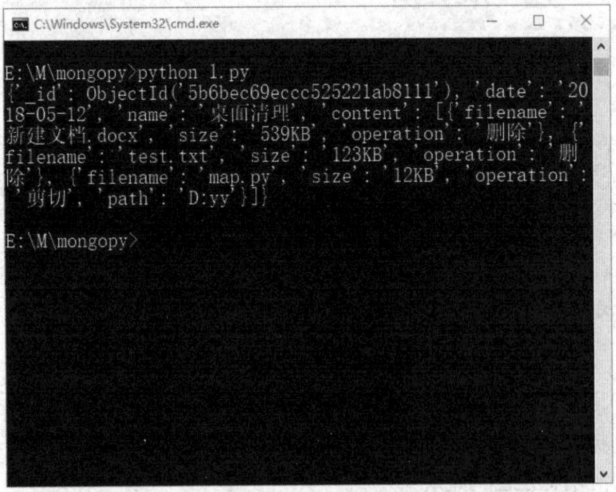

```
C:\Windows\System32\cmd.exe
E:\M\mongopy>python 1.py
{'_id': ObjectId('5b6bec69eccc525221ab8111'), 'date': '2018-05-12', 'name': '桌面清理', 'content': [{'filename': '新建文档.docx', 'size': '539KB', 'operation': '删除'}, {'filename': 'test.txt', 'size': '123KB', 'operation': '删除'}, {'filename': 'map.py', 'size': '12KB', 'operation': '剪切', 'path': 'D:yy'}]}

E:\M\mongopy>
```

图 4-42 查询结果

命令如下。

```
#coding=utf-8
from pymongo import MongoClient
import json
client = MongoClient('localhost',27017)
db=client["Fettler"]
collection=db.Other
# 获取包含 content 字段的信息
result = collection.find({"content":{"$exists":"true"}})
for i in result:
    print(i)
```

通过对 Fettler 用户行为快速过滤功能的实现，对数据基本查询的相关知识有了初步的了解，并详细了解了数据条件查询中各个操作符的使用，具有使用数据查询过滤数据的能力。

find	搜索	pretty	漂亮
next	下一个	limit	限制
sort	分类	skip	跳跃
exist	存在	type	类型

1. 选择题

（1）在 MongoDB 数据库中，提供了一个 find() 方法用于查询集合中的文档，该方法以（　　）的方式返回一个表示查询结果的文档子集。

A. 数组　　B. 非结构化　　C. 字符串　　D. JSON

（2）在游标中不管有多少条数据，每次都只能提取（　　）条。

A. 一　　B. 二　　C. 三　　D. 四

（3）以下操作符中表示大于的是（　　）。

A. $gt　　B. $gte　　C. $lt　　D. $lte

（4）以下属于元素操作符的是（　　）。

A. $and　　B. $ne　　C. $exists　　D. $size

（5）在特殊操作符中，可以用于取余操作的是（　　）。

A. $mod　　B. $regex　　C. $text　　D. $where

2. 简答题

（1）使用 find() 方法实现对 name 为 tom 数据的查询。数据集中数据如图所示。

```
{
    "_id" : ObjectId("5b91f29be2d9ce63b0336cf2"),
    "name" : "mary",
    "age" : 12
}
{
    "_id" : ObjectId("5b91f2c0e2d9ce63b0336cf6"),
    "name" : "mary1",
    "age" : 25
}
{
    "_id" : ObjectId("5b91f2d0e2d9ce63b0336cf8"),
    "name" : "mary3",
    "age" : 11
}
{
    "_id" : ObjectId("5b91f254e2d9ce63b0336cec"),
    "name" : "tom",
    "age" : 12,
    "phone" : "12345678901"
}
{
    "_id" : ObjectId("5b91f27ce2d9ce63b0336cee"),
    "name" : "tom1",
    "age" : 15,
    "phone" : "12345678902"
}
{
    "_id" : ObjectId("5b91f28ce2d9ce63b0336cf0"),
    "name" : "tom",
    "age" : 18,
    "phone" : "12345678903"
}
```

（2）使用数据查询条件中的知识，从图中查询 age 大于 11、小于 15 且 name 为 tom 的数据。

项目五　Fettler 用户行为索引设计

通过本项目 Fettler 用户行为索引设计的实现，了解数据索引的相关知识，熟悉如何优化查询，掌握数据的原子操作，具有使用索引创建知识为用户行为添加索引的能力，在任务实现过程中：

- 了解数据索引的相关知识；
- 熟悉如何优化查询；
- 掌握数据的原子操作；
- 具有使用索引创建知识为用户行为添加索引的能力。

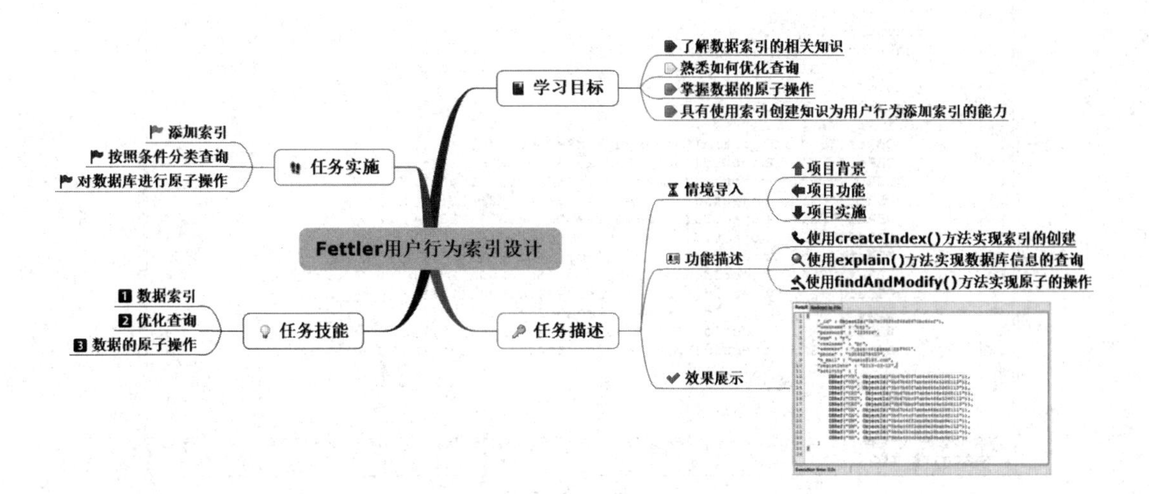

【情境导入】

在项目中，尤其是在大型的数据量比较的项目中，查询速度是一个很大的难题。在开发 Fettler 项目时，也遇到了查询速度的要求，通过对数据索引的添加和优化查询可以极大地提高查询的效率。用户对 Fettler 软件进行操作时，其查询的日志信息能够很快地得到结果，与索引的添加和优化查询是分不开的。本项目通过对 MongoDB 数据索引操作及优化查询知识的讲解，最终实现 Fettler 项目索引功能的添加。

【功能描述】

- 使用 createIndex() 方法实现索引的创建；
- 使用 explain() 方法实现数据库信息的查询；
- 使用 findAndModify() 方法实现原子的操作。

【效果展示】

通过对本任务的学习，使用索引创建知识实现 Fettler 用户行为索引的建立，效果如图 5-1 所示。

```
Result  Redirect to File
1  {
2      "_id" : ObjectId("5b7e038f8cf68d5670bc64cf"),
3      "username" : "张无忌",
4      "password" : "123456",
5      "sex" : "男",
6      "realname" : "吴昕",
7      "address" : "山西省朔州市怀仁县健康路家人花园F501",
8      "phone" : "13595278423",
9      "e_mail" : "wuxin@163.com",
10     "registDate" : "2015-03-12",
11     "activity" : [
12         DBRef("VS", ObjectId("5b67b60f7ab9e466e3268111")),
13         DBRef("VS", ObjectId("5b67b60f7ab9e466e3268112")),
14         DBRef("VS", ObjectId("5b67b60f7ab9e466e3268113")),
15         DBRef("CRT", ObjectId("5b67bbc97ab9e466e3268111")),
16         DBRef("CRT", ObjectId("5b67bbc97ab9e466e3268112")),
17         DBRef("CRT", ObjectId("5b67bbc97ab9e466e3268113")),
18         DBRef("CA", ObjectId("5b67c4c37ab9e466e3268111")),
19         DBRef("CA", ObjectId("5b67c4c37ab9e466e3268112")),
20         DBRef("SM", ObjectId("5b6a46ff2ebd9e26bab9e111")),
21         DBRef("SM", ObjectId("5b6a46ff2ebd9e26bab9e112")),
22         DBRef("SR", ObjectId("5b6a530c2ebd9e26bab9e111")),
23         DBRef("SR", ObjectId("5b6a530c2ebd9e26bab9e112"))
24     ]
25 }
26
Execution time: 0.0s
```

图 5-1 效果图

技能点一　数据索引

1. 索引简介

索引是一种单独的存储结构，存储在一个容易进行数据遍历的集合中，主要用来对数据集中文档的某个值或某些值进行排序存储；在查询数据时，通过指针进行数据的查找，当在索引中找到符合查询条件的数据后，直接跳转至目标数据。索引相当于目录，为人们查询信息提供方便，可以对信息进行快速的定位。索引应用如图 5-2 所示。

3.2　5 大职能定位……62
3.3　理解管理角色……66
3.4　走向技术管理的 4 种方式……82
3.5　怎样为成为管理者做准备……90
第 4 章　技术管理新人面临的挑战……97
4.1　挑战 1：角色转变……98
4.2　挑战 2：被动管理……100
4.3　挑战 3：弄不清职责……101
4.4　挑战 4：委派任务……103
4.5　挑战 5：目标管理……104
4.6　挑战 6：资源管理……107
4.7　挑战 7：压力管理……108
4.8　挑战 8：冲突管理……112
4.9　挑战 9：绩效变差……118
4.10　挑战 10：担心失去技术竞争力……119
4.11　挑战 11：有效的反馈机制……120
4.12　挑战 12：别人的议论……121
4.13　挑战 13：和下属进行一对一沟通……122
4.14　挑战 14：怕犯错……124
4.15　挑战 15：时间管理……125
4.16　挑战 16：激励他人……128
4.17　挑战 17：向上管理……134

图 5-2　索引应用

当数据量特别大时，在不使用索引的情况下进行数据查询，需要将所有数据一一取出，之后与查询条件进行对比，当符合查询条件时返回数据，耗费数据库系统时间长，查询效率低。使用索引能够加快查询速度，提升查询效率，减少数据库消耗，还可以通过索引进行排序。使用索引有很多好处，这些得益于索引的诸多优点，其优点列举如下。

- 可以加快数据的检索速度。

- 可以创建唯一性索引，用于保证数据库集中每一个文档数据的唯一性。
- 可以加速集和集之间的连接。
- 使用分组和排序子句进行数据检索时，可以减少查询中分组和排序的时间。

尽管索引有多个优点，但其缺点也是不可忽视的，列举如下。

- 索引需要占用物理(磁盘)空间。
- 当对数据集中的数据进行增加、删除、修改等操作时，也要对索引进行动态的维护，降低了数据的维护速度。

通过对索引优缺点的总结可以知道，在 MongoDB 中索引在优化查询方面起着很大作用，具体如下。

- 查询数据速度快。
- 能够进行数据唯一性设置。
- 减少数据排序和分组的时间。

2. 索引的建立

在说明 $text 操作符时，已经对索引的创建做了简单的说明，下面对索引的创建作详细介绍。

MongoDB 中的索引可以分为按键索引和其他索引，其中按键索引包含 ID 索引、单键索引、复合索引、多键索引，其他索引包括唯一索引、过期索引、文本索引、地理位置索引。在 MongoDB 3.0 之前使用 ensureIndex() 方法创建索引，在之后的版本中，主要使用 createIndex() 方法创建索引，但 ensureIndex() 方法并没有被完全地废弃掉，也能在新版本中使用。其中 createIndex() 方法包含一些参数，可以实现一些功能。createIndex() 方法包含的参数如表 5-1 所示。

表 5-1 createIndex() 方法包含参数

参数	描述
background	以后台方式创建索引，默认为 false
unique	创建唯一索引，默认为 false
name	当不指定索引名称时，系统根据连接索引的字段名和排列顺序自动生成一个索引名称
sparse	对不存在的字段不启动索引，值为 true 时，在索引字段中不包含对应字段的数据将不会被查询。默认为 false
expireAfterSeconds	设置集合的生存时间
v	查看索引的版本号
weights	设置索引的权重，值为 1~99999

使用 createIndex() 方法在 MongoDB 中创建按键索引的命令如下。

(1)ID 索引

_id 属性的索引是 MongoDB 数据库默认创建的一个索引，范围包括所有集合的 _id 属性。它不需要人们创建，是数据库自动生成的。

（2）单键索引

单键索引是最常见的一种索引形式，针对文档中的一个字段（键）进行创建，用来对该字段各种查询请求进行加速，MongoDB 默认 ID 索引同样使用的是这种方法。单键索引的创建命令如下。

```
// 对 age 字段进行单键索引的创建，其中 1 表示索引中的数据按升序排列，降序排列
// 为 -1
db.list.createIndex({age:1})
```

效果如图 5-3 所示。

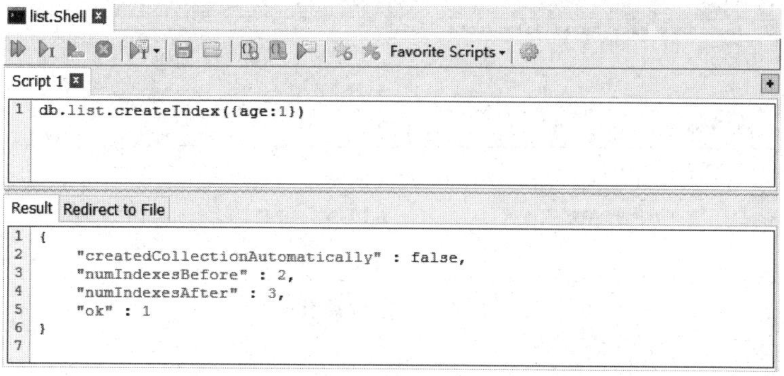

```
list.Shell
Favorite Scripts
Script 1
1 db.list.createIndex({age:1})

Result  Redirect to File
1 {
2     "createdCollectionAutomatically" : false,
3     "numIndexesBefore" : 2,
4     "numIndexesAfter" : 3,
5     "ok" : 1
6 }
7
```

图 5-3　单键索引

（3）复合索引

复合索引是单键索引的升级版本，主要是针对多个字段索引创建的。复合索引中字段的排列方式为，先按第一个字段进行排序，当第一字段相同时，按第二个字段排序，依次往后，逐个进行排序。在查询场景中，复合索引不仅能支持多个字段的组合查询，还能支持单个字段的查询，但该字段必须为复合索引中的第一个字段。复合索引的创建命令如下。

```
// 对 name 和 age 字段使用后台方式进行复合索引的创建
db.list.createIndex({name:1,age:1},{background:1})
```

效果如图 5-4 所示。

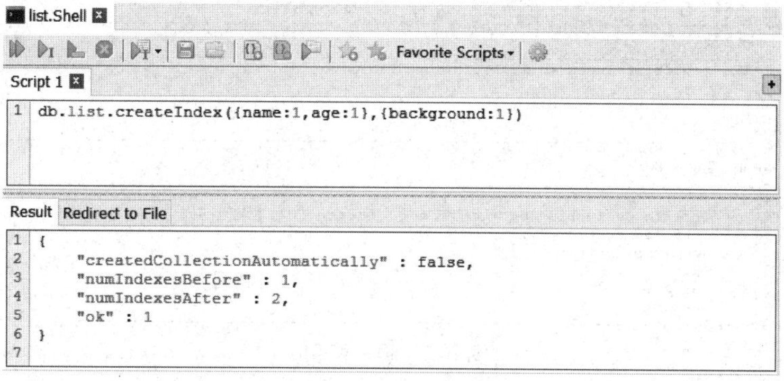

```
list.Shell
Favorite Scripts
Script 1
1 db.list.createIndex({name:1,age:1},{background:1})

Result  Redirect to File
1 {
2     "createdCollectionAutomatically" : false,
3     "numIndexesBefore" : 1,
4     "numIndexesAfter" : 2,
5     "ok" : 1
6 }
7
```

图 5-4　复合索引

(4)多键索引

多键索引的对象是数组,当索引字段值为数组格式时,创建的索引才是多键索引;在多键索引中,数组中的每一个元素都会被创建一条索引。多键索引的创建命令如下。

```
// 对 likefruits 字段进行多键索引的创建
db.list.createIndex({likefruits:1})
```

效果如图 5-5 所示。

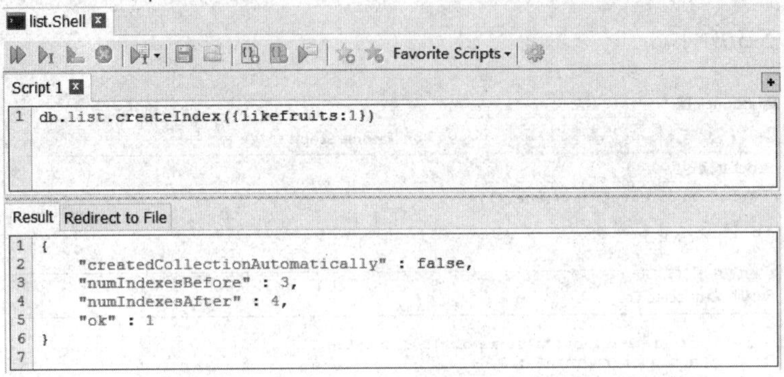

```
list.Shell
Favorite Scripts
Script 1
1 db.list.createIndex({likefruits:1})

Result  Redirect to File
1 {
2     "createdCollectionAutomatically" : false,
3     "numIndexesBefore" : 3,
4     "numIndexesAfter" : 4,
5     "ok" : 1
6 }
7
```

图 5-5 多键索引

(5)唯一索引

唯一索引,顾名思义,就是这个索引是唯一的,而这个键的值不允许出现重复,上面说的 ID 索引就属于唯一索引。当创建唯一索引时,如果键的值有重复,那么创建失败;当创建成功后,如果插入重复数据,则会出现重复提示。当然,唯一索引并不是只针对一个键,它可以进行多个键的复合唯一索引设置。在复合唯一索引中,所有键的值只要有一个不同,其余键的值相不相同都可以。唯一索引的创建需要用到 unique 参数,唯一索引的创建命令如下。

```
// 使用 unique 参数将 name 设置成唯一索引
db.list.createIndex({name:1},{unique:true})
```

效果如图 5-6 所示。

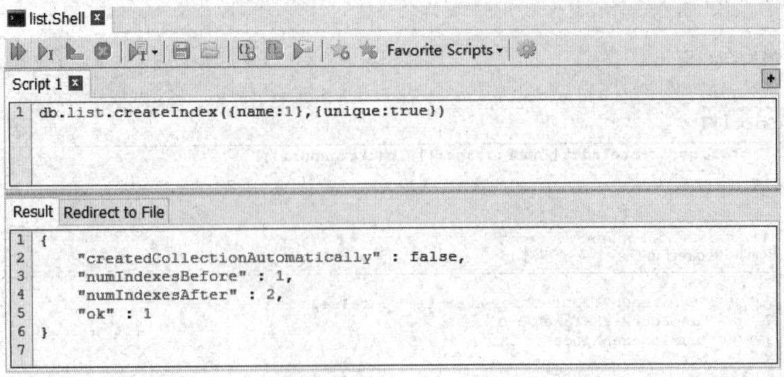

```
list.Shell
Favorite Scripts
Script 1
1 db.list.createIndex({name:1},{unique:true})

Result  Redirect to File
1 {
2     "createdCollectionAutomatically" : false,
3     "numIndexesBefore" : 1,
4     "numIndexesAfter" : 2,
5     "ok" : 1
6 }
7
```

图 5-6 唯一索引

（6）过期索引

过期索引就是在一段时间之后会过期的索引，当索引过期之后，与之相关的数据将会被删除，因此过期索引适合存储过一段时间会失效的数据，如登录信息、日志等。过期索引的创建与唯一索引类似，需要用到 createIndex() 方法的另一个 expireAfterSeconds 参数。过期索引的创建命令如下。

```
// 使用 expireAfterSeconds 参数将 name 设置成 10 秒之后过期的索引
db.list.createIndex({name:1},{expireAfterSeconds:10})
```

效果如图 5-7 所示。

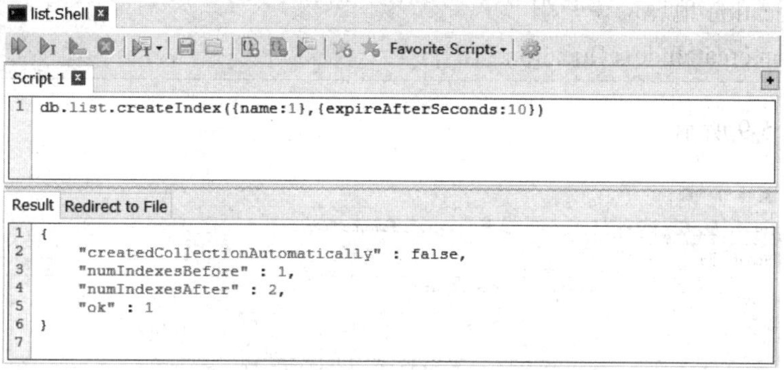

list.Shell
Favorite Scripts
Script 1

```
1 db.list.createIndex({name:1},{expireAfterSeconds:10})
```

Result　Redirect to File

```
1 {
2     "createdCollectionAutomatically" : false,
3     "numIndexesBefore" : 1,
4     "numIndexesAfter" : 2,
5     "ok" : 1
6 }
7
```

图 5-7　过期索引

（7）文本索引

文本索引是针对字符串与字符串数组的文本搜索索引。通过文本索引的创建，用简单的查询命令即可查询到所需要的结果。文本索引包含单键文本索引。多键复合文本索引以及针对集合的全文文本索引。文本索引的创建需要用到字符串“text”，文本索引的创建命令如下。

```
// 创建 name 的文本索引
db.list.createIndex({name:"text"})
```

效果如图 5-8 所示。

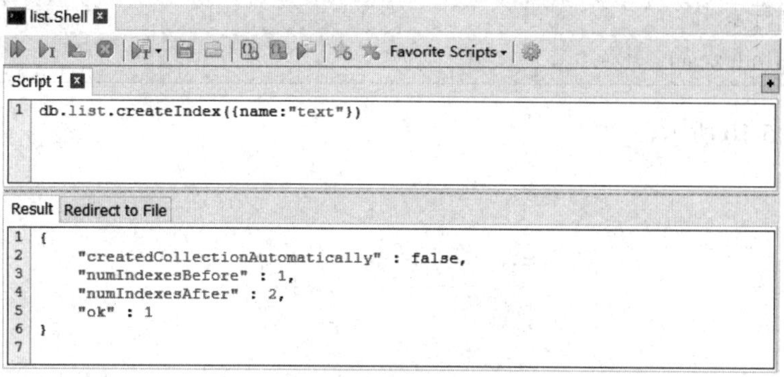

list.Shell
Favorite Scripts
Script 1

```
1 db.list.createIndex({name:"text"})
```

Result　Redirect to File

```
1 {
2     "createdCollectionAutomatically" : false,
3     "numIndexesBefore" : 1,
4     "numIndexesAfter" : 2,
5     "ok" : 1
6 }
7
```

图 5-8　文本索引

注：具体的文本索引查询命令详见项目四中 $text 操作符的说明。

（8）地理位置索引

现在很多软件中都会存在与地图、地址相关的功能，如美团、大众点评等基于位置服务的相关项目。在数据库中会对一些地点的经纬度坐标进行存储，在创建地理位置索引后，就可以按照位置进行其他地点的查询了。地理位置索引可以分为 2D 索引和 2Dsphere 索引，其中 2D 索引主要用来存储和查找平面上的点，而 2Dsphere 索引则用于存储和查找球面上的点。地理位置索引的创建命令如下。

```
// 由于数据格跟以上不同，因此新建数据集 location，并添加数据
db.location.find({location:{lon:40.739037,lat:73.992964}})
// 创建 location 地理位置索引
db.location.createIndex({location:"2d"})
```

效果如图 5-9 所示。

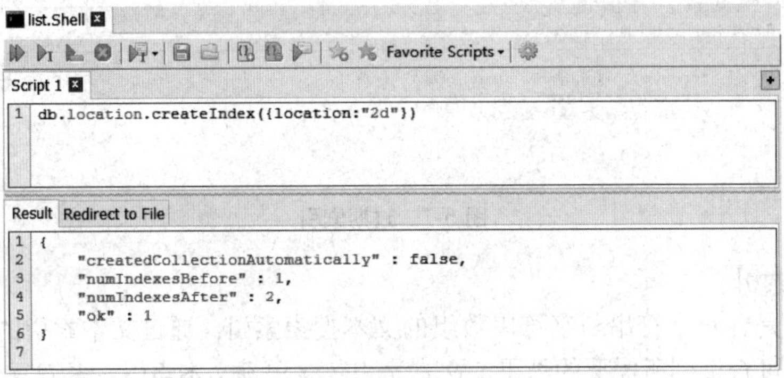

图 5-9 地理位置索引

3. 索引的查询

在以上的索引中，可以通过创建命令返回的提示看出索引是否创建成功，如果“‘OK’：1”说明创建成功，反之则是失败。通过返回的信息判断是否创建成功并不准确，也不能很好地了解索引数据的存储信息，因此 MongoDB 提供了用于索引查询的方法 getIndexes()。通过 getIndexes() 方法可以查询数据集中所有的索引。命令如下所示。

```
// 查询所有索引
db.list.getIndexes()
```

效果如图 5-10 所示。

list.Shell

Favorite Scripts

Script 1

```
1 db.list.getIndexes()
```

Result　Redirect to File

```
1  [
2      {
3          "v" : 2,
4          "key" : {
5              "_id" : 1
6          },
7          "name" : "_id_",
8          "ns" : "list.list"          ← 位置：list数据库下的list数据集
9      },
10     {
11         "v" : 2,
12         "key" : {
13             "name" : 1              ← 针对name创建的索引，升序排列
14         },
15         "name" : "name_1",          ← 索引的名称
16         "ns" : "list.list"
17     }
18 ]
19
```

图 5-10　查询所有索引

4. 索引的删除

以上已经建立了多个索引，但是如果索引之间有冲突，那么索引就会创建失败，想要继续索引的创建，就需要将有冲突的索引删除。在 MongoDB 数据库中，删除索引使用的是 dropIndex(索引键名称) 方法，这个方法只能进行单个索引的删除；如果想要删除全部索引，可以使用 dropIndexes() 方法。

用 dropIndex(索引键名称) 方法删除指定的索引时需要知道索引的名称，因此需要通过 getIndexes() 方法查询索引名称，之后使用 dropIndex(索引键名称) 方法进行删除。命令如下所示。

```
// 删除 name 的索引
db.list.dropIndex("name_1")
```

效果如图 5-11 所示。

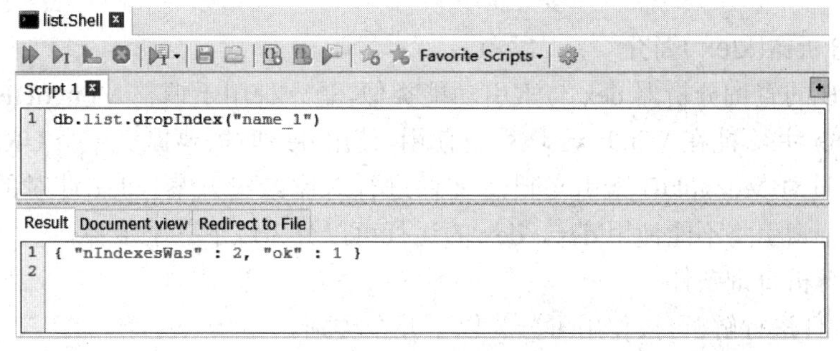

图 5-11　删除指定索引

dropIndexes() 方法删除的是全部的索引，因此不需要索引的名称。命令如下所示。

```
// 删除 name 的索引
db.list.dropIndex()
```

效果如图 5-12 所示。

```
db.list.dropIndexes()
```

```
{
    "nIndexesWas" : 1,
    "msg" : "non-_id indexes dropped for collection",
    "ok" : 1
}
```

图 5-12 删除全部索引

注意：如果对删除结果不确定，不知道是否已经删除成功，同样可以使用查询方法，当没有相关索引信息时说明删除成功。

提示：通过上面对索引的学习，大家对索引已经有了一定的了解了，那么索引的存储结构是怎样的呢？扫描下方的二维码，继续进行索引的学习吧！

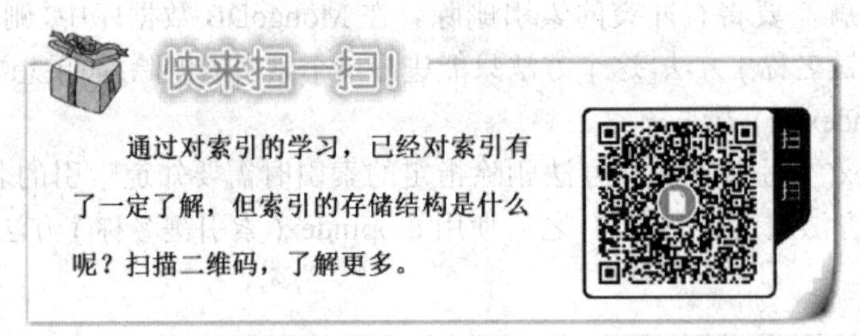

技能点二 优化查询

1. 查询分析器(dex)简介

MongoDB 的查询分析器 dex 与索引功能类似，是一种用于调整 MongoDB 查询性能的工具。现在 dex 并不能在 Windows 环境下使用，使用 dex 时需要提供一个 URI 用于连接数据库，之后通过对 MongoDB 索引与日志文件进行对比给出方案。dex 针对的是完整的索引，如果是部分索引将不能使用 dex。dex 的运行可以分为以下三个步骤。

第一步，解析查询条件。

对查询条件进行解析，按作用可分为以下几个类别。

（1）EQUIV

按照数值进行查询如，{a:1}。

（2）SORT

进行 sort 排序操作，如 sort({a:1})。

（3）RANGE

进行范围的查询，包含范围查询的指令，如 $ne、$gt、$lt、$gte、$lte、$in、$nin、$all、$not。

（4）UNSUPPORTED

①组合查询：包含查询的指令，如 $and、$or、$nor。

②嵌套查询：除范围查询之外为嵌套查询。

第二步，判断索引情况。

通过 Coverage 和 Order 两个标准进行所需索引的查找。

（1）Coverage

用来说明索引的情况，有三个属性值，其中 none 表示完全无索引覆盖，full 表示查询条件中的字段都能找到索引，partial 处于 none 和 full 之间，用于表示界于它们之间的情况。

（2）Order

用来判断索引的顺序是否符合 EQUIV → SORT → RANGE 的顺序。

第三步，推荐合适的索引。

通过第一、二步的操作，会对查询使用索引的情况有一定的了解。而在此步骤 dex 会生成一个相对于查询的最佳索引；当最佳索引不存在时，且查询情况与 UNSUPPORTED 无关，则 dex 将给出一个索引的优化建议。

注：针对地理位置索引，dex 只会进行分析而不会给出建议。

2. 信息查询（explain()）

在进行查询优化时，需要事先了解、分析关于查询的一些信息，然后找到速度慢的查询进行优化加速。MongoDB 提供了一个查询分析函数 explain()，可以用其查询信息、使用索引、查询统计等，对索引的优化有很大的帮助。explain() 中包含三个参数，即 queryPlanner、executionStats、allPlansExecution，其中：queryPlanner 是现版本的默认模式，主要作用是使 query 查询语句不会被执行，而是针对 query 语句作执行计划分析；executionStats 是常用模式，可以返回最佳执行计划完成时的相关统计信息；allPlansExecution 与前两种方式相比更细化，既包含前两种模式的所有信息，还含有一些其他信息，如 executionStats 模式中执行最佳计划，allPlansExecution 中还会有一些候选的执行计划。

explain() 的使用步骤如下。

第一步，创建数据集并添加数据，效果如图 5-13 所示。

```
{
    "_id" : ObjectId("5b84bd66e2d9ce0130f0dcdf"),
    "name" : "张三",
    "age" : 18,
    "stuid" : 1
}
{
    "_id" : ObjectId("5b84bd96e2d9ce0130f0dce1"),
    "name" : "李四",
    "age" : 20,
    "stuid" : 2
}
{
    "_id" : ObjectId("5b84bdc5e2d9ce0130f0dce7"),
    "name" : "王五",
    "age" : 17,
    "stuid" : 3
}
```

图 5-13　数据内容

第二步，针对 age 字段创建索引，效果如图 5-14 所示。

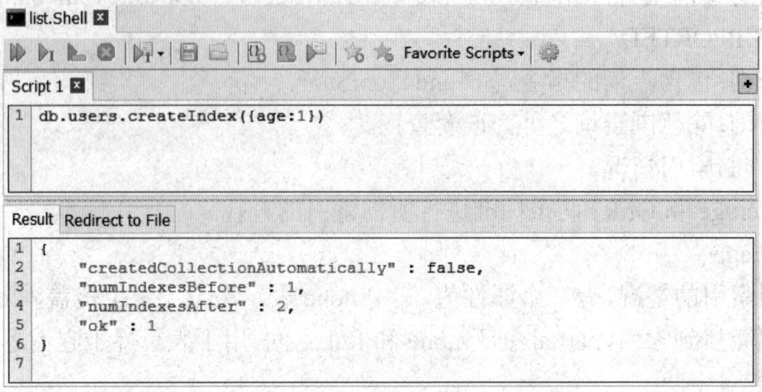
list.Shell
Favorite Scripts
Script 1
db.users.createIndex({age:1})
Result
Redirect to File
{
"createdCollectionAutomatically" : false,
"numIndexesBefore" : 1,
"numIndexesAfter" : 2,
"ok" : 1
}

图 5-14　创建索引

第三步，进行索引信息的查询，效果如图 5-15 所示。

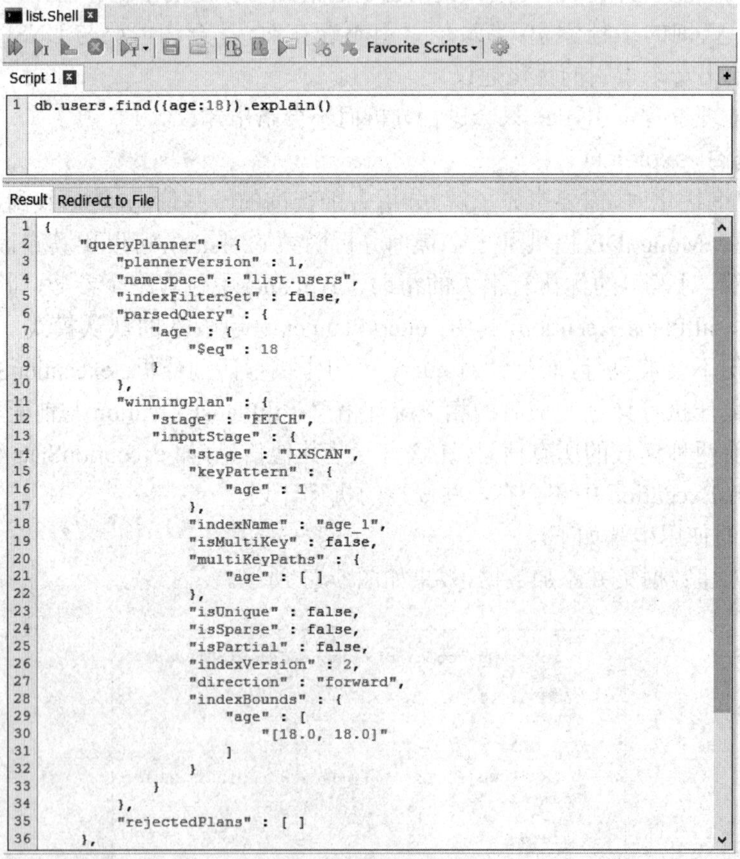
list.Shell
Favorite Scripts
Script 1
db.users.find({age:18}).explain()
Result
Redirect to File
{
"queryPlanner" : {
"plannerVersion" : 1,
"namespace" : "list.users",
"indexFilterSet" : false,
"parsedQuery" : {
"age" : {
"$eq" : 18
}
},
"winningPlan" : {
"stage" : "FETCH",
"inputStage" : {
"stage" : "IXSCAN",
"keyPattern" : {
"age" : 1
},
"indexName" : "age_1",
"isMultiKey" : false,
"multiKeyPaths" : {
"age" : [ ]
},
"isUnique" : false,
"isSparse" : false,
"isPartial" : false,
"indexVersion" : 2,
"direction" : "forward",
"indexBounds" : {
"age" : [
"[18.0, 18.0]"
]
}
}
},
"rejectedPlans" : [ ]
},

图 5-15　查询索引信息

通过图 5-15 可以看出，queryPlanner 模式返回多个信息，各个属性的意义如表 5-2 所示。

表 5-2　queryPlanner 模式返回信息包含的属性

属性	描述
plannerVersion	查询计划版本
namespace	被查询对象
indexFilterSet	是否使用到了索引来过滤
parsedQuery	过滤条件
winningPlan	最佳的执行计划
stage	IXSCAN 为集合扫描
indexName	索引名称
direction	方向
indexBounds	当前查询具体使用的索引
rejectedPlans	被拒绝的执行计划

第四步，使用 executionStats 模式查看当前相关索引信息。效果如图 5-16 所示。

通过图 5-16 可以看出，executionStats 模式能够返回多个执行计划相关统计信息，各个属性的意义如表 5-3 所示。

表 5-3　executionStats 模式返回信息包含的属性

属性	描述
executionStats	执行计划相关统计信息
executionSuccess	执行成功的状态
nReturned	返回结果集数目
executionTimeMillis	执行所需的时间，单位毫秒
totalKeysExamined	索引检查的时间
totalDocsExamined	检查文档总数
executionTimeMillisEstimate	预估的执行时间，单位毫秒
works	工作单元数，一个查询会被分成一些小的工作单元来完成
advanced	优先返回的结果数目

3. 查询优化器

为了提高查询的效率，MongoDB 提供了一个查询优化器，可以为给定的查询选择出效率最高的索引。针对如何选择合适的索引，查询优化器提供了一些简单规则，具体如下。

①避免使用 scanAndOrder，当查询命令中包含排序时，则尝试使用索引进行排序。

②如果所有的字段都可以用有效的索引约束来满足，则尝试对查询选择器里的字段使用索引。

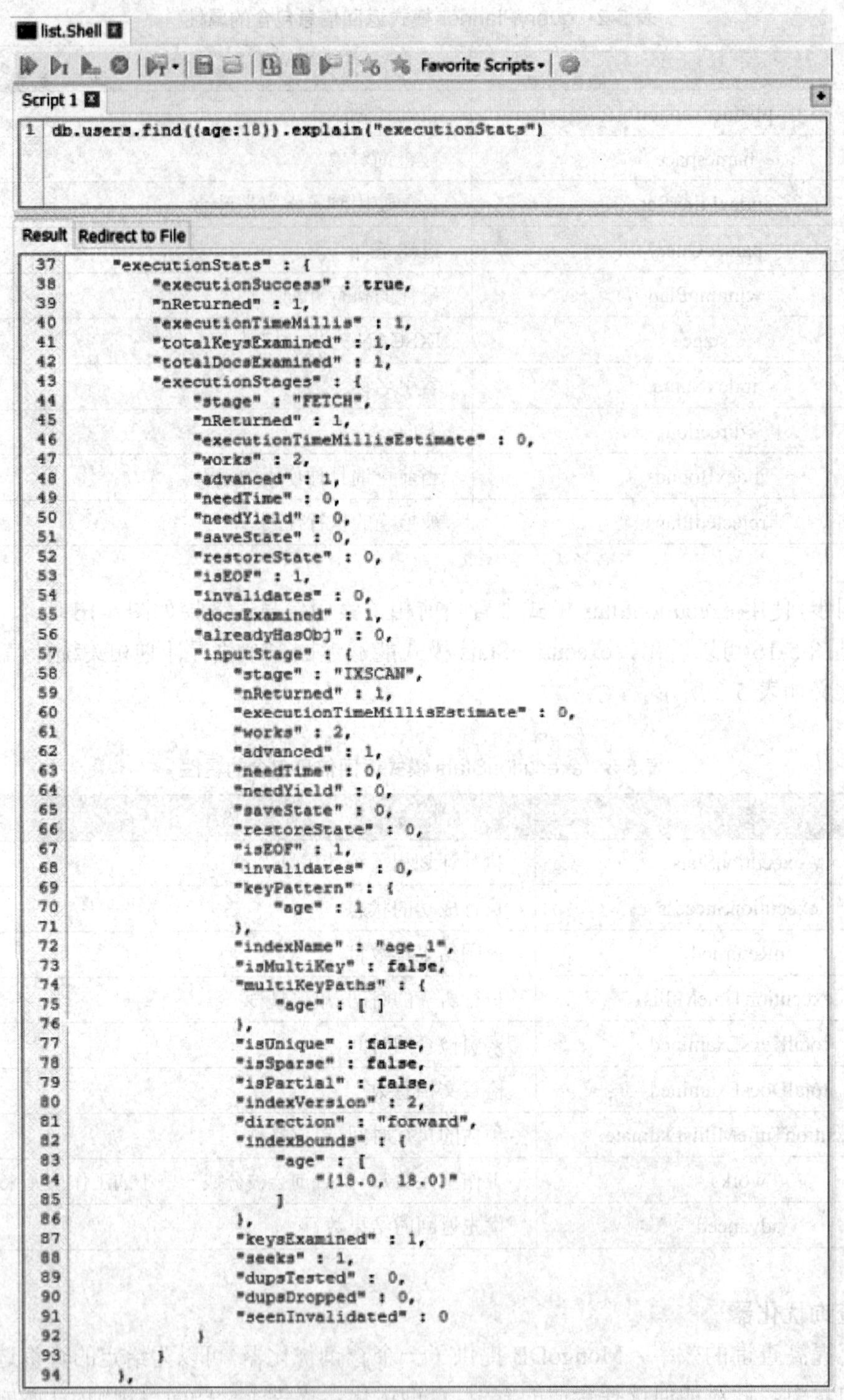

图 5-16 使用 executionStats 模式查询当前相关索引信息

(3)当查询命令中包含范围查找或者排序时,则选择最后一个键使用的索引来满足范围查找或者排序。

当索引可以同时满足所有规则时,则该索引为最佳索引。当多个索引都是最佳索引时,则可以选择其中任意一个最佳索引。在项目中，如果查询语句可以有最佳索引，则进行最佳索引的创建，以大大简化优化器工作。

由于数据量的需求，新建数据集并插入大量的数据（10000 条），如图 5-17 所示。

```
{ "_id" : ObjectId("5b8a304ad812505504a5481c"), "name" : "name0", "age" : 0 }
{ "_id" : ObjectId("5b8a304ad812505504a5481d"), "name" : "name0", "age" : 1 }
{ "_id" : ObjectId("5b8a304ad812505504a5481e"), "name" : "name0", "age" : 2 }
{ "_id" : ObjectId("5b8a304ad812505504a5481f"), "name" : "name0", "age" : 3 }
{ "_id" : ObjectId("5b8a304ad812505504a54820"), "name" : "name0", "age" : 4 }
{ "_id" : ObjectId("5b8a304ad812505504a54821"), "name" : "name0", "age" : 5 }
{ "_id" : ObjectId("5b8a304ad812505504a54822"), "name" : "name0", "age" : 6 }
{ "_id" : ObjectId("5b8a304ad812505504a54823"), "name" : "name0", "age" : 7 }
{ "_id" : ObjectId("5b8a304ad812505504a54824"), "name" : "name0", "age" : 8 }
{ "_id" : ObjectId("5b8a304ad812505504a54825"), "name" : "name0", "age" : 9 }
{ "_id" : ObjectId("5b8a304ad812505504a54826"), "name" : "name0", "age" : 10 }
{ "_id" : ObjectId("5b8a304ad812505504a54827"), "name" : "name0", "age" : 11 }
{ "_id" : ObjectId("5b8a304ad812505504a54828"), "name" : "name0", "age" : 12 }
{ "_id" : ObjectId("5b8a304ad812505504a54829"), "name" : "name0", "age" : 13 }
{ "_id" : ObjectId("5b8a304ad812505504a5482a"), "name" : "name0", "age" : 14 }
{ "_id" : ObjectId("5b8a304ad812505504a5482b"), "name" : "name0", "age" : 15 }
{ "_id" : ObjectId("5b8a304ad812505504a5482c"), "name" : "name0", "age" : 16 }
{ "_id" : ObjectId("5b8a304ad812505504a5482d"), "name" : "name0", "age" : 17 }
{ "_id" : ObjectId("5b8a304ad812505504a5482e"), "name" : "name0", "age" : 18 }
{ "_id" : ObjectId("5b8a304ad812505504a5482f"), "name" : "name0", "age" : 19 }
{ "_id" : ObjectId("5b8a304ad812505504a54830"), "name" : "name0", "age" : 20 }
{ "_id" : ObjectId("5b8a304ad812505504a54831"), "name" : "name0", "age" : 21 }
{ "_id" : ObjectId("5b8a304ad812505504a54832"), "name" : "name0", "age" : 22 }
{ "_id" : ObjectId("5b8a304ad812505504a54833"), "name" : "name0", "age" : 23 }
{ "_id" : ObjectId("5b8a304ad812505504a54834"), "name" : "name0", "age" : 24 }
{ "_id" : ObjectId("5b8a304ad812505504a54835"), "name" : "name0", "age" : 25 }
{ "_id" : ObjectId("5b8a304ad812505504a54836"), "name" : "name0", "age" : 26 }
{ "_id" : ObjectId("5b8a304ad812505504a54837"), "name" : "name0", "age" : 27 }
{ "_id" : ObjectId("5b8a304ad812505504a54838"), "name" : "name0", "age" : 28 }
```

图 5-17　插入数据效果

在不建立索引的情况下进行查询，之后使用 explain() 显示查询信息，命令如下。

```
db.users.find({name:"name10",age:{$gt:80}}).explain("executionStats")
```

效果如图 5-18 所示。

```
1  db.users.find({name:"name10",age:{$gt:80}}).explain("executionStats")
```

Result　Redirect to File

```
40      "executionStats" : {
41          "executionSuccess" : true,
42          "nReturned" : 19,
43          "executionTimeMillis" : 8,
44          "totalKeysExamined" : 0,
45          "totalDocsExamined" : 10000,
46          "executionStages" : {
47              "stage" : "COLLSCAN",
48              "filter" : {
49                  "$and" : [
50                      {
51                          "name" : {
52                              "$eq" : "name10"
53                          }
54                      },
55                      {
56                          "age" : {
57                              "$gt" : 80
58                          }
59                      }
```

图 5-18　使用 explain() 显示查询信息 1

建立索引，命令如下。

```
db.users.createIndex({name:1,age:1})
```

然后同样执行上面的查询命令，效果如图 5-19 所示。

```
1 db.users.find({name:"name10",age:{$gt:80}}).explain("executionStats")
```

Result Redirect to File

```
49             "rejectedPlans" : [ ]
50         },
51         "executionStats" : {
52             "executionSuccess" : true,
53             "nReturned" : 19,
54             "executionTimeMillis" : 2,
55             "totalKeysExamined" : 19,
56             "totalDocsExamined" : 19,
57             "executionStages" : {
58                 "stage" : "FETCH",
59                 "nReturned" : 19,
60                 "executionTimeMillisEstimate" : 0,
61                 "works" : 20,
62                 "advanced" : 19,
63                 "needTime" : 0,
64                 "needYield" : 0,
65                 "saveState" : 0,
66                 "restoreState" : 0,
67                 "isEOF" : 1,
68                 "invalidates" : 0
```

图 5-19 使用 explain() 显示查询信息 2

通过图 5-18 和图 5-19 可以看出，在不使用索引的情况下扫描了 10000 条数据才查询出 19 条数据，而使用最优索引时，只扫描了 19 条数据就查询出了结果，后者查询速度快，效率高。

4. 强制指定索引(hint())

提升查询效率除了使用查询优化器，还可以使用 hint() 函数。hint() 函数用于强制 MongoDB 数据库使用一个指定的索引，是查询分析常用的函数。但 hint() 函数并不适用于所有环境，只有在一些特殊环境下才会发挥作用。hint() 函数的使用命令如下。

```
// 指定使用 age 和 name 索引字段来查询
db.users.find({name:"name10",age:{$gt:80}}).hint({age:1,name:1})
```

下面通过对比的方式来说明 hint() 函数的具体效果，具体步骤如下所示。

第一步，创建两个索引，命令如下。

```
// 创建两个相反的复合索引
db.users.createIndex({age:1,name:1})
db.users.createIndex({name:1,age:1})
```

第二步，通过 hint() 方法指定使用一个不是最佳索引的索引，命令如下。

```
// 指定索引并进行性能分析
db.users.find({name:"name10",age:{$gt:80}}).hint({age:1,name:1}).explain("execution-Stats")
```

效果如图 5-20 所示。

```
1 db.users.find({name:"name10",age:{$gt:80}}).hint({age:1,name:1}
2 ).explain("executionStats")
```

Result Redirect to File

```
46                 }
47             }
48         },
49         "rejectedPlans" : [ ]
50     },
51     "executionStats" : {
52         "executionSuccess" : true,
53         "nReturned" : 19,
54         "executionTimeMillis" : 0,
55         "totalKeysExamined" : 57,
56         "totalDocsExamined" : 19,
57         "executionStages" : {
58             "stage" : "FETCH",
59             "nReturned" : 19,
60             "executionTimeMillisEstimate" : 0,
61             "works" : 58,
62             "advanced" : 19,
63             "needTime" : 38,
64             "needYield" : 0,
65             "saveState" : 0,
```

图 5-20 hint() 指定索引查询

第三步，在不指定索引的情况下查询数据，会自动寻找最佳索引，命令如下。

```
// 查询数据并进行性能分析
db.users.find({name:"name10",age:{$gt:80}}).explain("executionStats")
```

效果如图 5-21 所示。

第四步，对比图 5-20 和图 5-21 可知，在图 5-20 中扫描了 57 个键才找到 19 条数据，而在图 5-21 中只扫描了 19 个键就找到了 19 条数据。由此可见，在指定索引时，将按照指定的索引进行查找优化，但指定的索引可能不是最佳的索引，从而影响查询的效率；在不指定索引时，将按照最佳索引搜索。通过以上可知，使用 hint() 方法确实进行了索引的指定。

提示：通过查询分析器和信息查询可以获取 MongoDB 操作的一些信息，除了以上的方法，是否还有别的方法呢？扫描下方的二维码，会有意想不到的惊喜。

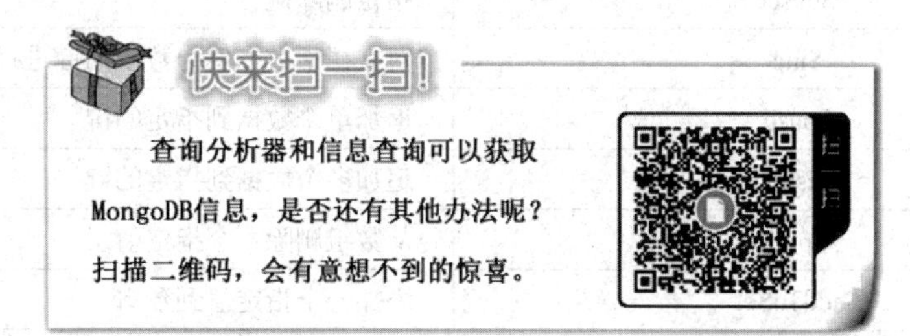

```
1 db.users.find({name:"name10",age:{$gt:80}}).explain("executionStats")
```

Result Redirect to File

```
79             ]
80         },
81         "executionStats" : {
82             "executionSuccess" : true,
83             "nReturned" : 19,
84             "executionTimeMillis" : 0,
85             "totalKeysExamined" : 19,
86             "totalDocsExamined" : 19,
87             "executionStages" : {
88                 "stage" : "FETCH",
89                 "nReturned" : 19,
90                 "executionTimeMillisEstimate" : 0,
91                 "works" : 21,
92                 "advanced" : 19,
93                 "needTime" : 0,
94                 "needYield" : 0,
95                 "saveState" : 0,
96                 "restoreState" : 0,
97                 "isEOF" : 1,
98                 "invalidates" : 0,
99                 "docsExamined" : 19,
100                "alreadyHasObj" : 0,
101                "inputStage" : {
```

图 5-21 不指定索引查询

技能点三 数据的原子操作

MongoDB 数据库是不支持事务的，因此在进行数据库设计时，不要对数据的完整性有要求。但是 MongoDB 提供了很多针对单个文档的原子操作，如文档的保存、修改等，很好地弥补了不支持事务的缺点。MongoDB 的原子操作保证文档操作的完整性，要么执行成功，要么执行失败，不会出现文档保存不完整的情况，当执行成功则完成操作，执行失败则将文档还原到执行前状态。MongoDB 中原子操作的指令是通过操作符定义的，但需要用到 findAndModify() 方法（既可以执行原子操作命令，又可以进行数据查询）执行命令。原子操作常用操作符如表 5-4 所示。

表 5-4 原子操作常用操作符

操作符	含义
$set	指定更新键
$unset	指定删除键
$inc	对文档中数据值为数字的键进行增减操作
$push	追加单个数据到指定的键
$pushAll	追加多个数据到指定的键
$pull	从数组删除一个指定值
$addToSet	添加一个指定值到数组

续表

操作符	含义
$pop	删除数组第一个或最后一个元素
$rename	修改字段名称
$bit	位操作

新建数据集并填入数据，数据格式如图 5-22 所示。

```
{
  "_id" : ObjectId("5b83b3b8e2d9ce0130f0dcd0"),
  "product_name" : "[illegible]",
  "category" : "mobiles",
  "total" : 5,
  "available" : 3,
  "bought_by" : [{
      "customer" : "xiao ming",
      "date" : "2018-08-08"
    }, {
      "customer" : "xiao zhang",
      "date" : "2018-08-28"
    }]
}
```

图 5-22　数据格式

使用 findAndModify() 方法执行操作符定义的指令，命令如下。

```
//query 定义查询条件，update 定义原子操作
db.product.findAndModify(
{
    query:{
        _id:ObjectId("5b83b3b8e2d9ce0130f0dcd0"),
        available:{$gt:0}
    },
    update:{
        $inc:{available:-1},
        $push:{
            bought_by:{
                customer:"xiao wang",
                date:"2018-08-29"
            }
        }
    }
})
```

效果如图 5-23 所示。

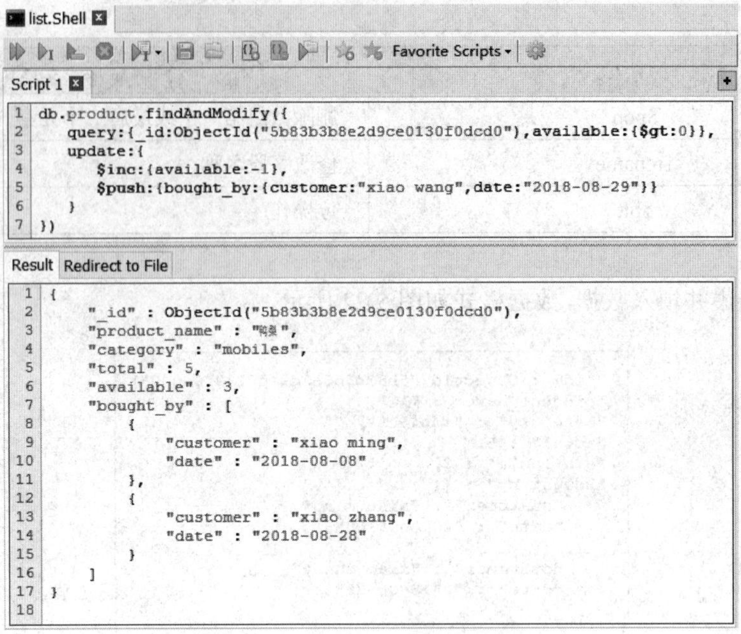

```
list.Shell
Favorite Scripts
Script 1
1  db.product.findAndModify({
2     query:{_id:ObjectId("5b83b3b8e2d9ce0130f0dcd0"),available:{$gt:0}},
3     update:{
4        $inc:{available:-1},
5        $push:{bought_by:{customer:"xiao wang",date:"2018-08-29"}}
6     }
7  })

Result  Redirect to File
1  {
2      "_id" : ObjectId("5b83b3b8e2d9ce0130f0dcd0"),
3      "product_name" : "[illegible]",
4      "category" : "mobiles",
5      "total" : 5,
6      "available" : 3,
7      "bought_by" : [
8          {
9              "customer" : "xiao ming",
10             "date" : "2018-08-08"
11         },
12         {
13             "customer" : "xiao zhang",
14             "date" : "2018-08-28"
15         }
16     ]
17 }
18
```

图 5-23　添加指定数据到 bought_by

重新查询数据集，查看数据是否添加成功，效果如图 5-24 所示。

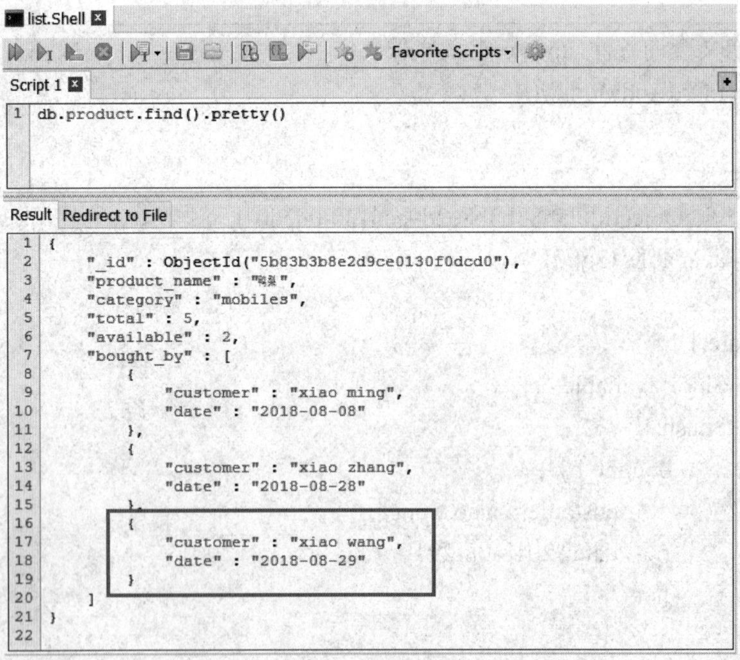

```
list.Shell
Favorite Scripts
Script 1
1  db.product.find().pretty()

Result  Redirect to File
1  {
2      "_id" : ObjectId("5b83b3b8e2d9ce0130f0dcd0"),
3      "product_name" : "[illegible]",
4      "category" : "mobiles",
5      "total" : 5,
6      "available" : 2,
7      "bought_by" : [
8          {
9              "customer" : "xiao ming",
10             "date" : "2018-08-08"
11         },
12         {
13             "customer" : "xiao zhang",
14             "date" : "2018-08-28"
15         },
16         {
17             "customer" : "xiao wang",
18             "date" : "2018-08-29"
19         }
20     ]
21 }
22
```

图 5-24　添加成功

通过如下步骤在 Fettler 数据库中根据不同集合查询需求设计不同索引查询。

第一步，在病毒查杀 VS 集合中根据数据时间“date”和处理模式“mode”分别添加对应索引，并根据索引查询对应数据。命令如下所示。

```
db.VS.createIndex({date:1,mode:1})
db.VS.getIndexes()
db.VS.find({mode:"[ 未处理 ]"}).explain()
```

结果如图 5-25 所示。

Result　Redirect to File


```
1  {
2      "queryPlanner" : {
3          "plannerVersion" : 1,
4          "namespace" : "Fettler.VS",
5          "indexFilterSet" : false,
6          "parsedQuery" : {
7              "mode" : {
8                  "$eq" : "[未处理]"
9              }
10         },
11         "winningPlan" : {
12             "stage" : "COLLSCAN",
13             "filter" : {
14                 "mode" : {
15                     "$eq" : "[未处理]"
16                 }
17             },
18             "direction" : "forward"
19         },
20         "rejectedPlans" : [ ]
21     },
22     "serverInfo" : {
23         "host" : "Xt-201708021314",
24         "port" : 27017,
25         "version" : "4.0.0-rc1",
26         "gitVersion" : "21092888f0ff067f2ecd05e9680528674235f89a"
27     },
28     "ok" : 1
```


Execution time: 0.1s

图 5-25　为 VS 集合创建索引

第二步，在清理垃圾 CRT 集合中根据数据时间“date”和评价方式“assess”，通过在后台添加的方式分别添加对应索引，并使用评价等级为“差评”的条件查询清理垃圾数据。命令如下所示。

```
db.CRT.createIndex({date:1,assess:1},{background: true})
db.CRT.find({assess:" 差评 "})
```

结果如图 5-26 所示。

```
Result | Document view | Redirect to File
1 { "_id" : ObjectId("5b67bbc97ab9e466e3268111"), "date" : "2018-08-06", "name" : "迅雷下载组件", "assess" : "差评" }
2 { "_id" : ObjectId("5b67bbc97ab9e466e3268113"), "date" : "2018-01-05", "name" : "QQ在线音乐控件", "assess" : "差评" }
3 { "_id" : ObjectId("5b67bbc97ab9e466e3268114"), "date" : "2018-12-12", "name" : "多玩歪歪在线检测控件", "assess" : "差评" }
4 { "_id" : ObjectId("5b67bbc97ab9e466e3268115"), "date" : "2018-02-09", "name" : "QQ旋风下载组件", "assess" : "差评" }
5 { "_id" : ObjectId("5b67bbc97ab9e466e3268117"), "date" : "2018-07-06", "name" : "迅雷7用户代理功能控件", "assess" : "差评" }
6 { "_id" : ObjectId("5b67bbc97ab9e466e3268118"), "date" : "2018-08-03", "name" : "windows live所有的bho插件", "assess" : "差评" }
7
Execution time: 0.2s
```

图 5-26 为 CRT 集合创建索引

第三步，在电脑加速 CA 集合中根据数据时间“date”和服务状态“state”添加对应索引信息，并使用服务状态“已禁用”过滤数据信息。命令如下所示。

```
db.CA.createIndex({state:1,date:-1})
db.CA.getIndexes()
db.CA.find({state:" 已禁用 "})
```

结果如图 5-27 所示。

图 5-27 为 CA 集合创建索引

第四步，在软件管理 SM 集合中根据用户操作时间“date”和软件操作步骤“operation”创建对应索引信息，并查询所有“安装”操作。命令如下所示。

```
db.SM.createIndex({date:1,operation:1})
db.SM.getIndexes()
db.SM.find({operation:" 安装 "})
```

结果如图 5-28 所示。

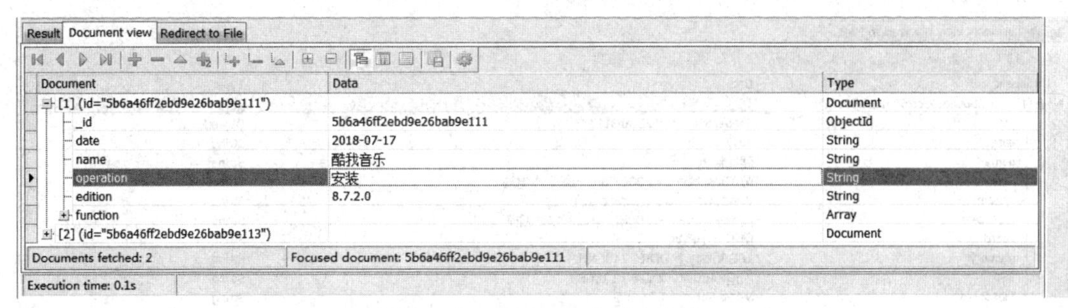

Document	Data	Type
[1] (id="5b6a46ff2ebd9e26bab9e111")		Document
_id	5b6a46ff2ebd9e26bab9e111	ObjectId
date	2018-07-17	String
name	酷我音乐	String
operation	安装	String
edition	8.7.2.0	String
function		Array
[2] (id="5b6a46ff2ebd9e26bab9e113")		Document

Documents fetched: 2　Focused document: 5b6a46ff2ebd9e26bab9e111

Execution time: 0.1s

图 5-28　为 SM 集合创建索引

第五步，在系统修复 SR 集合中根据用户操作时间“date”、补丁发行时间“Releasedate”、补丁危险等级“level”和补丁操作方式“operation”创建对应索引信息，并根据补丁等级为“高危”且补丁“大于 20000”的信息。命令如下所示。

```
db.SR.createIndex({date:1,Releasedate:1,level:1,operation:1})
db.SR.getIndexes()
db.SR.find({level:" 高危 ",size:{$gt:20000}})
```

查询结果如图 5-29 所示。

Document	Data	Type
[1] (id="5b6a530c2ebd9e26bab9e114")		Document
_id	5b6a530c2ebd9e26bab9e114	ObjectId
date	2018-05-12	String
name	Office2013安全更新	String
number	KB3085572	String
Releasedate	2015-11-10	String
size	32194	Int32
level	高危	String
operation	已修复	String
[2] (id="5b6a530c2ebd9e26bab9e115")		Document
[3] (id="5b6a530c2ebd9e26bab9e121")		Document
[4] (id="5b6a530c2ebd9e26bab9e123")		Document
[5] (id="5b6a530c2ebd9e26bab9e124")		Document
[6] (id="5b6a530c2ebd9e26bab9e125")		Document

Documents fetched: 6　Focused document: 5b6a530c2ebd9e26bab9e114

Execution time: 0.1s

图 5-29　为 SR 集合创建索引

第六步，在其他 Other 集合中根据用户操作时间“date”和用户执行内容“name”创建对应索引信息，并查询时间为“2017-05-12”时产生的操作信息。命令如下所示。

```
db.Other.createIndex({date:-1,name:1})
db.Other.getIndexes()
db.Other.find({date:"2017-05-12"})
```

结果如图 5-30 所示。

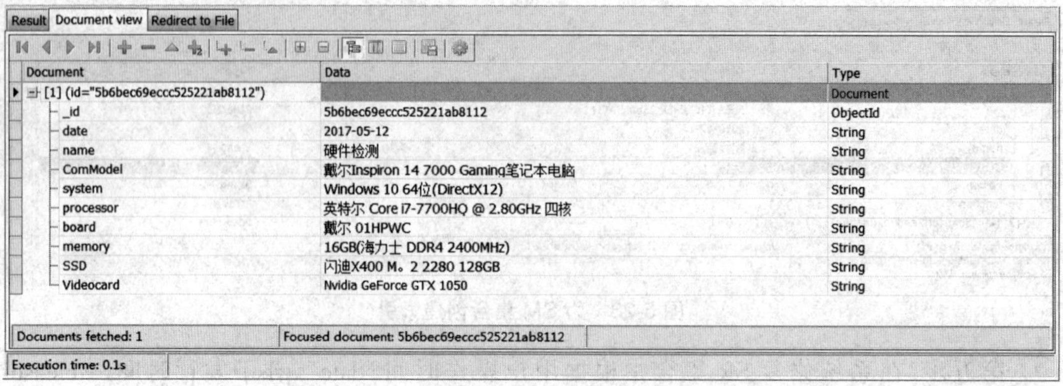

Result | Document view | Redirect to File

Document	Data	Type
[1] (id="5b6bec69eccc525221ab8112")		Document
_id	5b6bec69eccc525221ab8112	ObjectId
date	2017-05-12	String
name	硬件检测	String
ComModel	戴尔Inspiron 14 7000 Gaming笔记本电脑	String
system	Windows 10 64位(DirectX12)	String
processor	英特尔 Core i7-7700HQ @ 2.80GHz 四核	String
board	戴尔 01HPWC	String
memory	16GB(海力士 DDR4 2400MHz)	String
SSD	闪迪X400 M。2 2280 128GB	String
Videocard	Nvidia GeForce GTX 1050	String

Documents fetched: 1 | Focused document: 5b6bec69eccc525221ab8112

Execution time: 0.1s

图 5-30 为 Other 集合创建索引

第七步，在用户 User 集合中根据用户名“username”和用户注册时间“registDate”创建对应索引信息，并查询创建的索引，然后根据索引查询“2015-03-12”注册用户信息。命令如下所示。

```
db.User.createIndex({username:1,registDate:-1})
db.User.getIndexes()
db.User.find({registDate:"2015-03-12"}).pretty()
```

结果如图 5-31 所示。

Result | Redirect to File

```
1  {
2      "_id" : ObjectId("5b7e038f8cf68d5670bc64cf"),
3      "username" : "张无忌",
4      "password" : "123456",
5      "sex" : "男",
6      "realname" : "吴昕",
7      "address" : "山西省朔州市怀仁县健康路家人花园F501",
8      "phone" : "13595278423",
9      "e_mail" : "wuxin@163.com",
10     "registDate" : "2015-03-12",
11     "activity" : [
12         DBRef("VS", ObjectId("5b67b60f7ab9e466e3268111")),
13         DBRef("VS", ObjectId("5b67b60f7ab9e466e3268112")),
14         DBRef("VS", ObjectId("5b67b60f7ab9e466e3268113")),
15         DBRef("CRT", ObjectId("5b67bbc97ab9e466e3268111")),
16         DBRef("CRT", ObjectId("5b67bbc97ab9e466e3268112")),
17         DBRef("CRT", ObjectId("5b67bbc97ab9e466e3268113")),
18         DBRef("CA", ObjectId("5b67c4c37ab9e466e3268111")),
19         DBRef("CA", ObjectId("5b67c4c37ab9e466e3268112")),
20         DBRef("SM", ObjectId("5b6a46ff2ebd9e26bab9e111")),
21         DBRef("SM", ObjectId("5b6a46ff2ebd9e26bab9e112")),
22         DBRef("SR", ObjectId("5b6a530c2ebd9e26bab9e111")),
23         DBRef("SR", ObjectId("5b6a530c2ebd9e26bab9e112"))
24     ]
25 }
26
```

Execution time: 0.0s

图 5-31 为 User 集合创建索引

【拓展目的】

熟练运用 MongoDB 数据库索引知识提高查询效率。

【拓展内容】

使用 python 技术实现本项目索引功能的添加。效果如图 5-32 所示。

```
[
    {
        "v" : 2,
        "key" : {
            "_id" : 1
        },
        "name" : "_id_",
        "ns" : "Fettler.VS"
    },
    {
        "v" : 2,
        "key" : {
            "date" : 1,
            "mode" : 1
        },
        "name" : "date_1_mode_1",
        "ns" : "Fettler.VS"
    }
]
```

图 5-32　索引功能添加效果

【拓展步骤】

第一步，在 python 中进行索引的添加与命令行所用方法不同，可以使用 create_index() 方法进行索引的添加。create_index() 方法中包含的参数与 createIndex() 方法基本相同，但使用方式不同。create_index() 方法的使用代码如下所示。

```
db. 数据集名称 .create_index([(' 参数 1',1),(' 参数 1', 1).......], 参数 2)
```

其中，参数 1 为想要添加索引的字段。参数 2 包含的参数如表 5-5 所示。

表 5-5　create_index() 方法参数 2 包含的参数

参数	描述
background	以后台方式创建索引，默认为 false
unique	创建唯一索引，默认为 false
name	索引名称，当不指定时，系统根据连接索引的字段名和排列顺序自动生成一个索引名称
sparse	对不存在的字段不启动索引，值为 true 时，在索引字段中不包含对应字段的数据将不会被查询。默认为 false

续表

参数	描述
expireAfterSeconds	设置集合的生存时间
v	查看索引的版本号
weights	设置索引的权重，值为 1~99999

第二步，为病毒查杀 VS 集合中数据时间“date”和处理模式“mode”分别添加对应索引，代码如下。

```
#coding=utf-8
from pymongo import MongoClient
import json
client = MongoClient('localhost',27017)
db=client["Fettler"]
collection=db.VS
result = collection.create_index([('date',1),('mode', 1)])
print (result)
```

效果如图 5-33 所示。

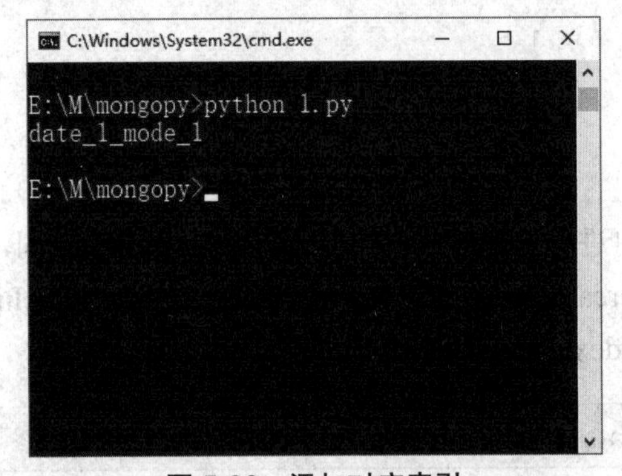

图 5-33　添加对应索引

经过 Python 代码进行数据库的操作，最终可以实现跟手动添加数据索引一样的效果。

通过对 Fettler 用户行为索引创建功能的实现，对数据索引的相关知识具有初步了解，并详细了解数据的优化查询以及数据的原子操作，具有使用索引创建知识为用户行为创建

索引的能力。

sparse	稀疏	weight	重量
location	位置	query	询问
coverage	覆盖	none	全无
partial	局部	full	充分
explain	说明	stage	阶段

1. 选择题

（1）以下不属于 createIndex() 方法包含的参数的是（　　）。

A. background　B. name　C. v　D. weight

（2）创建唯一索引使用的参数是（　　）。

A. expireAfterSeconds　B. unique　C. v　D. weight

（3）queryPlanner 模式返回多个信息，其中表示过滤条件的是（　　）。

A. parsedQuery　B. plannerVersion　C. stage　D. direction

（4）查询优化器提供的一些简单规则不包括（　　）。

A. 避免使用 scanAndOrder，当查询命令中包含排序时，则尝试使用索引进行排序

B. 如果所有的字段都可以用有效的索引约束来满足，则尝试对查询选择器里的字段使用索引

C. 当查询命令中包含范围查找或者排序时，则选择最后一个键使用的索引来满足范围查找或者排序

D. 当索引可以同时满足所有规则时，则该索引为最佳索引。当多个索引都是最佳索引时，则可以选择其中任意一个最佳索引。

（5）以下原子操作符中用于对文档中数据值为数字的键进行增减操作的是（　　）。

A. $set　B. $unset　C. $inc　D. $push

2. 简答题

（1）使用数据索引知识实现索引的建立、查询、删除操作。

（2）使用原子操作符在数据集中追加单个数据到指定的键。

项目六　Fettler 日志安全管理

通过实现 Fettler 项目日志安全管理的功能，了解 MongoDB 监控管理，熟悉数据库的安全设置，掌握数据聚合的应用，具有使用数据库安全设置进行 Fettler 项目日志安全设置的能力，在任务实现过程中：

- 了解 MongoDB 监控管理；
- 熟悉数据库的安全设置；
- 掌握数据聚合的应用；
- 具有使用数据库安全设置进行 Fettler 项目日志安全设置的能力。

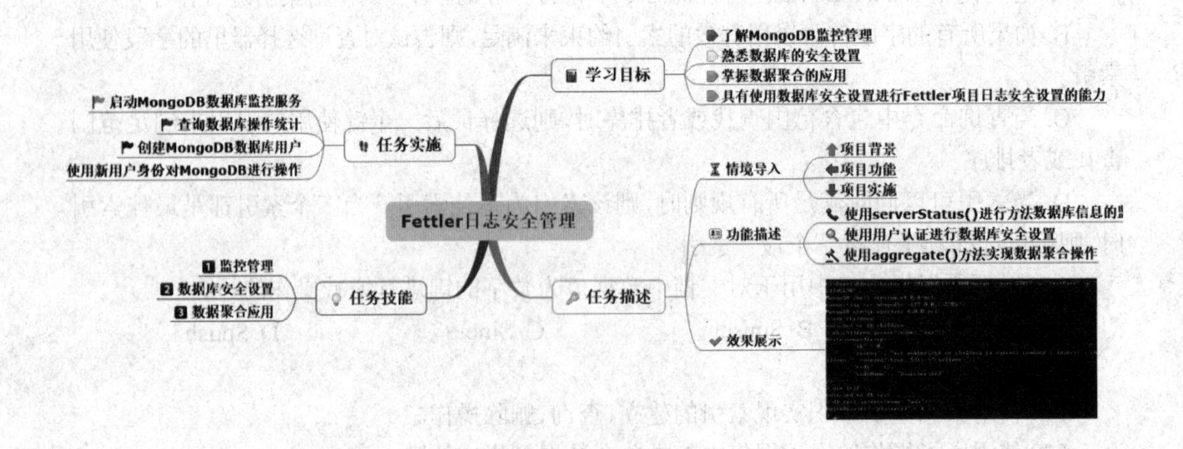

【情境导入】

在任何项目中，数据都是至关重要的。在 Fettler 项目开发时，针对数据库的安全做了很多设置。用户在进行 Fettler 软件操作时，只能进行与自己相关的信息的查询、操作，而不同的管理员所能操作的数据也是有等级之分的，这样可以极大地提高数据库的安全性。本项目通过对 MongoDB 数据库安全设置的讲解，最终完成 Fettler 项目日志安全的设置。

【功能描述】

- 使用 serverStatus() 方法进行数据库信息的监控；
- 使用用户认证进行数据库安全设置；
- 使用 aggregate() 方法实现数据聚合操作。

【效果展示】

通过对本任务的学习，使用数据库安全设置相关知识完成 Fettler 项目日志安全的设置。效果如图 6-1 所示。

```
C:\Users\Administrator.Xt-201708021314.000>mongo --port 27017 -u "testUser" -p "
12345678"
MongoDB shell version v4.0.0-rc1
connecting to: mongodb://127.0.0.1:27017/
MongoDB server version: 4.0.0-rc1
> use children
switched to db children
> db.children.insert({name: "aaa"})
WriteCommandError({
        "ok" : 0,
        "errmsg" : "not authorized on children to execute command { insert: \"ch
ildren\", ordered: true, $db: \"children\" }",
        "code" : 13,
        "codeName" : "Unauthorized"
})
> use test
switched to db test
> db.test.insert({name: "aaa"})
WriteResult({ "nInserted" : 1 })
> _
```

图 6-1　数据库安全设置效果图

技能点一　监控管理

在 MongoDB 中，随着存储的数据越来越多，访问越来越密集，为了保证在大流量的情况下 MongoDB 的正常运行，有必要通过对 MongoDB 状态的监控了解 MongoDB 运行情况是否正常。对 MongoDB 的监控有三种方式：serverStatus() 方法监控、mongostat 工具监控和第三方插件监控。

1.serverStatus() 方法监控

serverStatus() 方法主要用于查看 MongoDB 服务的状态，应用在 MongoDB 数据库的 shell 中，是一个数据库级别的操作命令，作用对象为数据库；该方法有助于了解数据库的状态和分析数据库性能，是一个静态的监控，运行一次查看一次。serverStatus() 方法的使用命令如下。

```
// 查看名为 list 的数据库的信息
db.serverStatus()
```

效果如图 6-2 所示。

由于 serverStatus() 方法返回的信息很多，这里只进行部分显示。尽管该方法返回的属性比较多，但大多数属性是不常用的，常用的属性并不多，如表 6-1 所示。

表 6-1　serverStatus() 方法返回的属性

属性	描述
host	主机名
locks	锁信息
globalLock	全局锁信息
mem	内存信息
connections	连接数信息
extra_info	额外信息
indexCounters	索引统计信息
backgroundFlushing	后台刷新信息
cursors	游标信息

续表

属性	描述
network	网络信息
repl	副本集信息
opcountersRepl	副本集操作计数器
opcounters	操作计数器
asserts	断言信息
writeBacksQueued	writeBacksQueued
dur	持久化
recordStats	记录状态信息
metrics	指标信息

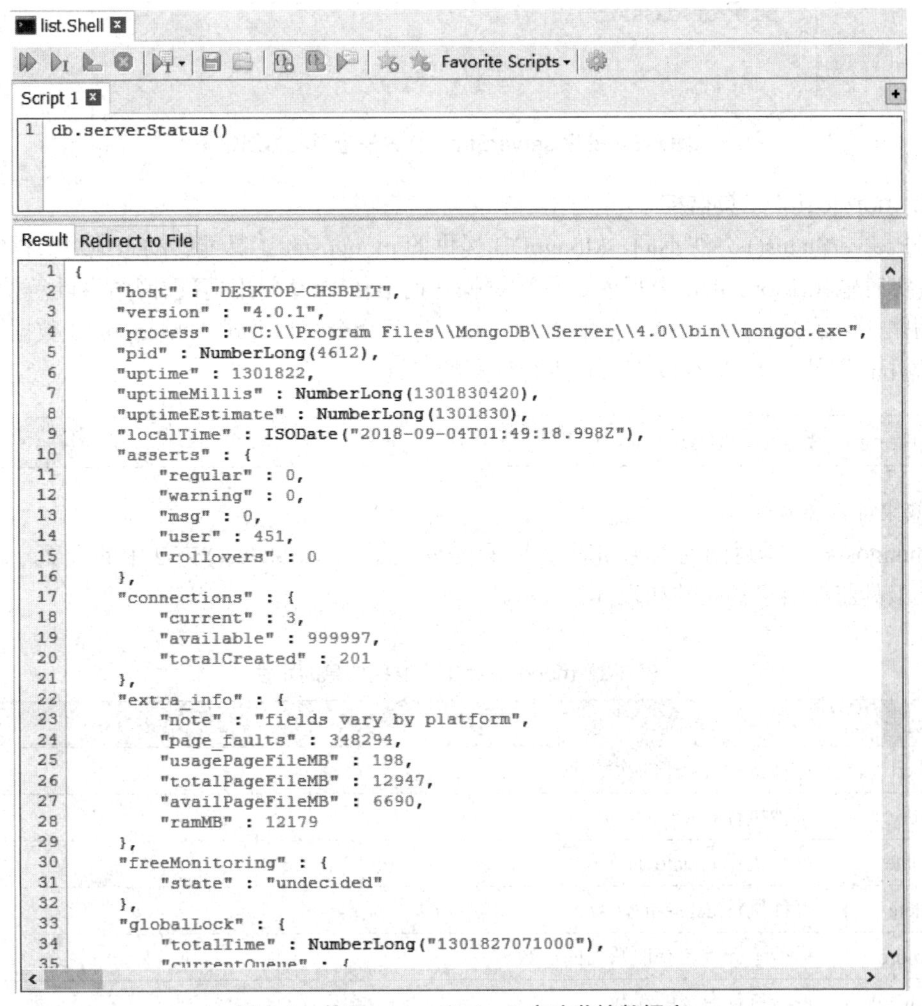

图 6-2　使用 serverStatus() 方法监控数据库

想要获取表中属性对应的详细信息，可以在 serverStatus() 方法返回的信息中进行查找，也可在 serverStatus() 方法后面加入具体的属性进行查看，命令如下。

```
// 查看主机名
db.serverStatus().host
```

效果如图 6-3 所示。

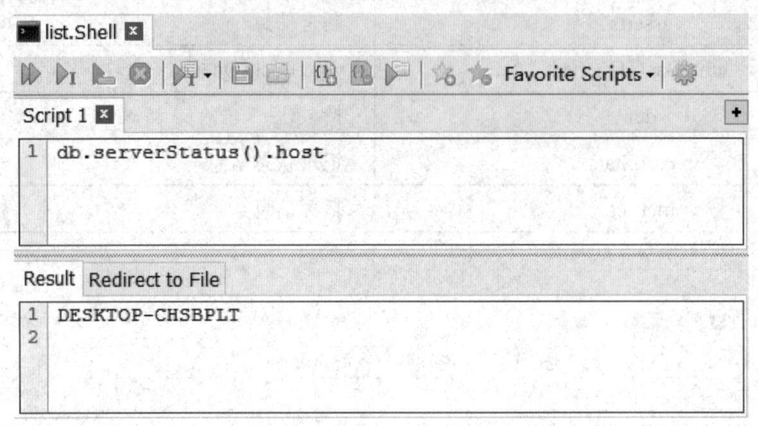

图 6-3 使用 serverStatus() 方法查看具体属性

2. mongostat 工具监控

与 serverStatus() 方法不同，MongoDB 提供的 mongostat 工具能够动态地对数据库进行监控，实时输出 MongoDB 数据库进行数据操作时 pqs、内存使用情况、网络吞吐等信息，每秒输出一次，是 MongoDB 中一个常用的工具。打开命令窗口并进入 MongoDB 数据库安装目录的 bin 文件夹下，运行以下命令进行信息的查询。

```
mongostat --host localhost:27017
```

效果如图 6-4 所示。

mongostat 工具返回的信息相对较少，只是返回了 serverStatus() 方法中的一部分。mongostat 工具监控信息的属性如表 6-2 所示。

表 6-2 mongostat 工具监控信息的属性

属性	描述
insert	每秒执行 insert 的次数
query	每秒执行 query 的次数
update	每秒执行 update 的次数
delete	每秒执行 delete 的次数
getmore	每秒游标重新获取数据的次数
command	每秒执行命令的次数

续表

属性	描述
dirty	cache 中的脏数据 / 配置的 cache size
used	cache 使用率，cache 中当前使用的大小除以配置的 cache size（默认为磁盘大小的 5%）
flushes	每秒执行数据刷新的次数
vsize	一般为 mapred 映射的数据大小的两倍，因为开启了 journal, 需要在内存里多映射一份数据
res	驻物理内存的数据的大小
qrw	write 等待的次数，该值越小越好
arw	write 的次数
net_in	每秒的网络输入流量
net_out	每秒的网络输出流量
conn	连接到 Mongodb 实例的客户端数量

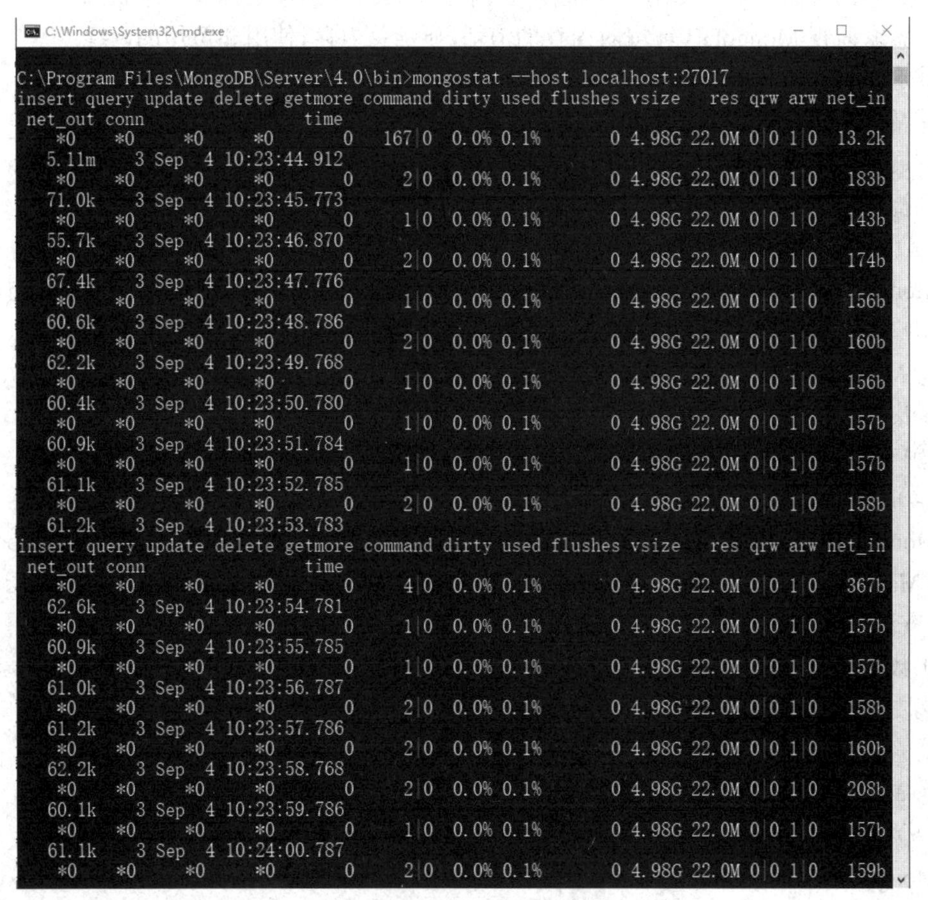

图 6-4 mongostat 工具监控

3. 第三方插件监控

目前已经有很多用于监控 MongoDB 数据库的第三方插件，如 Ganglia、ManageEngine Applications Manager、MongoDB Cloud Manager、MongoDB compass、MongoClient 等。

（1）Ganglia

Ganglia 是一个可扩展的监控系统，针对高性能分布式系统所设计。Ganglia 基于一个分层的体系结构，可以支持 2000 个节点的集群，允许远程监控系统的实时或历史统计数据，包括 CPU 负载均衡、网络利用率等。主要功能如下：

①监控宿主机状态的改变；

②报告相关的改变；

③通过单播或组播来监控 Ganglia 其他节点的状态；

④对集群状态请求进行应答，该请求通过 XML 进行描述。

（2）ManageEngine Applications Manager

ManageEngine Applications Manager 提供了监视 Web 服务器、数据库等的系统。ManageEngine Applications Manager 的 MongoDB 监视功能，能够帮助用户了解数据库深层参数，对数据库架构进行优化。其主要功能如下：

①集中的视图可以帮助用户从整体上查看 MongoDB 的可用性和健康状态；

②紧密监视 MongoDB 环境对内存的消耗，显示总内存、使用和可用的内存；

③追踪客户端和服务器直接的可用连接数；

④帮助用户分析数据库的负载情况；

⑤展示详细的锁统计；

⑥提供日志相关的各种信息、读写提交数以及后台执行状态。

（3）MongoDB Cloud Manager

MongoDB Cloud Manager 是官方推出的运维自动化管理系统，是企业版才支持的功能，社区用户也可以下载试用。Cloud Manager 主要功能包括：

① MongoDB 集群（复制集、分片）的自动化部署；

②集群监控及报警定制；

③自动数据备份与还原。

（4）MongoDB compass

MongoDB compass 也是官方推出的可视化管理工具，只有企业版才支持。compass 与 Cloud Manager 功能互补，Cloud Manager 偏向于部署、运维、监控，而 compass 则偏向于数据管理、查询优化等。其主要功能包括：

①数据分布可视化，自动分析各个字段取值的分布情况；

②支持 CRUD 操作；

③索引自动分析及优化建议；

④ explain 的结果可视化。

（5）MongoClient

MongoClient 是一款开源、跨平台的 MongoDB 管理工具，支持 MongoDB 3.2 版本，主要功能如下：

①数据库监控；
② GridfS 管理；
③用户管理。

技能点二　数据库安全设置

MongoDB 数据库的安全模式默认是关闭的，因此进行数据库的访问不受什么限制，尽管这给用户开发和使用数据库带来了很多的便利，但是由于在数据库中经常保存着用户的敏感信息，而在 MongoDB 的运行环境中，开发者并没有对数据库进行安全设置，这就会将数据库中的数据暴露出来，给数据库的安全带来了很高的风险。一些人可以通过复杂程度较低、密码安全性较差、误配置、未被察觉的系统后门以及自适应数据库安全方法的强制性常规使用等对数据库的完整性进行破坏，并进行非法访问来盗取信息。为了数据库的安全，有必要通过设置监听和用户认证来提高 MongoDB 数据库的安全性。

1. 设置监听

在 MongoDB 数据库中，设置监听可以分为两种，一种是设置 ip 进行监听，另一种是设置端口号进行监听。当然，最好的方式是进行两者的结合，这样尽管对数据库的操作不是很方便，但是却带给用户很大的安全感。

（1）设置监听 ip

MongoDB 中，可以通过设置 --bind_ip 参数来进行监听 ip 的设置，默认值为所有 ip 都能访问；当值为指定 ip 时，那么只能使用指定的 ip 才能进行 MongoDB 数据库的访问，而其他 ip 地址则不能进行访问；当进行多个 ip 的设置时，可使用逗号隔开。使用 --bind_ip 进行 ip 监听设置，命令如下。

```
// 只监听 127.0.0.1 和 192.168.2.114 两个 ip
mongod --bind_ip 127.0.0.1,192.168.2.114
```

效果如图 6-5 所示。

访问时需要在后面加上绑定的 ip 地址才可以进行数据库的连接，命令如下。

```
// 使用 192.168.2.114 地址进行连接，当使用别的 ip 连接时，会报错
mongo 192.168.2.114
```

效果如图 6-6 所示。

（2）设置监听端口

MongoDB 中，默认的端口为 27017，在项目中为了数据的安全，需要对端口进行修改，以避免恶意的连接。可以使用 --port 参数来改变数据库连接的端口，只有当客户端连接的端口和监听端口一致时才可以连接成功。设置监听端口命令如下。

```
C:\Windows\System32\cmd.exe - mongod --bind_ip 127.0.0.1,192....

C:\Program Files\MongoDB\Server\4.0\bin>mongod --bind_
ip 127.0.0.1,192.168.2.114
2018-09-05T09:19:04.920+0800 I CONTROL  [main] Automat
ically disabling TLS 1.0, to force-enable TLS 1.0 spec
ify --sslDisabledProtocols 'none'
2018-09-05T09:19:05.350+0800 I CONTROL  [initandlisten
] MongoDB starting : pid=1320 port=27017 dbpath=C:\dat
a\db\ 64-bit host=DESKTOP-CHSBPLT
2018-09-05T09:19:05.350+0800 I CONTROL  [initandlisten
] targetMinOS: Windows 7/Windows Server 2008 R2
2018-09-05T09:19:05.351+0800 I CONTROL  [initandlisten
] db version v4.0.1
2018-09-05T09:19:05.353+0800 I CONTROL  [initandlisten
] git version: 54f1582fc6eb01de4d4c42f26fc133e623f065f
b
2018-09-05T09:19:05.353+0800 I CONTROL  [initandlisten
] allocator: tcmalloc
2018-09-05T09:19:05.354+0800 I CONTROL  [initandlisten
] modules: none
2018-09-05T09:19:05.355+0800 I CONTROL  [initandlisten
] build environment:
2018-09-05T09:19:05.355+0800 I CONTROL  [initandlisten
]     distmod: 2008plus-ssl
2018-09-05T09:19:05.356+0800 I CONTROL  [initandlisten
]     distarch: x86_64
```

图 6-5 设置 ip 监听

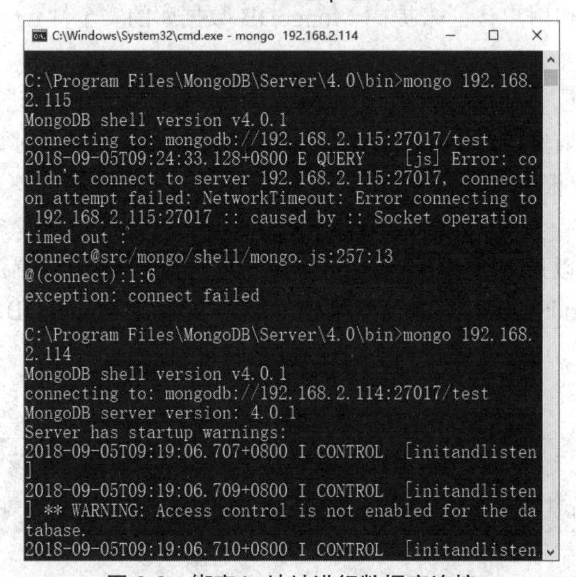

图 6-6 绑定 ip 地址进行数据库连接

```
// 只监听 12315 端口
mongod --port 12315
```

效果如图 6-7 所示。

当 MongoDB 端口改为 12315 后，在连接时客户端也需要使用 12315 的端口才能进行连接，命令如下。

```
// 使用 12315 端口进行连接，当使用别的端口连接时，会报错
mongo 127.0.0.1:12315
```

效果如图 6-8 所示。

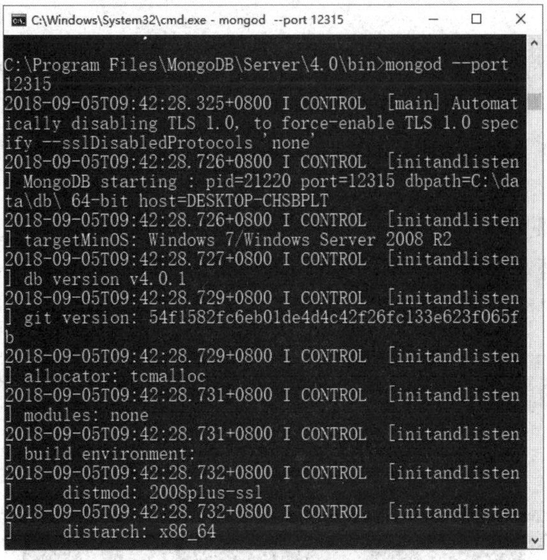

```
C:\Windows\System32\cmd.exe - mongod --port 12315

C:\Program Files\MongoDB\Server\4.0\bin>mongod --port
12315
2018-09-05T09:42:28.325+0800 I CONTROL  [main] Automat
ically disabling TLS 1.0, to force-enable TLS 1.0 spec
ify --sslDisabledProtocols 'none'
2018-09-05T09:42:28.726+0800 I CONTROL  [initandlisten
] MongoDB starting : pid=21220 port=12315 dbpath=C:\da
ta\db\ 64-bit host=DESKTOP-CHSBPLT
2018-09-05T09:42:28.726+0800 I CONTROL  [initandlisten
] targetMinOS: Windows 7/Windows Server 2008 R2
2018-09-05T09:42:28.727+0800 I CONTROL  [initandlisten
] db version v4.0.1
2018-09-05T09:42:28.729+0800 I CONTROL  [initandlisten
] git version: 54f1582fc6eb01de4d4c42f26fc133e623f065f
b
2018-09-05T09:42:28.729+0800 I CONTROL  [initandlisten
] allocator: tcmalloc
2018-09-05T09:42:28.731+0800 I CONTROL  [initandlisten
] modules: none
2018-09-05T09:42:28.731+0800 I CONTROL  [initandlisten
] build environment:
2018-09-05T09:42:28.732+0800 I CONTROL  [initandlisten
]     distmod: 2008plus-ssl
2018-09-05T09:42:28.732+0800 I CONTROL  [initandlisten
]     distarch: x86_64
```

图 6-7　设置监听端口

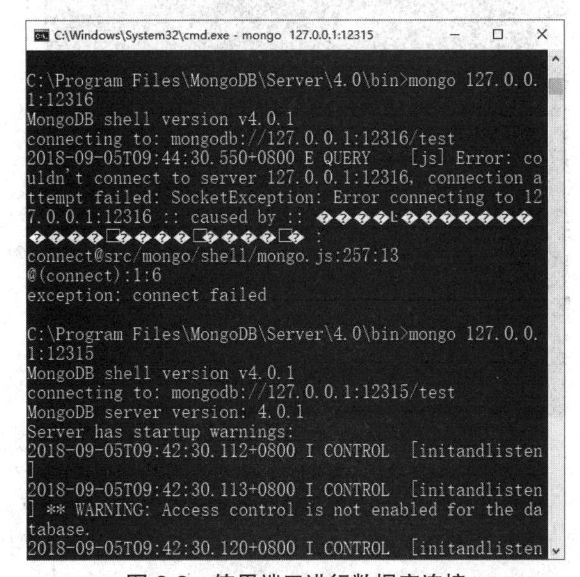

```
C:\Windows\System32\cmd.exe - mongo 127.0.0.1:12315

C:\Program Files\MongoDB\Server\4.0\bin>mongo 127.0.0.
1:12316
MongoDB shell version v4.0.1
connecting to: mongodb://127.0.0.1:12316/test
2018-09-05T09:44:30.550+0800 E QUERY    [js] Error: co
uldn't connect to server 127.0.0.1:12316, connection a
ttempt failed: SocketException: Error connecting to 12
7.0.0.1:12316 :: caused by :: ��������������
���������������� :
connect@src/mongo/shell/mongo.js:257:13
@(connect):1:6
exception: connect failed

C:\Program Files\MongoDB\Server\4.0\bin>mongo 127.0.0.
1:12315
MongoDB shell version v4.0.1
connecting to: mongodb://127.0.0.1:12315/test
MongoDB server version: 4.0.1
Server has startup warnings:
2018-09-05T09:42:30.112+0800 I CONTROL  [initandlisten
]
2018-09-05T09:42:30.113+0800 I CONTROL  [initandlisten
] ** WARNING: Access control is not enabled for the da
tabase.
2018-09-05T09:42:30.120+0800 I CONTROL  [initandlisten
```

图 6-8　使用端口进行数据库连接

提示：除了在命令窗口进行 IP 和端口号的监听设置，还可以修改 MongoDB 安装文件进行 IP 和端口号的设置，扫描二维码，获取更多信息。

快来扫一扫！
通过命令行和修改MongoDB配置文件的方法都能够设置IP和端口，扫描二维码，获取更多信息。
扫一扫

2. 用户认证

用户认证，说简单点，就是给数据库加一个或者多个账号和密码，持不同账号和密码的用户对数据库的操作范围是不同的，而 admin 中保存的用户可以管理 MongoDB 中所有的数据库，其他数据库中的用户只能管理所在的数据库。

（1）开启认证

MongoDB 在安装时是不携带任何参数的，而且在默认情况下，用户认证功能是关闭的。如果想要使用用户认证功能来进行用户的权限设置，首先需要开启认证模式。在 MongoDB 中，开启认证模式可以使用 --auth 参数，命令如下。

```
mongod --dbpath C:\Users\SJ\Desktop\mongo --auth
```

结果如图 6-9 所示。

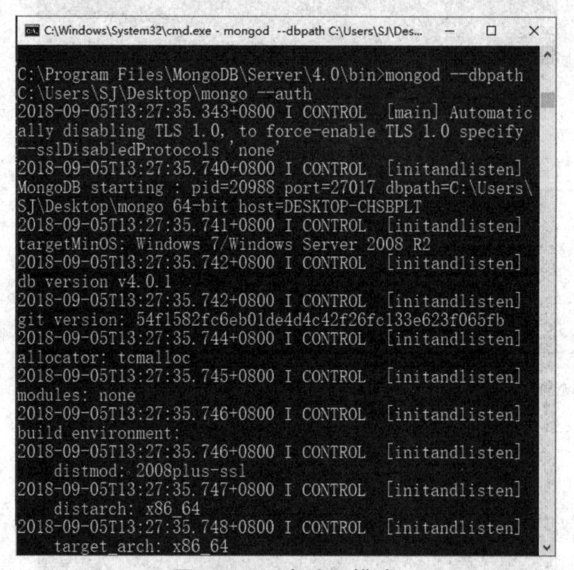

图 6-9 开启认证模式

（2）添加用户

在 MongoDB 中添加用户可以使用 createUser() 方法，通过使用不同的参数来进行用户权限的控制。createUser() 方法包含的参数如表 6-3 所示。

表 6-3 createUser() 方法包含的参数

参数	描述
user	用户名
pwd	密码
roles	指定用户的角色，可以用一个空数组给新用户设定空角色

在 roles 数组参数中又包含两个参数，用来进行角色的设定，如表 6-4 所示。

表 6-4　roles 数组参数

参数	描述
role	指定用户可进行的操作
db	指定用户可操作的数据库

其中 role 参数中又包含多个值,如表 6-5 所示。

表 6-5　role 参数中包含的值

值	描述
read	允许用户读取指定数据库
readWrite	允许用户读写指定数据库
dbAdmin	允许用户在指定数据库中执行管理函数
userAdmin	允许用户向 system.users 集合写入
clusterAdmin	只在 admin 数据库中可用,赋予用户所有分片和复制集相关函数的管理权限
readAnyDatabase	只在 admin 数据库中可用,赋予用户所有数据库的读权限
readWriteAnyDatabase	只在 admin 数据库中可用,赋予用户所有数据库的读写权限
userAdminAnyDatabase	只在 admin 数据库中可用,赋予用户所有数据库的 userAdmin 权限
dbAdminAnyDatabase	只在 admin 数据库中可用,赋予用户所有数据库的 dbAdmin 权限
root	只在 admin 数据库中可用,为超级账号,超级权限

1)创建管理员

使用 userAdminAnyDatabase 值创建一个管理员角色,可以通过这个角色来创建、删除用户。在 MongoDB 的 shell 命令窗口中输入以下命令进行角色创建。

```
// 进入 admin 数据库
use admin
// 进行角色创建
db.createUser(
{
    user:"admin",
    pwd:"123456",
    roles:[
        {
            role:"userAdminAnyDatabase",
            db:"admin"
            }
    ]
})
```

结果如图 6-10 所示。

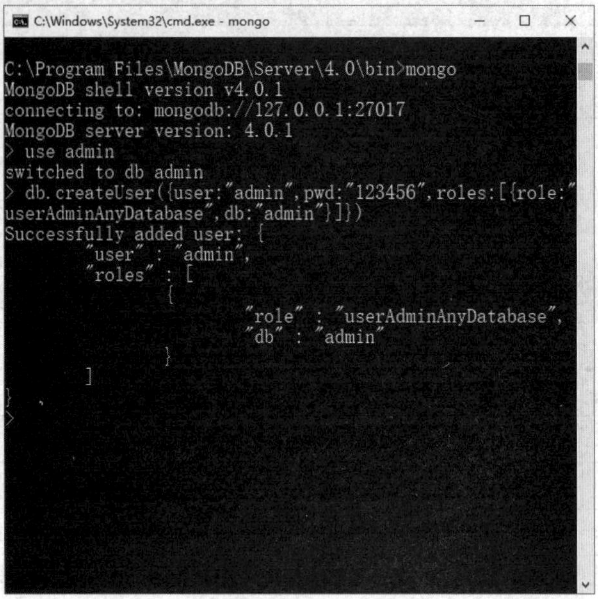

图 6-10 创建管理员

2）创建普通用户

使用 readWrite 值创建一个普通角色，使用这个角色只能进行所在数据库的管理。在 MongoDB 的 shell 命令窗口中输入以下命令进行角色创建。

```
// 进入 test 数据库
use test
// 进行普通角色创建
db.createUser(
{
    user:"zhangsan",
    pwd:"123456",
    roles:[
        {
            role:"readWrite",
            db:"test"
        }
    ]
})
```

结果如图 6-11 所示。

```
C:\Windows\System32\cmd.exe - mongo -u ...
> use test
switched to db test
> db.createUser({user:"zhangsan",pwd:"123456",roles:[{role:"readWrite",db:"test"}]})

Successfully added user: {
        "user" : "zhangsan",
        "roles" : [
                {
                        "role" : "readWrite",
                        "db" : "test"
                }
        ]
}
>
```

图 6-11　创建普通用户

（3）用户登录

创建用户成功后，重新启动 MongoDB 的 shell，输入“show dbs”，可以看到系统报错，如图 6-12 所示，原因是启动认证功能后，未经登录就进行数据库的操作。

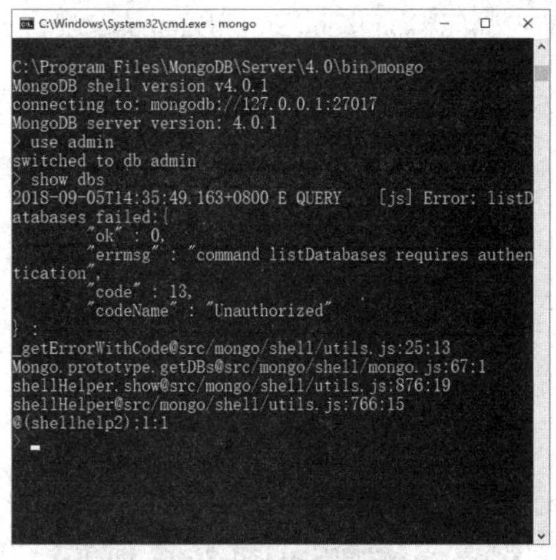

图 6-12　启动认证功能

那么用户如何登录呢？在 MongoDB 中有两种方式，第一种方式是在 shell 中使用 auth() 方法进行认证。它包含两个参数，第一个是用户名称，第二个是密码。当 auth() 执行后，如果返回 1 则说明认证成功，如果为 0 则说明认证失败。命令如下。

```
db.auth("admin","123456")
```

效果如图 6-13 所示。

```
switched to db admin
> show dbs
2018-09-05T14:35:49.163+0800 E QUERY    [js] Error: listDatabases failed:{
        "ok" : 0,
        "errmsg" : "command listDatabases requires authentication",
        "code" : 13,
        "codeName" : "Unauthorized"
} :
_getErrorWithCode@src/mongo/shell/utils.js:25:13
Mongo.prototype.getDBs@src/mongo/shell/mongo.js:67:1
shellHelper.show@src/mongo/shell/utils.js:876:19
shellHelper@src/mongo/shell/utils.js:766:15
@(shellhelp2):1:1
> db.auth("admin","123456")
1
> show dbs
admin          0.078GB
config         0.078GB
createMongoDB  0.078GB
elm            0.078GB
gridfs         0.078GB
local          0.078GB
runoob         0.078GB
test           0.078GB
>
```

图 6-13　用 auth() 方法登录

第二种方式是直接在开启 shell 时，加入用户名和密码。命令如下。

```
//-u 表示用户名，-p 表示密码，--authenticationDatabase 为数据库名
mongo -u "admin" -p "123456" --authenticationDatabase "admin"
```

效果如图 6-14 所示。

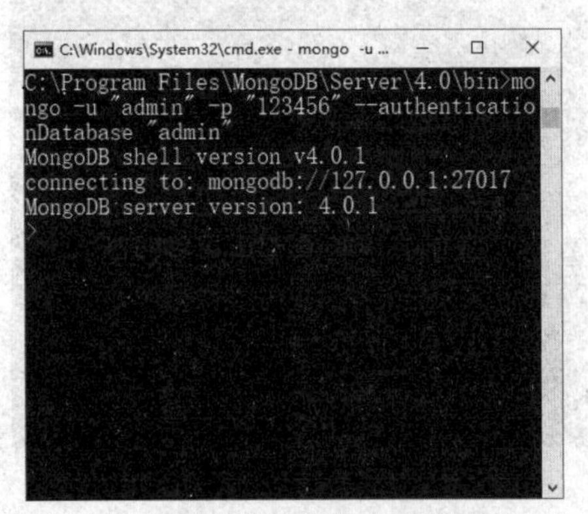

图 6-14　用命令行方式登录

（4）权限控制

上面已经提到过，进行可以使用 roles 数组中 role 的值和 db 的值来定义权限的控制，权限的控制主要包括以下方面。

1）查看用户权限

查看用户权限可以使用 getUser() 方法，该方法只包含一个参数，也就是用户名称，之后通过用户名称进行信息的查询。getUser() 方法的使用命令如下。

```
// 查询用户名称为 admin 的用户的权限
db.getUser("admin")
```

结果如图 6-15 所示。

```
C:\Windows\System32\cmd.exe - mongo -u "admin" -p "123456" --authe...

C:\Program Files\MongoDB\Server\4.0\bin>mongo -u "admin" -p
 "123456" --authenticationDatabase "admin"
MongoDB shell version v4.0.1
connecting to: mongodb://127.0.0.1:27017
MongoDB server version: 4.0.1
> use admin
switched to db admin
> db.getUser("admin")
{
        "_id" : "admin.admin",
        "user" : "admin",
        "db" : "admin",
        "roles" : [
                {
                        "role" : "userAdminAnyDatabase",
                        "db" : "admin"
                }
        ],
        "mechanisms" : [
                "SCRAM-SHA-1"
        ]
}
>
```

图 6-15　查看用户权限

2）添加用户权限

MongoDB 中提供了一个增加用户权限的 grantRolesToUser() 方法。该方法包含两个参数，一个是用户名称，另一个是添加的权限数组。grantRolesToUser() 方法的使用命令如下。

```
// 为用户名称为 admin 的用户添加权限
db.grantRolesToUser("admin",[{role:"readWrite",db:"test"}])
```

结果如图 6-16 所示。

```
C:\Windows\System32\cmd.exe - mongo -u "admin" -p "123456" ...
> db.grantRolesToUser("admin",[{role:"readWrite",db:"t
est"}])
> db.getUser("admin")
{
        "_id" : "admin.admin",
        "user" : "admin",
        "db" : "admin",
        "roles" : [
                {
                        "role" : "readWrite",
                        "db" : "test"
                },
                {
                        "role" : "userAdminAnyDatabase
",
                        "db" : "admin"
                }
        ],
        "mechanisms" : [
                "SCRAM-SHA-1"
        ]
}
>
```

图 6-16　添加用户权限

3）删除用户指定权限

除了以上的查询、添加权限操作外，还可以使用 revokeRolesFromUser() 方法进行权限的删除。该方法包含的参数跟添加方法相同。revokeRolesFromUser() 方法的使用命令如下。

```
// 删除用户名称为 admin 的用户的 readWrite 权限
db.revokeRolesFromUser("admin",[{role:"readWrite",db:"test"}])
```

结果如图 6-17 所示。

```
C:\Windows\System32\cmd.exe - mongo -u "admin" -p "12...
> db.revokeRolesFromUser("admin",[{role:"readWrite"
,db:"test"}])
> db.getUser("admin")
{
        "_id" : "admin.admin",
        "user" : "admin",
        "db" : "admin",
        "roles" : [
                {
                        "role" : "userAdminAnyDatab
ase",
                        "db" : "admin"
                }
        ],
        "mechanisms" : [
                "SCRAM-SHA-1"
        ]
}
>
```

图 6-17 删除用户指定权限

（5）其他操作

除了以上对用户权限的操作外，还有一些别的操作，如用户密码的修改、用户的删除等。

1）密码修改

在进行权限管理的过程中，用户可能会忘记密码或者感觉密码被泄露，这时就需要进行密码的修改，可以使用 changeUserPassword() 方法。该方法包含两个参数，第一个参数是用户名称，第二个参数为新密码。changeUserPassword() 方法的使用命令如下。

```
// 修改用户名称为 admin 的用户的密码
db.changeUserPassword("admin","admin")
```

结果如图 6-18 所示。

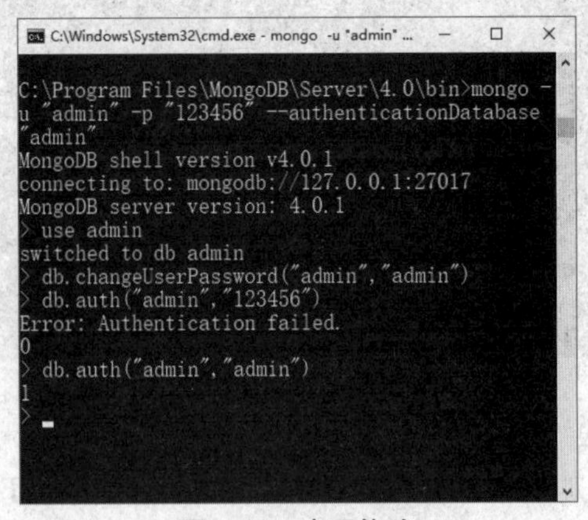

图 6-18 密码修改

2）删除用户所有权限

在公司中，有时会出现员工离职的情况，由于离职员工在项目的数据库中有着相应的权限，因此需要删除其所有权限。删除权限可以使用 dropUser() 方法。该方法只包含用户名称一个参数，返回值为 true 表示删除成功，为 false 表示删除失败，但该方法的使用需要 admin 管理员权限。dropUser() 方法的使用命令如下。

```
// 删除用户名为 admin1 的用户的权限
db.dropUser("admin1")
```

结果如图 6-19 所示。

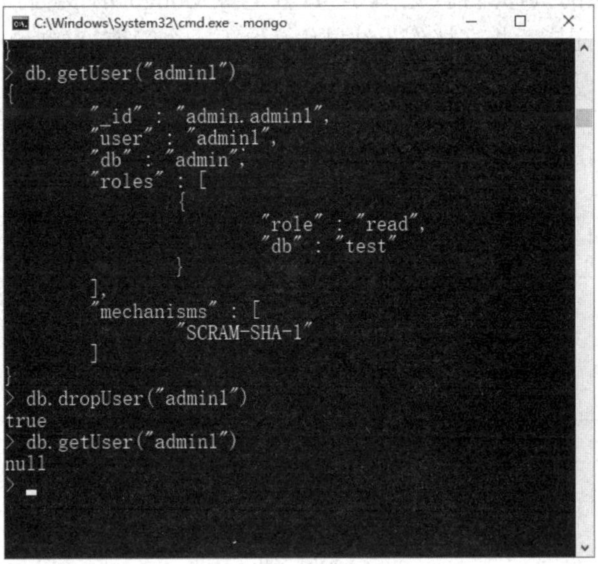

```
C:\Windows\System32\cmd.exe - mongo
}
> db.getUser("admin1")
{
        "_id" : "admin.admin1",
        "user" : "admin1",
        "db" : "admin",
        "roles" : [
                {
                        "role" : "read",
                        "db" : "test"
                }
        ],
        "mechanisms" : [
                "SCRAM-SHA-1"
        ]
}
> db.dropUser("admin1")
true
> db.getUser("admin1")
null
>
```

图 6-19　删除用户所有权限

技能点三　数据聚合应用

数据的聚合操作主要用于批量处理数据，并将计算结果返回，如求最大值、最小值、平均值，求和等操作。除了处理数据外，聚合操作还可以用来进行数理统计和数据挖掘。在 MongoDB 中，聚合操作的输入是数据库集合中的文档，输出可以是一条或多条文档。聚合操作有三种方式：

- 聚合管道（Aggregation Pipeline）；
- 单目的聚合操作（Single-Purpose Aggregation Operation）；
- MapReduce 编程模型。

下面主要讲解聚合管道方式。

1. aggregate() 方法的使用

MongoDB 中提供了一个 aggregate() 方法用于定义 MongoDB 数据库文档的聚合操作。该方法支持 MongoDB 2.2 及以后的版本，其包含的参数数组可以表示管道操作，数组中的每一个值都代表了一种管道操作。aggregate() 方法的使用命令如下。

```
//collection 为数据集合名称
db.collection.aggregate(
[{},{}...]
)
```

aggregate() 方法的执行流程（见图 6-20）就是将 MongoDB 文档当作输入值，在一个管道对文档进行处理，完毕后将文档作为结果传递给下一个管道，直到最后一个管道处理完毕后将结构返回给客户端。

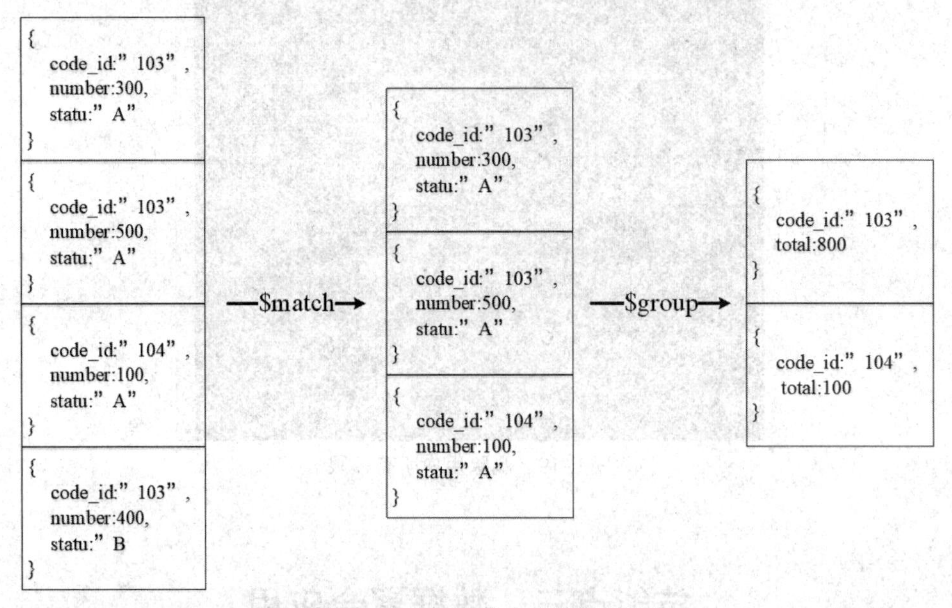

图 6-20 aggregate() 方法的执行流程

2. 聚合管道操作符

在图 6-20 中，数据库文档被处理的过程称为管道阶段，而这个阶段操作数据的工具叫作管道操作符。在 MongoDB 的管道阶段可以使用不同的管道操作符进行不同的统计，而管道操作符的值叫作管道表达式，可以在表达式中使用 find() 包含的大量查询方法。管道操作符有很多种，如表 6-6 所示为几种常见的管道操作符。

表 6-6 管道操作符

管道操作符	描述
$project	修改文档结构，但不影响原数据
$match	过滤数据

续表

管道操作符	描述
$limit	限制返回的文档条数
$skip	跳过指定数量的文档
$unwind	将文档中数组类型数据拆分
$group	文档分组
$sort	文档排序

新建数据集并添加数据，如图 6-21 所示。

```
{
    "_id" : ObjectId("5b90ce96e2d9ce63b0336cdf"),
    "name" : {
        "first" : "zhang",
        "last" : "ming"
    },
    "age" : 14,
    "likechar" : [
        "A",
        "B",
        "C"
    ]
}
{
    "_id" : ObjectId("5b90cf49e2d9ce63b0336ce1"),
    "name" : {
        "first" : "li",
        "last" : "ming"
    },
    "age" : 18,
    "likechar" : [
        "C",
        "D"
    ]
}
{
    "_id" : ObjectId("5b90cf71e2d9ce63b0336ce3"),
    "name" : {
        "first" : "zhang",
        "last" : "zhang"
    },
    "age" : 16,
    "likechar" : [
        "A",
        "C"
    ]
}
```

图 6-21　数据文档内容

（1）$project

$project 主要用于修改数据集中文档结构并将修改后的结果返回，但不会更改原文档的结构。$project 的使用命令如下所示。

```
// 修改结构，显示 lastName 和 age 字段
db.list.aggregate([{$project:{_id:0,lastName:"$name.last",age:1}}])
```

当字段的值为 0 时表示不显示字段，当为 1 时表示显示字段，当不含有字段时默认为字段值是 0。效果如图 6-22 所示。

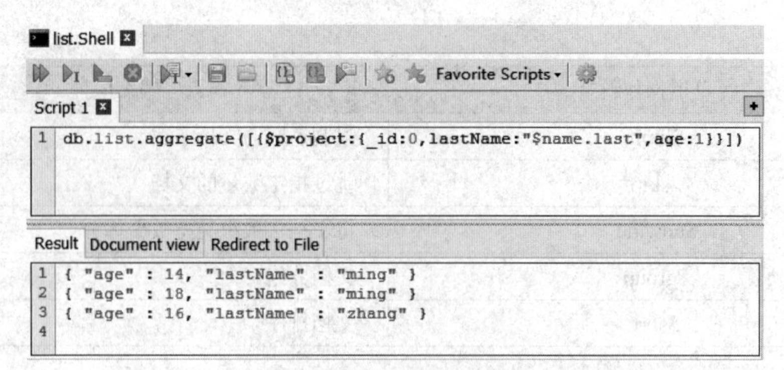

图 6-22　使用 $project 对数据集中文档结构进行修改

（2）$match

$match 主要用于过滤数据集中文档内容，之后输出符合条件的文档；该操作相当于前面讲的查询操作，而且在该操作中可以使用查询操作中的操作符进行条件的定义。$match 的使用命令如下所示。

```
// 过滤出 age 小于或等于 14 的数据
db.list.aggregate([{$match:{age:{$lte:14}}}]).pretty()
```

效果如图 6-23 所示。

```
list.Shell
Favorite Scripts
Script 1
1 db.list.aggregate([{$match:{age:{$lte:14}}}]).pretty()

Result  Redirect to File
1  {
2      "_id" : ObjectId("5b90ce96e2d9ce63b0336cdf"),
3      "name" : {
4          "first" : "zhang",
5          "last" : "ming"
6      },
7      "age" : 14,
8      "likechar" : [
9          "A",
10         "B",
11         "C"
12     ]
13 }
14
```

图 6-23　使用 $match 对数据集中文档内容进行过滤

（3）$limit

$limit 与 limit() 方法的作用相同，都是限制文档的条数，不同的是 limit() 方法用于查询操作中，而 $limit 主要用于限制聚合管道操作返回文档的数量。$limit 的使用命令如下所示。

```
// 过滤出 age 大于 14 的数据会有两条,之后使用 $limit 限制显示一条
db.list.aggregate([{$match:{age:{$gt:14}}},{$limit:1}]).pretty()
```

效果如图 6-24 所示。

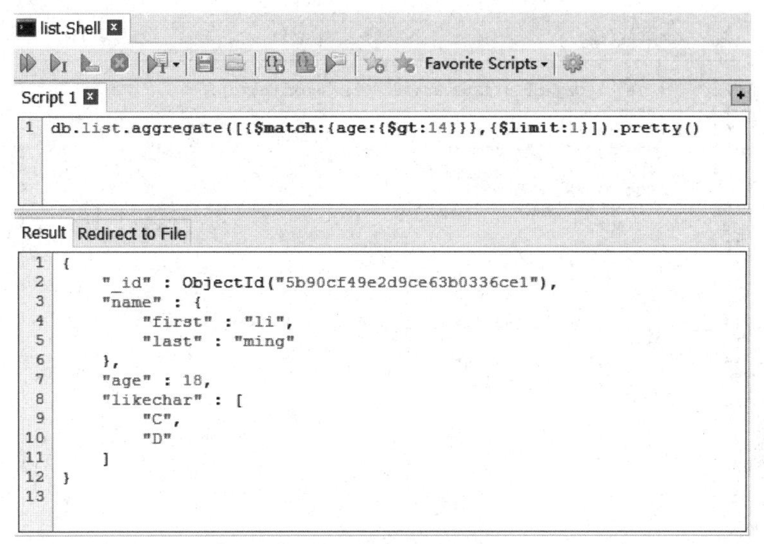

图 6-24　限制文档的条数

(4)$skip

$skip 与 skip() 方法的作用相同,都可以跳过指定条数的文档，$skip 用于聚合管道中跳过指定条数的文档。$skip 的使用命令如下所示。

```
// 过滤出 age 大于 10 的数据会有 3 条,之后使用 $skip 跳过第一条数据然后返回后 2 条数据
db.list.aggregate([{$match:{age:{$gt:10}}},{$skip:1}]).pretty()
```

效果如图 6-25 示。

(5)$unwind

$unwind 操作符的作用对象是文档中数组类型值的字段,可以将该字段的数组值进行拆分,之后返回与数组中值的个数相同条数的文档。$unwind 的使用命令如下所示。

```
// 过滤出 age 大于 16 的数据会有 1 条,之后使用 $unwind 将 likechar 字段进行拆分
db.list.aggregate([{$match:{age:{$gt:16}}},{$unwind:"$likechar"}]).pretty()
```

效果如图 6-26 所示。

list.Shell
Favorite Scripts
Script 1

```
1 db.list.aggregate([{$match:{age:{$gt:10}}},{$skip:1}]).pretty()
```

Result Redirect to File

```
1  {
2      "_id" : ObjectId("5b90cf49e2d9ce63b0336ce1"),
3      "name" : {
4          "first" : "li",
5          "last" : "ming"
6      },
7      "age" : 18,
8      "likechar" : [
9          "C",
10         "D"
11     ]
12 }
13 {
14     "_id" : ObjectId("5b90cf71e2d9ce63b0336ce3"),
15     "name" : {
16         "first" : "zhang",
17         "last" : "zhang"
18     },
19     "age" : 16,
20     "likechar" : [
21         "A",
22         "C"
23     ]
24 }
25
```

图 6-25　跳过指定条数的文档

list.Shell
Favorite Scripts
Script 1

```
1 db.list.aggregate([{$match:{age:{$gt:16}}},{$unwind:"$likechar"}]).pretty()
```

Result Redirect to File

```
1  {
2      "_id" : ObjectId("5b90cf49e2d9ce63b0336ce1"),
3      "name" : {
4          "first" : "li",
5          "last" : "ming"
6      },
7      "age" : 18,
8      "likechar" : "C"
9  }
10 {
11     "_id" : ObjectId("5b90cf49e2d9ce63b0336ce1"),
12     "name" : {
13         "first" : "li",
14         "last" : "ming"
15     },
16     "age" : 18,
17     "likechar" : "D"
18 }
19
```

图 6-26　$unwind 的使用

（6）$group

$group 操作符用于对集合中的文档进行分组，可以实现结果的统计。一般情况下可以与管道表达式中的操作符组合使用。$group 的使用命令如下所示。

```
// 对 name 中的 last 进行分组，当值相同时，只输出一个
db.list.aggregate([{$group:{"_id":"$name.last"}}])
```

效果如图 6-27 所示。

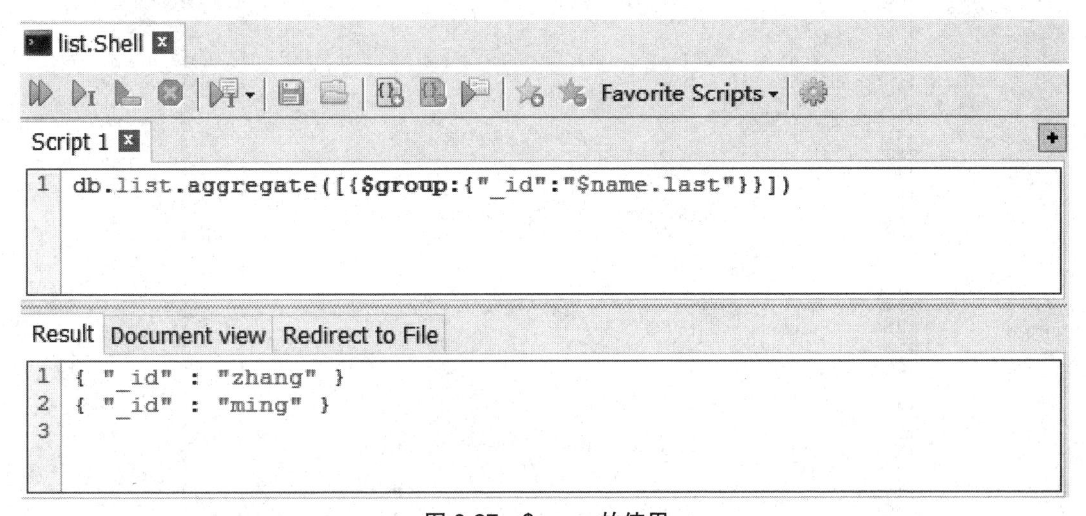

图 6-27　$group 的使用

（7）$sort

$sort 操作符用于对集合中的文档进行排序，与 sort() 方法实现的效果相同，当值为 1 时升序排列，当值为 -1 时降序排列。$sort 的使用命令如下所示。

```
// 对 age 进行升序排列
db.list.aggregate([{$sort:{"age":1}}]).pretty()
```

效果如图 6-28 所示。

3. 管道表达式

管道表达式的结构与 find() 方法中定义内容的结构类似。它由字段名、字段值和操作符组成，同样可以使用 find() 中的操作符，如 $for、$not、$lt 等。管道表达式中可以使用的操作符同样有很多，下面介绍几种常用的操作符，如表 6-7 所示。

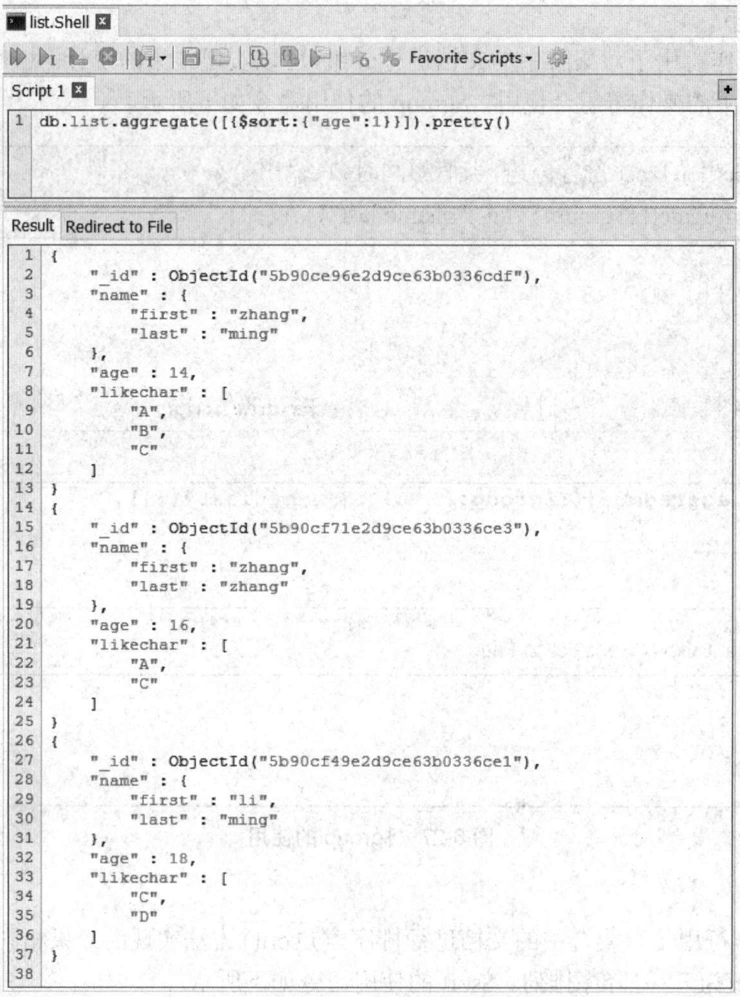
list.Shell
Favorite Scripts
Script 1
db.list.aggregate([{$sort:{"age":1}}]).pretty()
Result
Redirect to File
{
"_id" : ObjectId("5b90ce96e2d9ce63b0336cdf"),
"name" : {
"first" : "zhang",
"last" : "ming"
},
"age" : 14,
"likechar" : [
"A",
"B",
"C"
]
}
{
"_id" : ObjectId("5b90cf71e2d9ce63b0336ce3"),
"name" : {
"first" : "zhang",
"last" : "zhang"
},
"age" : 16,
"likechar" : [
"A",
"C"
]
}
{
"_id" : ObjectId("5b90cf49e2d9ce63b0336ce1"),
"name" : {
"first" : "li",
"last" : "ming"
},
"age" : 18,
"likechar" : [
"C",
"D"
]
}

图 6-28　$sort 的使用

表 6-7　管道表达式中可以使用的操作符

操作符	描述
$sum	求和
$avg	求平均值
$min	获取最小值
$max	获取最大值
$push	插入值到数组
$addToSet	插入值到数组，但值不会重复
$first	根据资源文档的排序获取第一个文档数据
$last	根据资源文档的排序获取最后一个文档数据

（1）$sum

$sum 操作符用于对集合中文档的指定字段的值进行求和操作，在使用时可以与 $group 操作符组合使用。$sum 的使用命令如下所示。

```
// 先通过 name 的 first 值进行分组，之后进行 age 的求和
db.list.aggregate([{$group:{_id:"$name.first",age:{$sum:"$age"}}}])
```

效果如图 6-29 所示。

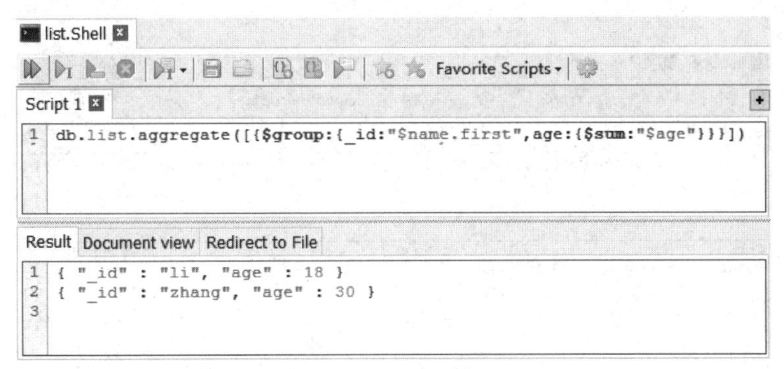

图 6-29　$sum 的使用

由于 $avg、$min、$max 的使用方式与 $sum 操作符相同，这里就不再进行讲解。

（2）$push

$push 操作符用于向分组后文档中的指定字段插入一个数组，数组中将包含属于该分组的全部指定字段的值（值可以重复）。$push 的使用命令如下所示。

```
// 先通过 name 的 first 值进行分组，之后将所属分组的全部 age 的值添加进 age 数组中
db.list.aggregate([{$group:{_id:"$name.first",age:{$push:"$age"}}}])
```

效果如图 6-30 所示。

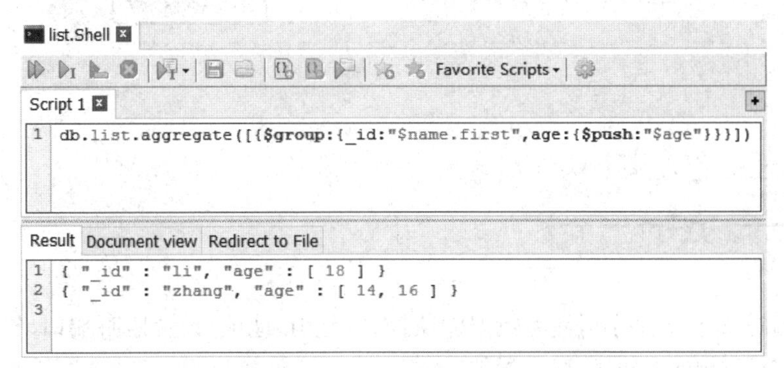

图 6-30　$push 的使用

$addToSet 操作符的使用方式和效果与 $push 操作符相同，唯一不同的是，$push 操作符添加数组中的值可以有重复的，而 $addToSet 操作符添加数组中的值不能有重复的。

(3)$first

$first 操作符可以用来获取分组文档中第一个文档的数据，在不使用 $first 的情况下想要获取分组文档中指定位置的文档数据是困难的，使用 $first 操作符给开发者带来极大的便利。$first 的使用命令如下所示。

```
// 先通过 name 的 first 值进行分组，之后获取分组文档中第一个文档的数据
db.list.aggregate([{$group:{_id:"$name.first",age:{$first:"$age"}}}])
```

效果如图 6-31 所示。

```
list.Shell
Favorite Scripts
Script 1
1 db.list.aggregate([{$group:{_id:"$name.first",age:{$first:"$age"}}}])

Result  Document view  Redirect to File
1 { "_id" : "li", "age" : 18 }
2 { "_id" : "zhang", "age" : 14 }
3
```

图 6-31 $first 的使用

$last 操作符的使用方式与 $first 操作符相同，只不过 $last 操作符用于获取分组文档中最后一个文档的数据。

提示：想要了解更多的管道表达式操作符吗？扫描下面的二维码，以获取更多信息。

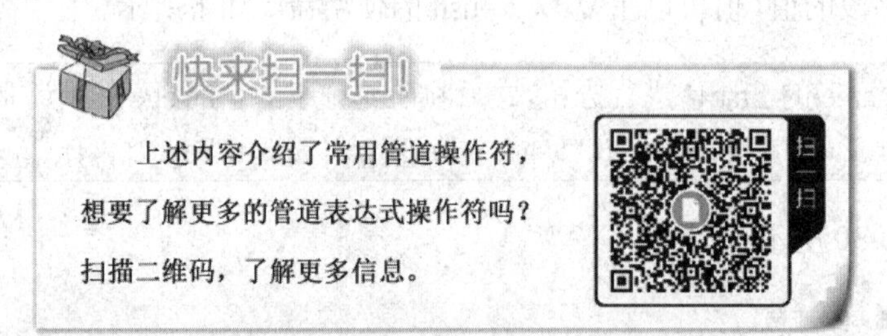

本项目通过如下步骤分别使用数据库监控、绑定 IP 地址、设置监听端口、设置普通用户操作等方式实现 Fettler 数据库安全管理，。

第一步，找到 MongoDB 安装目录的 bin 目录下进入命令行模式，启动 MongoDB 数据库监控服务。命令如下所示。

```
mongostat
```

结果如图 6-32 所示。

```
C:\Windows\System32\cmd.exe
C:\Program Files\MongoDB\Server\4.0\bin>mongostat
insert query update delete getmore command dirty used flushes vsize   res qrw arw net_in net_out conn                time
    *0    *0     *0     *0       0   401|0  0.0% 0.0%       0 4.97G 26.0M 0|0 1|0  31.7k   12.2m    6 Aug 24 09:36:54.218
    *0    *0     *0     *0       0     2|0  0.0% 0.0%       0 4.97G 26.0M 0|0 1|0   160b   61.7k    6 Aug 24 09:36:55.206
    *0    *0     *0     *0       0     1|0  0.0% 0.0%       0 4.97G 26.0M 0|0 1|0   157b   60.9k    6 Aug 24 09:36:56.206
    *0    *0     *0     *0       0     3|0  0.0% 0.0%       0 4.97G 26.0M 0|0 1|0   366b   62.2k    6 Aug 24 09:36:57.206
    *0    *0     *0     *0       0     2|0  0.0% 0.0%       0 4.97G 26.0M 0|0 1|0   158b   61.0k    6 Aug 24 09:36:58.206
    *0    *0     *0     *0       0     1|0  0.0% 0.0%       0 4.97G 26.0M 0|0 1|0   157b   60.8k    6 Aug 24 09:36:59.208
    *0    *0     *0     *0       0     2|0  0.0% 0.0%       0 4.97G 26.0M 0|0 1|0   158b   61.1k    6 Aug 24 09:37:00.205
    *0    *0     *0     *0       0     1|0  0.0% 0.0%       0 4.97G 26.0M 0|0 1|0   157b   60.9k    6 Aug 24 09:37:01.206
    *0    *0     *0     *0       0     1|0  0.0% 0.0%       0 4.97G 26.0M 0|0 1|0   157b   60.8k    6 Aug 24 09:37:02.207
    *0    *0     *0     *0       0     1|0  0.0% 0.0%       0 4.97G 26.0M 0|0 1|0   157b   60.8k    6 Aug 24 09:37:03.208
insert query update delete getmore command dirty used flushes vsize   res qrw arw net_in net_out conn                time
    *0    *0     *0     *0       0     2|0  0.0% 0.0%       0 4.97G 26.0M 0|0 1|0   158b   61.0k    6 Aug 24 09:37:04.207
    *0    *0     *0     *0       0     1|0  0.0% 0.0%       0 4.97G 26.0M 0|0 1|0   157b   60.9k    6 Aug 24 09:37:05.207
    *0    *0     *0     *0       0     2|0  0.0% 0.0%       0 4.97G 26.0M 0|0 1|0   158b   61.0k    6 Aug 24 09:37:06.205
    *0    *0     *0     *0       0     5|0  0.0% 0.0%       0 4.97G 26.0M 0|0 1|0   575b   63.4k    6 Aug 24 09:37:07.207
    *0    *0     *0     *0       0     2|0  0.0% 0.0%       0 4.97G 26.0M 0|0 1|0   158b   61.0k    6 Aug 24 09:37:08.205
2018-08-24T09:37:08.517+0800    signal 'interrupt' received; forcefully terminating

C:\Program Files\MongoDB\Server\4.0\bin>mongostat
insert query update delete getmore command dirty used flushes vsize   res qrw arw net_in net_out conn                time
    *0    *0     *0     *0       0   501|0  0.0% 0.0%       0 4.97G 26.0M 0|0 1|0  39.6k   15.3m    6 Aug 24 09:37:25.214
    *0    *0     *0     *0       0     2|0  0.0% 0.0%       0 4.97G 26.0M 0|0 1|0   159b   61.6k    6 Aug 24 09:37:26.202
    *0    *0     *0     *0       0     3|0  0.0% 0.0%       0 4.97G 26.0M 0|0 1|0   366b   62.1k    6 Aug 24 09:37:27.203
    *0    *0     *0     *0       0     2|0  0.0% 0.0%       0 4.97G 26.0M 0|0 1|0   158b   61.1k    6 Aug 24 09:37:28.200
    *0    *0     *0     *0       0     1|0  0.0% 0.0%       0 4.97G 26.0M 0|0 1|0   157b   60.5k    6 Aug 24 09:37:29.207
    *0    *0     *0     *0       0     2|0  0.0% 0.0%       0 4.97G 26.0M 0|0 1|0   158b   61.1k    6 Aug 24 09:37:30.203
    *0    *0     *0     *0       0     2|0  0.0% 0.0%       0 4.97G 26.0M 0|0 1|0   158b   61.0k    6 Aug 24 09:37:31.201
    *0    *0     *0     *0       0     1|0  0.0% 0.0%       0 4.97G 26.0M 0|0 1|0   157b   60.9k    6 Aug 24 09:37:32.202
```

图 6-32 数据库监控

第二步，在 MongoDB 安装目录的 bin 目录下使用“mongotop”查询数据库操作的统计数据。命令如下所示。

```
mongotop
```

结果如图 6-33 所示。

```
C:\Windows\System32\cmd.exe
C:\Program Files\MongoDB\Server\4.0\bin>mongotop
2018-08-24T09:39:39.832+0800    connected to: 127.0.0.1

                        ns    total    read    write
  2018-08-24T09:39:40+08:00
           admin.system.js      0ms     0ms      0ms
 admin.system.namespaces      0ms     0ms      0ms
        admin.system.roles      0ms     0ms      0ms
        admin.system.users      0ms     0ms      0ms
      admin.system.version      0ms     0ms      0ms
          config.system.js      0ms     0ms      0ms
config.system.namespaces      0ms     0ms      0ms
  config.system.sessions      0ms     0ms      0ms
              list.address      0ms     0ms      0ms
   list.dummy_collection      0ms     0ms      0ms

                        ns    total    read    write
  2018-08-24T09:39:41+08:00
           admin.system.js      0ms     0ms      0ms
 admin.system.namespaces      0ms     0ms      0ms
        admin.system.roles      0ms     0ms      0ms
        admin.system.users      0ms     0ms      0ms
      admin.system.version      0ms     0ms      0ms
          config.system.js      0ms     0ms      0ms
config.system.namespaces      0ms     0ms      0ms
  config.system.sessions      0ms     0ms      0ms
```

图 6-33 数据库统计数据

第三步，在未启用访问级别限制前创建管理员用户，通过命令行模式进入 MongoDB 数据库，进入 admin 数据库并创建管理员用户。命令如下所示。

```
mongo
>use admin
>db.createUser({user: "myUserAdmin",pwd: "abc123",roles: [ { role: "userAdminAnyDatabase", db: "admin" } ]})
```

创建结果如图 6-34 所示。

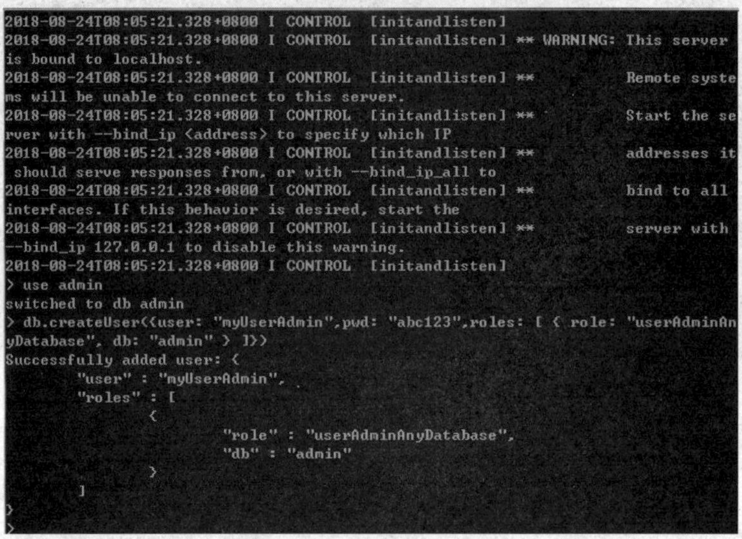

```
2018-08-24T08:05:21.328+0800 I CONTROL  [initandlisten]
2018-08-24T08:05:21.328+0800 I CONTROL  [initandlisten] ** WARNING: This server
is bound to localhost.
2018-08-24T08:05:21.328+0800 I CONTROL  [initandlisten] **          Remote syste
ms will be unable to connect to this server.
2018-08-24T08:05:21.328+0800 I CONTROL  [initandlisten] **          Start the se
rver with --bind_ip <address> to specify which IP
2018-08-24T08:05:21.328+0800 I CONTROL  [initandlisten] **          addresses it
 should serve responses from, or with --bind_ip_all to
2018-08-24T08:05:21.328+0800 I CONTROL  [initandlisten] **          bind to all
interfaces. If this behavior is desired, start the
2018-08-24T08:05:21.328+0800 I CONTROL  [initandlisten] **          server with
--bind_ip 127.0.0.1 to disable this warning.
2018-08-24T08:05:21.328+0800 I CONTROL  [initandlisten]
> use admin
switched to db admin
> db.createUser({user: "myUserAdmin",pwd: "abc123",roles: [ { role: "userAdminAn
yDatabase", db: "admin" } ]})
Successfully added user: {
        "user" : "myUserAdmin",
        "roles" : [
                {
                        "role" : "userAdminAnyDatabase",
                        "db" : "admin"
                }
        ]
}
>
```

图 6-34　创建管理员用户

第四步，在任务管理器中重启 MongoDB 服务，如图 6-35 所示。

第五步，以管理员身份登录 MongoDB 数据库并创建一个普通用户，并赋予数据库操作权限。命令如下所示。

```
mongo --port 27017 -u "myUserAdmin" -p "abc123" --authenticationDatabase "admin"
>use test
>db.createUser(
    {
        user: "testUser",
        pwd: "12345678",
        roles: [
            { role: "read", db: "children" }, # 对 children 库有只读权限
            { role: "readWrite", db: "Fettler" }, # 对 Fettler 库有读写权限
            { role: "readWrite", db: "test" } # 对 test 库有读写权限
        ]
    }
)
```

结果如图 6-36 所示。

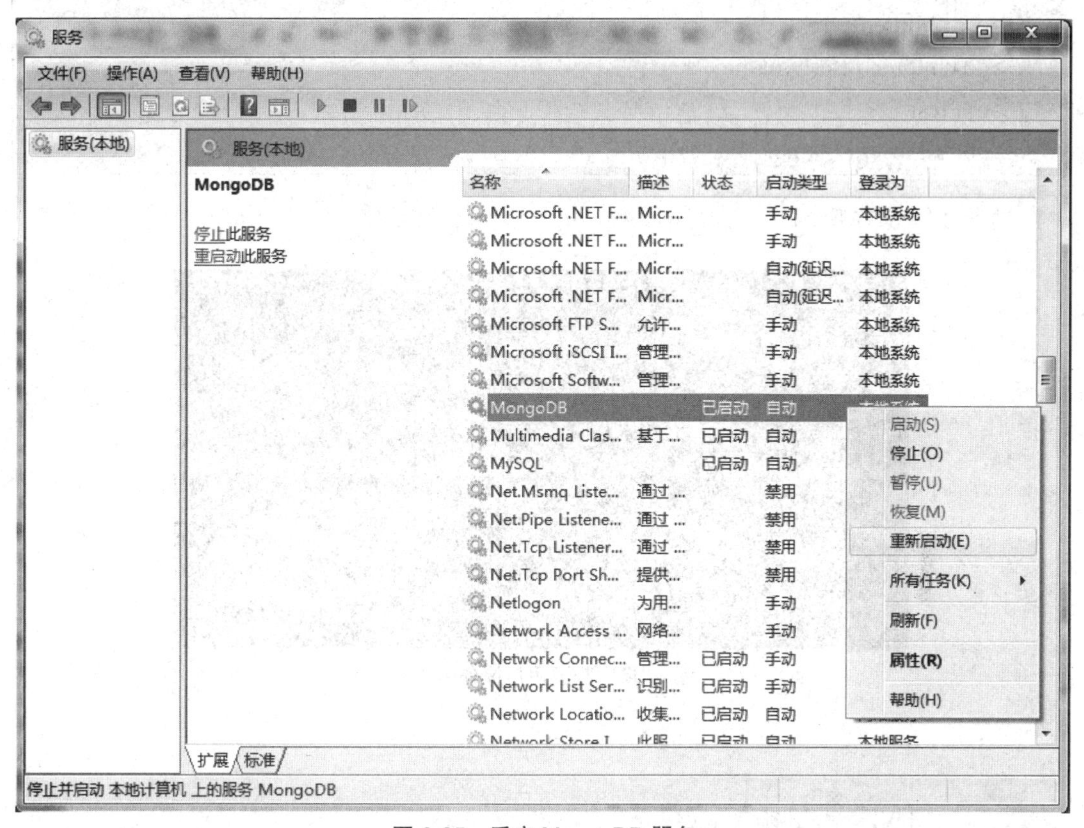

图 6-35　重启 MongoDB 服务

```
> use test
switched to db test
> db.createUser( { user: "testUser",pwd: "12345678",roles: [{ role: "read", db:
"children" },{ role: "readWrite", db: "Fettler" },{ role: "readWrite", db: "test
" }] })
Successfully added user: {
        "user" : "testUser",
        "roles" : [
                {
                        "role" : "read",
                        "db" : "children"
                },
                {
                        "role" : "readWrite",
                        "db" : "Fettler"
                },
                {
                        "role" : "readWrite",
                        "db" : "test"
                }
        ]
}
>
```

图 6-36　创建普通用户

第七步，以新建用户“testUser”身份登录数据库，并尝试各数据库操作权限。命令如下所示。

```
mongo --port 27017 -u "testUser" -p "12345678"
>use children
>db.children.insert({name: "aaa"})
>use test
>db.test.insert({name: "aaa"})
```

结果如图 6-37 所示。

```
C:\Users\Administrator.Xt-201708021314.000>mongo --port 27017 -u "testUser" -p "
12345678"
MongoDB shell version v4.0.0-rc1
connecting to: mongodb://127.0.0.1:27017/
MongoDB server version: 4.0.0-rc1
> use children
switched to db children
> db.children.insert({name: "aaa"})
WriteCommandError({
        "ok" : 0,
        "errmsg" : "not authorized on children to execute command { insert: \"ch
ildren\", ordered: true, $db: \"children\" }",
        "code" : 13,
        "codeName" : "Unauthorized"
})
> use test
switched to db test
> db.test.insert({name: "aaa"})
WriteResult({ "nInserted" : 1 })
> _
```

图 6-37　普通用户操作数据库

【拓展目的】

熟练运用 MongoDB 数据库用户认证知识进行数据安全的设置。

【拓展内容】

使用 python 技术实现用户验证连接 MongoDB 数据库并使用数据聚合应用知识进行数据的求和。效果如图 6-38 所示。

```
C:\Windows\System32\cmd.exe

E:\M\mongopy>python 1.py
登录成功
{'_id': 'li', 'age': 18.0}
{'_id': 'zhang', 'age': 30.0}

E:\M\mongopy>
```

图 6-38　用户登录验证并进行数据求和

【拓展步骤】

第一步，在 MongoDB 的 shell 中创建用户认证，用户名为“myUserAdmin”，密码为“abc123”。命令如下。

```
db.createUser(
{
    user: "myUserAdmin",
    pwd: "abc123",
    roles: [
            {
                role: "userAdminAnyDatabase",
                db: "admin"
            }
    ]
})
```

第二步，启动 MongoDB 数据库的认证模式。

第三步，数据库的验证登录，在 python 中想要进行 MongoDB 数据库的用户认证登录，需要使用 authenticate() 方法，可以接收两个参照，第一个参数为用户名，第二个为密码。验证登录结果如图 6-39 所示。

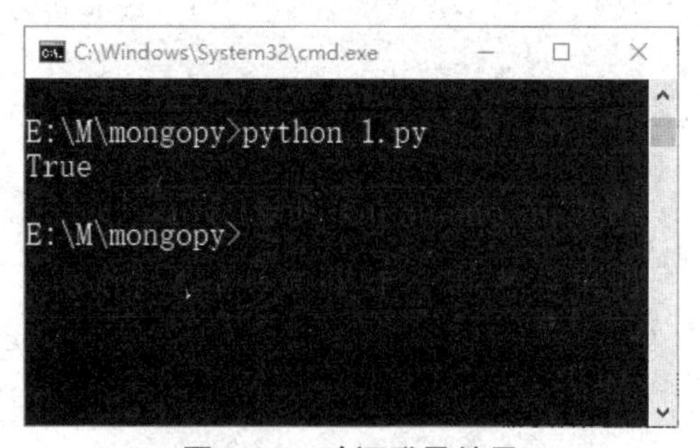

图 6-39 验证登录结果

代码如下所示。

```
// coding=utf-8
// 导入模块
from pymongo import MongoClient
# 建立连接
client=MongoClient("localhost",27017)
# 数据库名 admin
db=client.admin
```

```
# 认证用户密码
result=db.authenticate('myUserAdmin','abc123')
print (result)
# 关闭连接
client.close()
```

第四步，在 python 中进行 list 集合（数据如图 6-21 所示）中 age 字段的求和操作，代码如下所示。

```
#coding=utf-8
from pymongo import MongoClient
client=MongoClient("localhost",27017)
db=client.admin
result=db.authenticate('myUserAdmin','abc123')
# 登录验证，result 为 true 时登录成功，为 false 时则登录失败
if(result):
print (" 登录成功 ")
    db=client["list"]
    collection = db.list
    # 聚合操作实现 age 字段的求和操作
    result1=collection.aggregate([{"$group":{"_id": "$name.first","age":
{"$sum":"$age"}}}])
    for i in result1:
        print (i)
client.close()
```

经过 Python 代码进行数据库的操作，最终可以实现跟在 MongoDB 的 shell 中进行数据库认证登录一样的效果。

通过对 Fettler 项目日志安全管理功能的实现，对 MongoDB 数据库的监控管理有了初步了解，对 MongoDB 数据库安全设置及数据聚合应用有所了解并初步掌握，并能够通过所学的数据安库安全设置知识实现 Fettler 项目日志的安全管理。

host	主机	connection	连接
cursor	游标	network	网络
assert	断言	insert	插入
query	询问	compass	罗盘
role	角色	root	根源
aggregate	聚合	project	项目

1. 选择题

（1）serverStatus() 方法不包含的参数是（　　）。

A. extra_info　　B. indexCounters

C. backgroundFlushing　　D. insert

（2）以下不属于用于监控 MongoDB 数据库的第三方插件的是（　　）。

A. Ganglia　　B. ManageEngine Application Manager

C. MongoDB Manager　　D. MongoDB compass

（3）在设置监听中可以监听（　　）。

A. 端口号　　B. 用户名　　C. 用户地址　　D. 密码

（4）createUser() 方法不包含的参数是（　　）。

A. user　　B. pwd　　C. roles　　D. db

（5）管道表达式中 $sum 表示（　　）。

A. 求平均值　　B. 求和　　C. 获取最小值　　D. 获取最大值

2. 简答题

（1）在用户认证时如何创建超级管理员？

（2）简述聚合操作方式。

项目七　Fettler 数据库副本集

通过本项目 Fettler 数据库副本集功能的实现，了解 MongoDB 副本集的概念，熟悉 MongoDB 数据库副本集创建方法，掌握副本集管理的方法，具有使用副本集对数据容灾的能力，在任务实现过程中：

- 了解 MongoDB 副本集的概念；
- 熟悉 MongoDB 数据库副本集的创建方法；
- 掌握副本集管理的方法；
- 具有使用副本集对数据库容灾的能力。

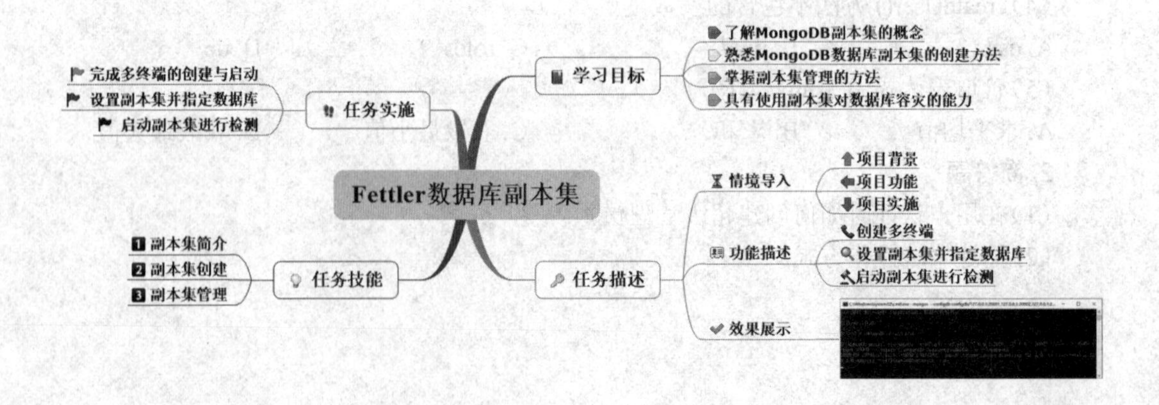

【情境导入】

在项目的运营过程中，发生故障的情况在所难免，如何使用简单快捷的方法将故障消弭于无形或者可以很快的对故障进行维护，是每一个开发者和运维人员应该考虑的重要问题。MongoDB 为所有用户提供了数据库副本集的方法，可以将一个数据库分布在不同的服务器上，让其数据自动备份，从而使得 MongoDB 数据库有强大的容灾能力。本项目通过对 MongoDB 数据库副本集相关知识的讲解，最终完成 Fettler 项目数据库副本集的创建。

【功能描述】

- 使用 replicaSet 命令进行副本集的创建；
- 使用 startSet() 方法进行服务进程的启动；
- 使用 initiate() 方法进行服务进程的初始化。

【效果展示】

通过对本任务的学习，完成 Fettler 项目单机多节点副本集的创建。任务效果如图 7-1 所示。

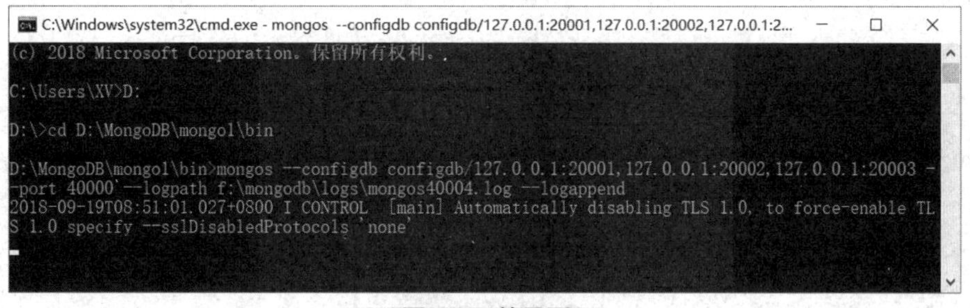

图 7-1　效果图

技能点一　副本集简介

在项目中，一般使用单台服务器（即一个服务器进程）。但在实际开发过程中，情况瞬息万变，可能会出现服务器崩溃或者无法访问的状况，为了避免数据库中数据出现问题，需要将数据转移到备用的服务器上。

在 MongoDB 中，可以使用副本集的方式将数据以副本的形式保存在多台服务器上，这样即使服务器出现错误，也可以保证数据库中数据的安全性和程序的正常运行。

副本集的便利性不言而喻，在创建一个副本集之后，可以对该副本集进行复制。在创建副本集时，务必保证有一个主要的服务器（即主服务器），该服务器是用来处理客户端请求所使用的；其余的服务器被称为备份服务器，用来保存主要服务器的数据副本。

当主服务器出现故障时，备份服务器将会自动选举出一个作为新的主服务器，并引导其余的备用服务器连接至新的主服务器；MongoDB 副本集有些像 Hadoop 中的 ZooKeeper，当主节点挂掉之后，会采用备用节点接替主节点，把备用节点变为主节点。

MongoDB 各个节点常见的搭配方式有一主一从和一主多从。

副本集运行流程如图 7-2 所示。

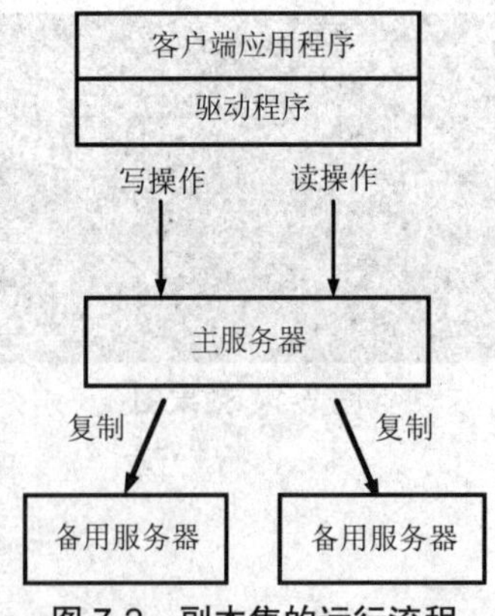

图 7-2　副本集的运行流程

如图 7-2 所示，客户端的应用程序通过驱动程序对主服务器进行读写操作，而主服务器（通常放有 MongoDB 数据库）会对数据库创建副本，并将副本复制到备用服务器上，保证数据的一致性。

由此可以看出 MongoDB 副本集的几个特点：

- 副本集存在于很多节点的集群上；
- 集群中的任何节点都可以作为副本集的主节点；
- 所有对于 MongoDB 数据库的数据操作，都在主节点上进行；
- 当故障发生时，会重新选举主节点，从而做到故障转移；
- 可以自动恢复已经备份的数据，保证数据的安全性。

技能点二　副本集创建

了解了副本集的基本概念后，下面将通过创建一个包含三个成员的副本集，完成对副本集的创建的讲解。

首先需要进入 MongoDB 的 Shell，但是不要连接到任何 MongoDB 服务器。

在本书之前讲解的过程中，都是通过 MongoDB 服务器连接到 MongoDB 的 Shell，这里需要使用到另外一条启动 Shell 的命令，命令如下所示。

```
mongo --nodb
```

结果如图 7-3 所示。

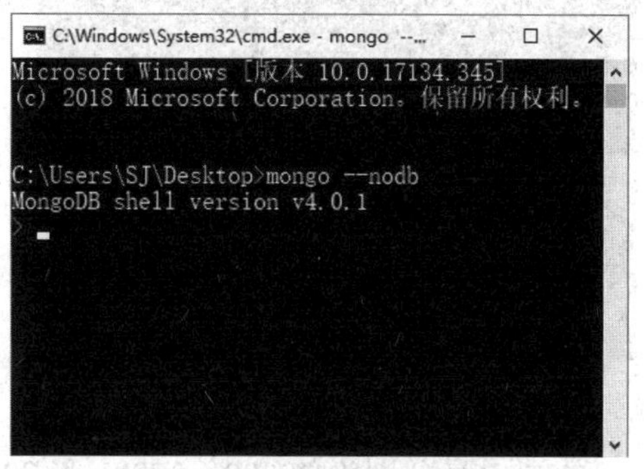

图 7-3　nodb 命令执行结果

完成此命令后，就可以进行第一个副本集的创建了。

在 MongoDB 中，创建副本集需要使用到 replicaSet 命令，命令如下所示。

```
replicaSet = new ReplSetTest({"nodes":3})
```

在本段代码中创建了三个副本集，其中一个为主服务器，另外两个为备份的服务器。代码执行结果如图 7-4 所示。由于代码过长，所以只截取了最重要的部分。

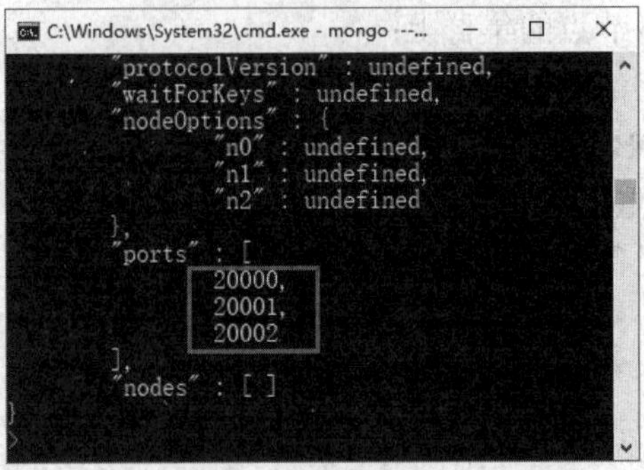

图 7-4　副本集创建结果

但是此时 MongoDB 服务器并没有真正启动，通过如下命令可以将三个进程启动，并对副本集的复制功能进行配置。

```
replicaSet.startSet() // 启动 replicaSet 中三个服务器进程
```

启动三个服务器进程的结果如图 7-5 所示。

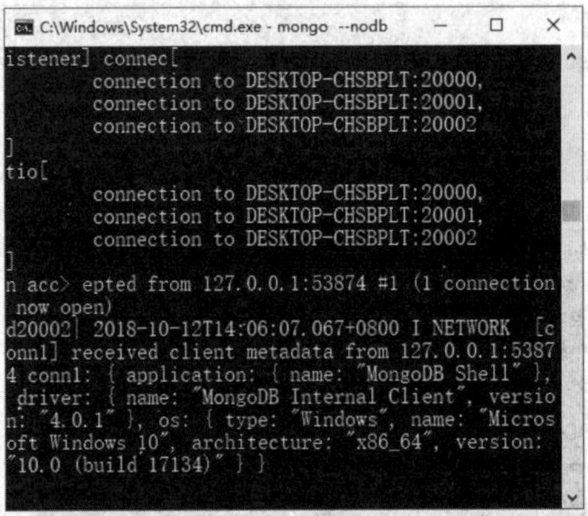

图 7-5　三个服务器进程的启动结果

需要注意的是三个端口的端口号分别为 20000、20001 和 20002。在启动三个服务器后，需要对服务器进行初始化。初始化命令如下所示。

```
replicaSet.initiate()
```

在完成上述所有操作后，副本集的创建与启动就基本完成了。

技能点三　副本集管理

在完成副本集的创建后，需要对创建的副本集进行测试，以证明副本集的可用性和副本集的使用方法。通过下面的案例，深入了解副本集的使用方法。

首先，在完成副本集创建的前提下，打开另外一个 MongoDB 的 Shell（打开方法在创建副本集时已经提到过）。命令如下所示。

```
conn1 = new Mongo("localhost:20000")
```

创建完成第一个连接后，服务器会返回连接的结果，如图 7-6 所示。

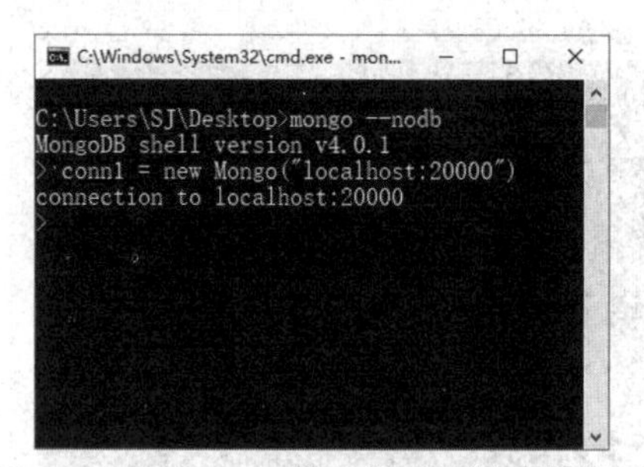

图 7-6　MongoDB 服务器返回的连接结果

当连接成功后，需要查看该副本集中的主数据库是哪一个，命令如下所示。

```
primaryDB=conn1.getDB("test")
primaryDB.isMaster()
```

通过执行代码，MongoDB 会返回一个 Json 格式的结果，如图 7-7 所示。

```
C:\Windows\System32\cmd.exe - mongo --nodb
> primaryDB=conn1.getDB("test")
test
> primaryDB.isMaster()
{
        "hosts" : [
                "DESKTOP-CHSBPLT:20000",
                "DESKTOP-CHSBPLT:20001",
                "DESKTOP-CHSBPLT:20002"
        ],
        "setName" : "__unknown_name__",
        "setVersion" : 2,
        "ismaster" : true,
        "secondary" : false,
        "primary" : "DESKTOP-CHSBPLT:20000",
        "me" : "DESKTOP-CHSBPLT:20000",
        "electionId" : ObjectId("7fffffff000000000000000
1"),
        "lastWrite" : {
                "opTime" : {
                        "ts" : Timestamp(1539325974, 1),

                        "t" : NumberLong(1)
                },
                "lastWriteDate" : ISODate("2018-10-12T06
```

图 7-7　返回的主节点的名称

从图中可以看出，primary（主要的）节点是端口号为 20000 的 MongoDB 服务器，因此可以得知，上面登录的是主服务器。

接下来通过对插入数据的测试，验证副本集的使用方法。插入数据测试命令如下所示。

```
for(var i=0;i<1000;i++){
  primaryDB.tester.insert({"count":i})
}
```

代码中，通过 for 循环，在主数据库中插入了 1000 条数据，返回结果如图 7-8 所示

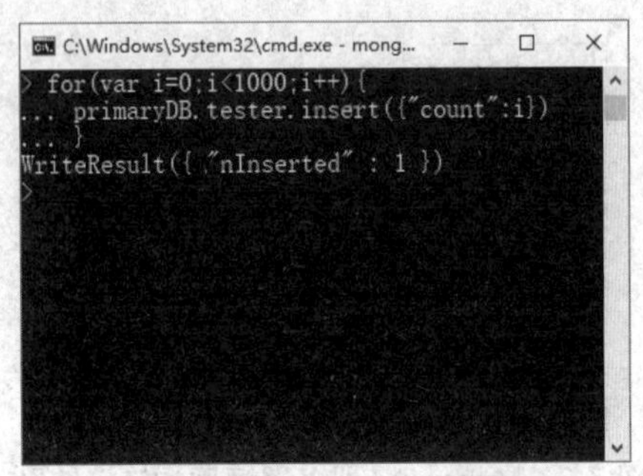

图 7-8 副本集插入的返回结果

既然已经写入成功，就需要对结果进行检测。通过查询数据库中数据的条数，对插入的结果进行验证。验证命令如下所示。

```
primaryDB.tester.count()
```

查询结果如图 7-9 所示。

从图 7-9 中可以看出，返回的结果条数为 1000 条，证明插入成功。在主节点证明完毕后，需要切换到备用节点对插入的数据进行查看，并证明备用节点同时具有内容。转换节点内容如图 7-10 所示。

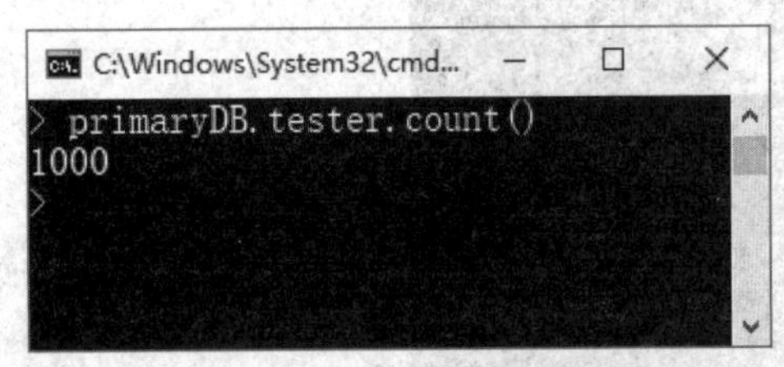

图 7-9 查询数据库插入的结果

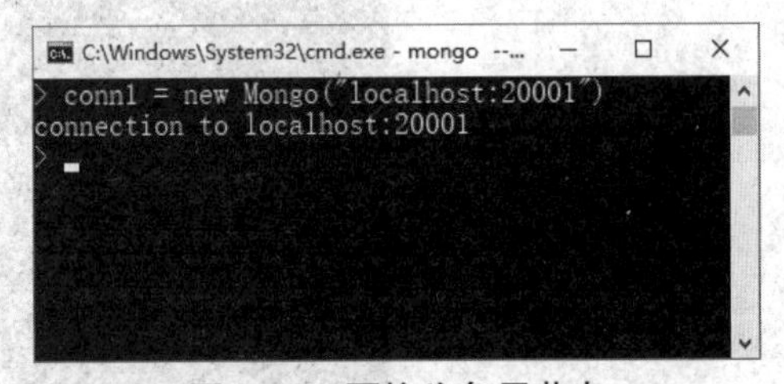

图 7-10 更换为备用节点

更换为备用节点之后，对数据库的内容进行查询，会发现有报错的情况发生，如图 7-11 所示。

报错原因是在备份节点上不能直接执行查询语句，因为备份节点的数据不总是最新的数据。如果一定要在副本节点上查询数据，则需要使用另外一个方法，如下所示。

```
conn2.setSlaveOk()
secondryDB.tester.count()
```

结果如图 7-12 所示。

```
C:\Windows\System32\cmd.exe - mongo --nodb
> secondaryDB=conn2.getDB("test")
test
> secondaryDB.tester.count()
2018-10-12T14:43:14.852+0800 E QUERY    [js] Error: count fail
ed: {
        "operationTime" : Timestamp(1539326256, 626),
        "ok" : 0,
        "errmsg" : "not master and slaveOk=false",
        "code" : 13435,
        "codeName" : "NotMasterNoSlaveOk",
        "$clusterTime" : {
                "clusterTime" : Timestamp(1539326256, 626),
                "signature" : {
                        "hash" : BinData(0,"AAAAAAAAAAAAAAAAAAA
AAAAAAAAA="),
                        "keyId" : NumberLong(0)
                }
        }
} :
_getErrorWithCode@src/mongo/shell/utils.js:25:13
DBQuery.prototype.count@src/mongo/shell/query.js:383:11
DBCollection.prototype.count@src/mongo/shell/collection.js:142
4:12
@(shell):1:1
>
```

图 7-11　查询备用节点的错误结果

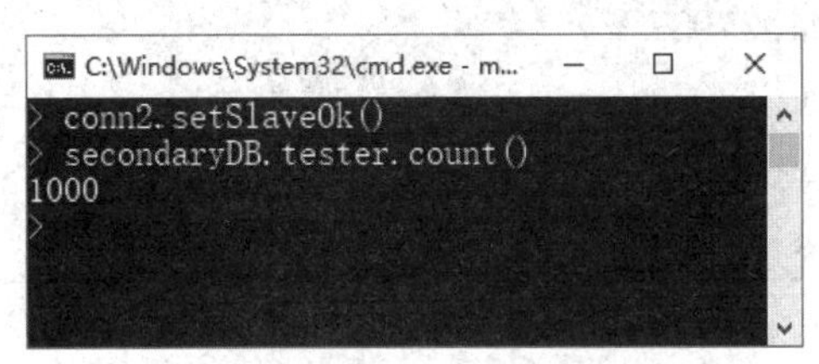

图 7-12　备用节点查询结果

通过图 7-12 所展示的结果，可以看出备用节点的数据与主节点的相同，证明了副本的同步备份作用。

通过以上的案例，可以基本了解到副本集的概念与使用方法。在此需要注意以下三点。

● 客户端在单台服务器上可以执行的请求，都可以发送到主节点执行（读、写、执行命令、创建索引等）。

● 客户端不能在备份节点上执行写操作。

● 默认情况下，客户端不能从备份节点上读取数据。在备份节点上显式地执行 setSlaveOk() 方法之后，客户端就可以从备份节点上读取数据了。

提示：通过这么长时间的学习了，你已经从当初的菜鸟变成展翅翱翔的雄鹰，扫描二维码，继续加油吧。

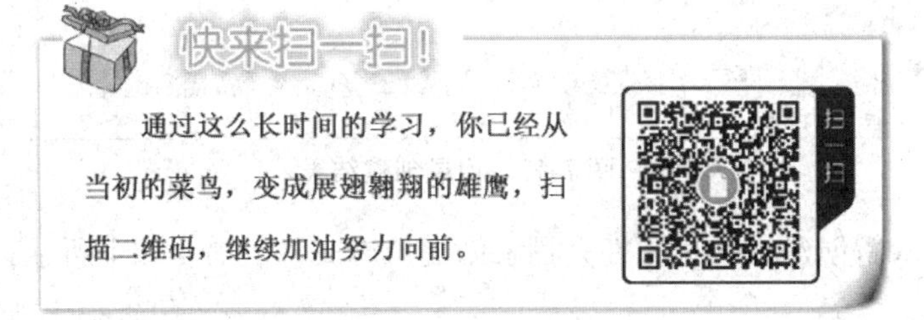

本项目通过如下步骤实现 MongoDB 数据库的副本集功能，但在实施本任务之前需要取消绑定的 IP 和权限验证。

第一步，准备副本集所需的文件夹，在命令行界面使用以下命令进行创建。

```
mkdir f:\mongodb\config20001
mkdir f:\mongodb\config20002
mkdir f:\mongodb\config20003
mkdir f:\mongodb\shard37017
mkdir f:\mongodb\shard37018
mkdir f:\mongodb\shard37019
mkdir f:\mongodb\shard37027
mkdir f:\mongodb\shard37028
mkdir f:\mongodb\shard37029
mkdir f:\mongodb\logs
```

结果如图 7-13 所示。

图 7-13 目录创建结果

第二步，进入新创建的 logs 文件夹目录创建日志文件。命令如下所示。

```
echo>configsvr_20001.log
echo>configsvr_20002.log
echo>configsvr_20003.log
echo>mongos40004.log
echo>shard_m11_37017.log
echo>shard_m11_37027.log
echo>shard_m11_37037.log
echo>shard_m11_37018.log
echo>shard_m11_37028.log
echo>shard_m11_37038.log
```

结果如图 7-14 所示。

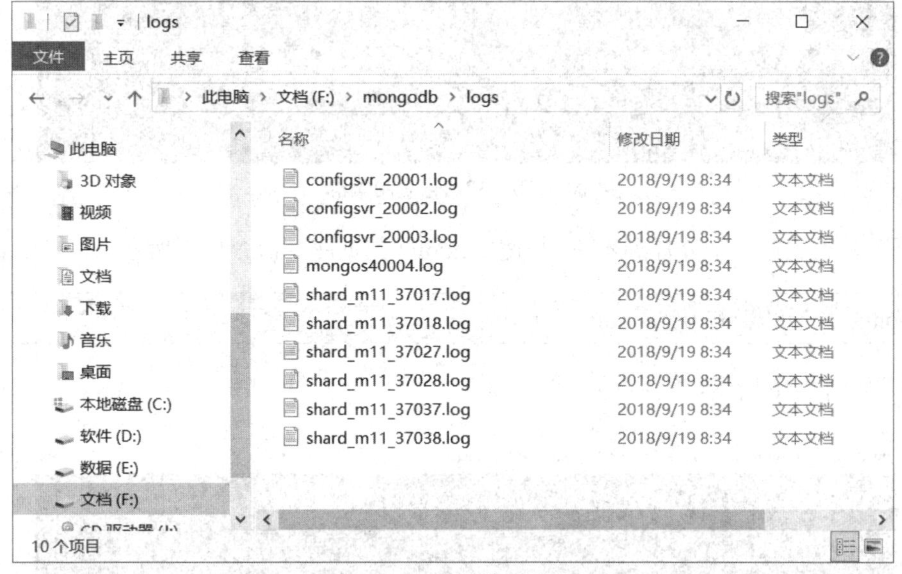

图 7-14　日志文件创建结果

第三步，启动六个终端，分别启动两个复制集群。命令如下所示。

```
mongod --shardsvr --replSet shard1 --port 37017 --dbpath f:\mongodb\shard37017 --logpath f:\mongodb\logs\shard_m11_37017.log --logappend
mongod --shardsvr --replSet shard1 --port 37018 --dbpath f:\mongodb\shard37018 --logpath f:\mongodb\logs\shard_m11_37018.log --logappend
mongod --shardsvr --replSet shard1 --port 37019 --dbpath f:\mongodb\shard37019 --logpath f:\mongodb\logs\shard_m11_37019.log --logappend
mongod --shardsvr --replSet shard2 --port 37027 --dbpath f:\mongodb\shard37027 --logpath f:\mongodb\logs\shard_m11_37027.log --logappend
```

```
mongod --shardsvr --replSet shard2 --port 37028 --dbpath f:\mongodb\shard37028 --logpath f:\mongodb\logs\shard_m11_37028.log --logappend
mongod --shardsvr --replSet shard2 --port 37029 --dbpath f:\mongodb\shard37029 --logpath f:\mongodb\logs\shard_m11_37029.log --logappend
```

创建结果如图 7-15 所示。

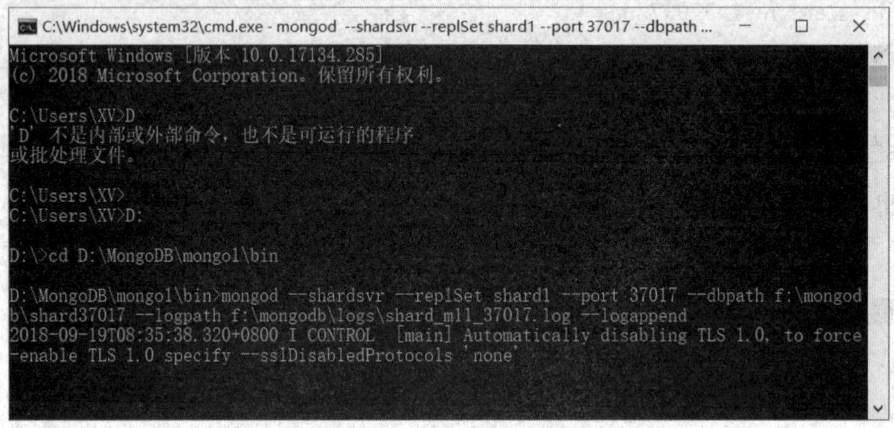

图 7-15　初始化复制集群

第四步，设置第一个分片副本集，并使用 admin 数据库。命令如下所示。

```
mongo 127.0.0.1:37017/admin
```

结果如图 7-16 所示。

```
C:\Windows\system32\cmd.exe - mongo 127.0.0.1:37017/admin
host.
2018-09-19T08:35:39.409+0800 I CONTROL [initandlisten] **          Remote systems will be unable
 to connect to this server.
2018-09-19T08:35:39.409+0800 I CONTROL [initandlisten] **          Start the server with --bind_
ip <address> to specify which IP
2018-09-19T08:35:39.409+0800 I CONTROL [initandlisten] **          addresses it should serve res
ponses from, or with --bind_ip_all to
2018-09-19T08:35:39.409+0800 I CONTROL [initandlisten] **          bind to all interfaces. If th
is behavior is desired, start the
2018-09-19T08:35:39.410+0800 I CONTROL [initandlisten] **          server with --bind_ip 127.0.0
.1 to disable this warning.
2018-09-19T08:35:39.410+0800 I CONTROL [initandlisten]
---
Enable MongoDB's free cloud-based monitoring service, which will then receive and display
metrics about your deployment (disk utilization, CPU, operation statistics, etc).

The monitoring data will be available on a MongoDB website with a unique URL accessible to you
and anyone you share the URL with. MongoDB may use this information to make product
improvements and to suggest MongoDB products and deployment options to you.

To enable free monitoring, run the following command: db.enableFreeMonitoring()
To permanently disable this reminder, run the following command: db.disableFreeMonitoring()
---
```

图 7-16　连接 admin 数据库

第五步，定义副本集配置（priority：被选举为主节点的优先级，取值越大，优先级越高；arbiterOnly：仲裁者节点，只投票，不存储及读写）。命令如下所示。

```
config ={ _id:"shard1",members:[{_id:0,host:"127.0.0.1:37017",priority:1},{_id:1,host:"127.0.0.1:37027",priority:2},{_id:2,host:"127.0.0.1:37037",arbiterOnly:true}]}
```

结果如图 7-17 所示。

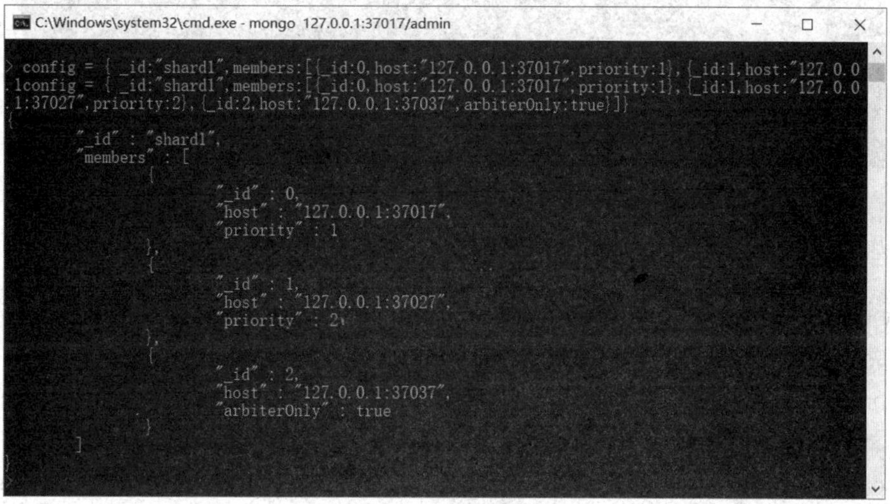

```
C:\Windows\system32\cmd.exe - mongo 127.0.0.1:37017/admin
> config = { _id:"shard1",members:[{_id:0,host:"127.0.0.1:37017",priority:1},{_id:1,host:"127.0.0
.1config = { _id:"shard1",members:[{_id:0,host:"127.0.0.1:37017",priority:1},{_id:1,host:"127.0.0
.1:37027",priority:2},{_id:2,host:"127.0.0.1:37037",arbiterOnly:true}]}
{
        "_id" : "shard1",
        "members" : [
                {
                        "_id" : 0,
                        "host" : "127.0.0.1:37017",
                        "priority" : 1
                },
                {
                        "_id" : 1,
                        "host" : "127.0.0.1:37027",
                        "priority" : 2
                },
                {
                        "_id" : 2,
                        "host" : "127.0.0.1:37037",
                        "arbiterOnly" : true
                }
        ]
}
>
```

图 7-17　配置结果

第六步，初始化副本集，命令如下所示。

```
rs.initiate(config)
```

结果如图 7-18 所示。

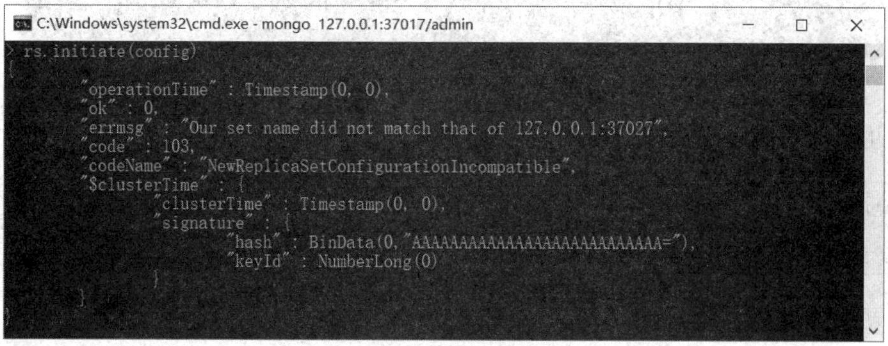

```
C:\Windows\system32\cmd.exe - mongo 127.0.0.1:37017/admin
> rs.initiate(config)
{
        "operationTime" : Timestamp(0, 0),
        "ok" : 0,
        "errmsg" : "Our set name did not match that of 127.0.0.1:37027",
        "code" : 103,
        "codeName" : "NewReplicaSetConfigurationIncompatible",
        "$clusterTime" : {
                "clusterTime" : Timestamp(0, 0),
                "signature" : {
                        "hash" : BinData(0,"AAAAAAAAAAAAAAAAAAAAAAAAAAA="),
                        "keyId" : NumberLong(0)
                }
        }
}
```

图 7-18　初始化副本集

第七步，检查副本集状态，命令如下所示。

```
rs.status();
```

结果如图 7-19 所示。

C:\Windows\system32\cmd.exe - mongo 127.0.0.1:37017/admin

```
> rs.status()
{
        "operationTime" : Timestamp(0, 0),
        "ok" : 0,
        "errmsg" : "no replset config has been received",
        "code" : 94,
        "codeName" : "NotYetInitialized",
        "$clusterTime" : {
                "clusterTime" : Timestamp(0, 0),
                "signature" : {
                        "hash" : BinData(0,"AAAAAAAAAAAAAAAAAAAAAAAAAAA="),
                        "keyId" : NumberLong(0)
                }
        }
}
>
```

图 7-19 检查副本集状态

第八步，打开三个终端分别启动配置服务器，命令如下所示。

```
mongod --configsvr --dbpath f:\mongodb\config20001 --port 20001 --logpath f:\mongodb\logs\configsvr_20001.log -replSet configdb --logappend
mongod --configsvr --dbpath f:\mongodb\config20002 --port 20002 --logpath f:\mongodb\logs\configsvr_20002.log -replSet configdb --logappend
mongod --configsvr --dbpath f:\mongodb\config20003 --port 20003 --logpath f:\mongodb\logs\configsvr_20003.log -replSet configdb --logappend
```

结果如图 7-20 所示。

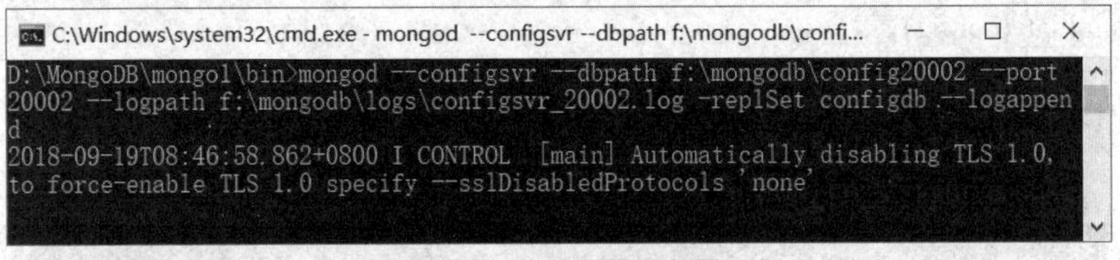

图 7-20 启动配置服务器

第九步，启动路由进程（mongos），命令如下所示。

```
mongos --configdb configdb/127.0.0.1:20001,127.0.0.1:20002,127.0.0.1:20003 --port 40000 --logpath f:\mongodb\logs\mongos40004.log --logappend
```

结果如图 7-21 所示。

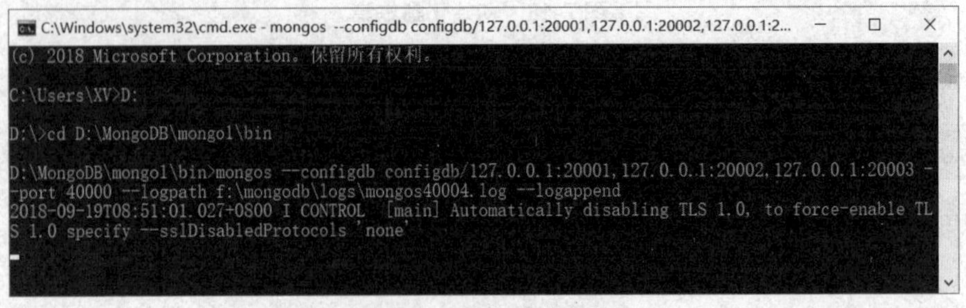

图 7-21 启动路由进程

通过 Fettler 项目副本集功能的实现，对副本集作用、特点等相关知识具有初步了解，并详细了解副本集的创建、管理等操作，具有使用副本集解决数据库出现错误导致数据混乱情况的能力。

new	新	initiate	发起
localhost	本地主机	test	测试
for	对于	count	计数

1. 选择题

（1）通过使用副本集，即使服务器出现错误，也可以保证数据库中数据的（　　）和程序的正常运行。

A. 安全性　　B. 完整性　　C. 安稳性　　D. 平衡性

（2）MongoDB 各个节点常见的搭配方式有（　　）。（多选）

A. 一主一从　　B. 一主多从

C. 多主多从　　D. 一主一从多镜像

（3）以下选项中哪条命令是用来创建副本集的（　　）。

A. ReplSetTest　　B. balancer　　C. shardkey　　D. router

（4）以下选项中（　　）是用来初始化副本集的。

A. initiate()　　B. ReplSetTest()　　C. new Mongo　　D. getDB()

（5）在备份节点上查询数据，需要使用（　　）方法。

A. setSlaveOk()　　B. count()　　C. getDB()　　D. startSet()

2. 简答题

（1）简述什么是副本集。

（2）简述副本集创建流程。

项目八　Fettler 数据库运维

通过对 Fettler 项目的维护，了解 MongoDB 数据库的运维的概念，熟悉 MongoDB 数据库的导入与导出，掌握数据库的备份与恢复，具有使用分片对 MongoDB 数据进行容灾的能力，在任务实现过程中：

- 了解 MongoDB 数据库维护的基本概念；
- 熟悉 MongoDB 数据库的导入与导出；
- 掌握 MongoDB 数据库的备份与恢复；
- 具有使用 MongoDB 分片集群的能力。

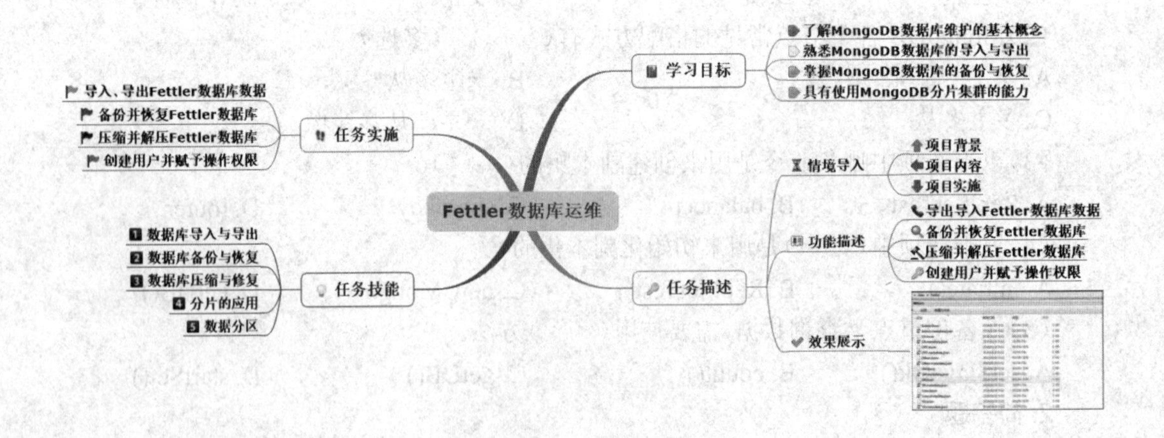

【情境导入】

在项目完成并且上线之后，需要保证项目所产生数据的安全与不丢失性，Fettler 项目也是如此，数据库的维护是项目的重中之重。MongoDB 为数据库的维护提供了很多的方法，包括数据库的导入导出、数据库的备份与恢复、数据的压缩与修复以及副本集的使用。本项目通过对 MongoDB 数据库运维的讲解，最终完成 Fettler 项目数据库的维护与容灾。

【功能描述】

- 使用 mongoimport 进行数据库中数据的导入；
- 使用 mongodump 进行数据库的备份；
- 使用 mongostore 进行数据集的修复。

【效果展示】

通过对本次任务的学习，使用命令提示符完成 MongoDB 数据库的运维，包括数据库的导入与导出、数据库的备份与恢复、数据库的压缩与修复确保数据的完整性。数据库的备份效果如图 8-1 所示。

▸ data ▸ Fettler

帮助(H)

刻录　新建文件夹

名称	修改日期	类型	大小
Admin.bson	2018/8/28 9:32	BSON 文件	1 KB
Admin.metadata.json	2018/8/28 9:32	JSON File	1 KB
CA.bson	2018/8/28 9:32	BSON 文件	2 KB
CA.metadata.json	2018/8/28 9:32	JSON File	1 KB
CRT.bson	2018/8/28 9:32	BSON 文件	1 KB
CRT.metadata.json	2018/8/28 9:32	JSON File	1 KB
Other.bson	2018/8/28 9:32	BSON 文件	2 KB
Other.metadata.json	2018/8/28 9:32	JSON File	1 KB
SM.bson	2018/8/28 9:32	BSON 文件	2 KB
SM.metadata.json	2018/8/28 9:32	JSON File	1 KB
SR.bson	2018/8/28 9:32	BSON 文件	4 KB
SR.metadata.json	2018/8/28 9:32	JSON File	1 KB
User.bson	2018/8/28 9:32	BSON 文件	4 KB
User.metadata.json	2018/8/28 9:32	JSON File	1 KB
VS.bson	2018/8/28 9:32	BSON 文件	3 KB
VS.metadata.json	2018/8/28 9:32	JSON File	1 KB

图 8-1　数据库的备份结果

技能点一　数据库导入与导出

在项目中，面对大批量的数据，一个一个去手动录入是不现实的，而且如果要把数据从MongoDB 导出至其他的系统，也需要批量地去操作。为了提高数据导出和导入的效率，MongoDB 数据库为用户提供了数据库导入和导出的方案。

1. 数据库导入

MongoDB 提供了一个叫"mongoimport"的工具，可以将一定规模的数据导入至 MongoDB 数据库中。

mongoimport 是 MongoDB 数据库为用户准备的数据导入工具，可以使用 mongoimport 将 JSON、CSV 和 TSV 文件导入至 MongoDB 数据库中。初次使用 mongoimport 工具可以在命令提示符窗口输入"mongoimport --help"查看 mongoimport 工具的帮助以及使用的方法。由于命令选项过多，所以图 8-2 为 mongoimport 部分参数的截图。

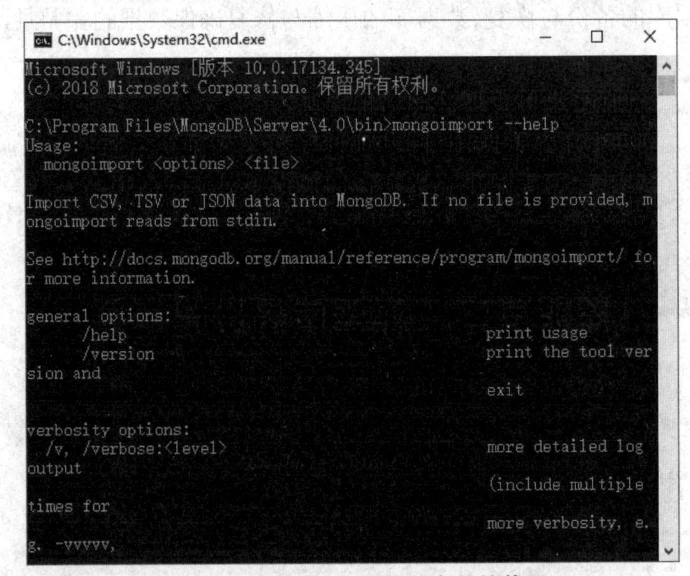

图 8-2　mongoimport 部分参数的截图

在图 8-2 上方可以看到对该工具的官方解释，其英文内容如下。

```
Import CSV, TSV or JSON data into MongoDB. If no file is provided, mongoimport reads from stdin.
```

其中文意思是："将 CSV、TSV 或 JSON 数据导入 MongoDB。如果没有提供文件，mongoimport 就会从 stdin 读取。"其中 stdin 是指从键盘输入的数据。mongoimport 常用参数如表 8-1 所示

表 8-1　mongoimport 常用参数

参数选项	含义
-h	指明数据库宿主机的 IP
-u	指明数据库的用户名
-p	指明数据库的密码
-d	指明数据库的名字
-c	指明 collection 的名字
-f	指明要导入哪些列
-type	指明要导入的文件格式
-headerline	指明第一行是列名，不需要导入
-file	指明要导入的文件

使用 mongoimport 命令将文件导入，命令如下所示。

```
mongoimport -d import -c employees  C:\Users\SJ\Desktop\import.json
```

其中"import.json"文件中的内容如图 8-3 所示。

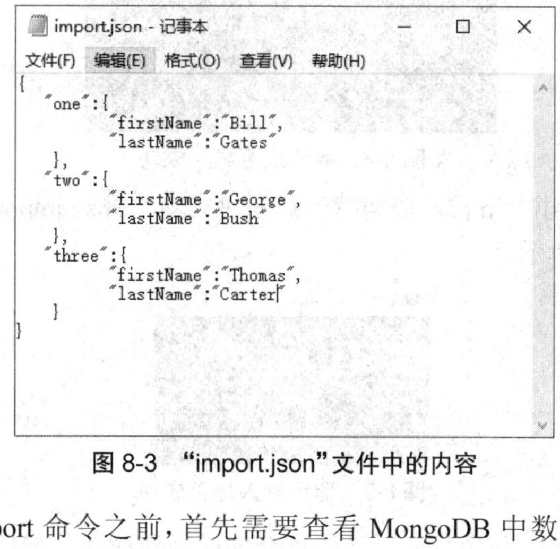

```
import.json - 记事本
文件(F) 编辑(E) 格式(O) 查看(V) 帮助(H)
{
   "one":{
          "firstName":"Bill",
          "lastName":"Gates"
   },
   "two":{
          "firstName":"George",
          "lastName":"Bush"
   },
   "three":{
          "firstName":"Thomas",
          "lastName":"Carter"
   }
}
```

图 8-3　"import.json"文件中的内容

在执行 mongoimport 命令之前，首先需要查看 MongoDB 中数据库的信息，效果如图 8-4 所示。

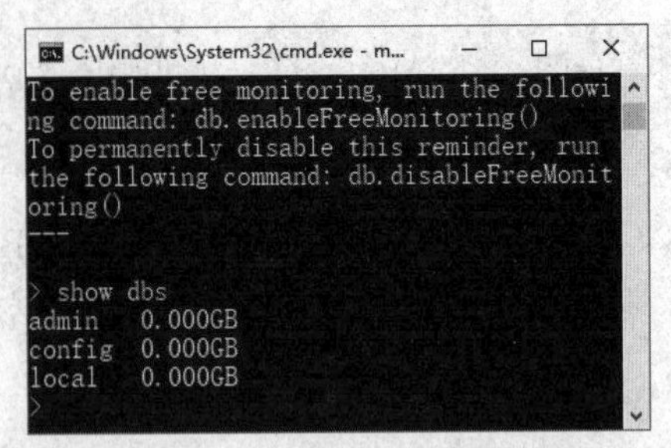

图 8-4　查看 MongoDB 中数据库的信息

然后退出 MongoDB，执行 mongoimport 文件导入命令，结果如图 8-5 所示。

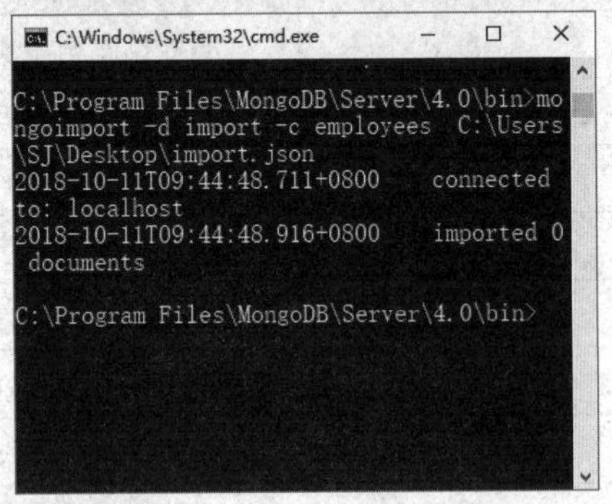

图 8-5　mongoimport 执行结果

进入数据库验证是否导入成功，效果如图 8-6 所示。

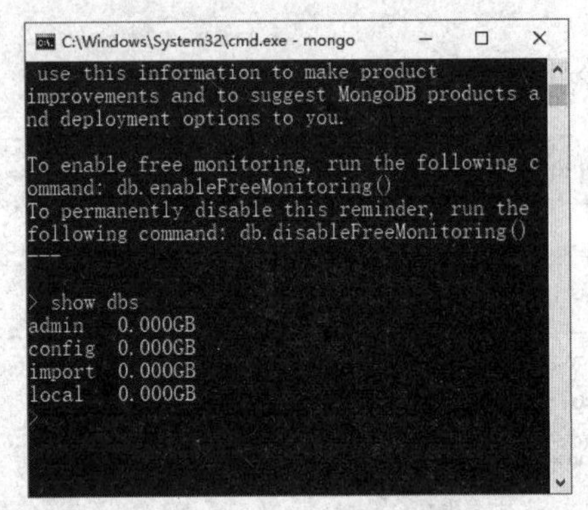

图 8-6　验证是否导入成功

从图 8-6 中可以看出，import 数据库已经创建成功。进入 import 数据库进一步验证导入是否成功，如图 8-7 所示。

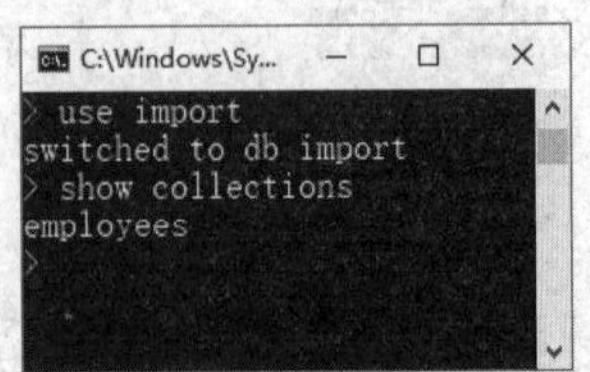

图 8-7　验证导入是否成功

从图 8-7 中可以看出，使用导入命令的集合同样创建成功。最后，将内容和 JSON 文件进行比对，如图 8-3 与 8-8 所示。

```
C:\Windows\System32\cmd.exe - mongo
> db.employees.find().pretty()
{
        "_id" : ObjectId("5bbeae03501c27e8bbc5e1a8"),
        "one" : {
                "firstName" : "Bill",
                "lastName" : "Gates"
        },
        "tow" : {
                "firstName" : "George",
                "lastName" : "Bush"
        },
        "three" : {
                "firstName" : "Thomas",
                "lastName" : "Carter"
        }
}
>
```

图 8-8　employees 集合中所有文档的内容

通过两图的对比可以看出，JSON 文件和 MongoDB 数据库中的信息一致，证明 mongoimport 方法可以将 JSON 文件导入到 MongoDB 数据库中。

提示：在进行大的 JSON 文件导入时，会遇到文件内容导入不完全，且只能导入 1000 条数据的情况，扫描二维码，一起来学习解决的办法吧！

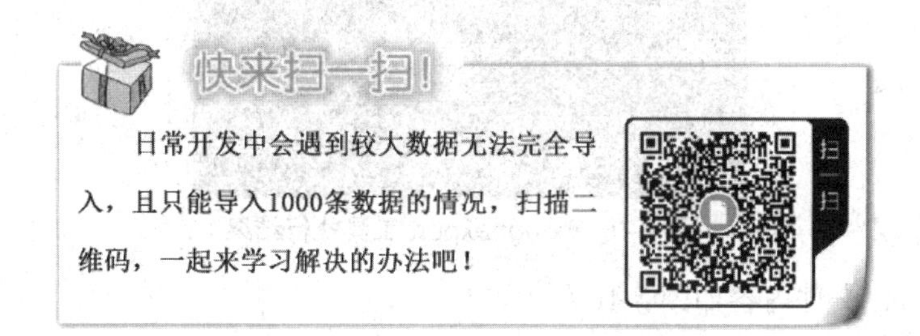

2. 数据库导出

上面介绍了将 CSV、JSON 和 TSV 文件导入至 MongDB 数据库中的方法，如果需要将 MongDB 数据库中的数据转存为 CSV、JSON 和 TSV 文件时应该如何处理呢？

MongoDB 为用户提供了一个导出工具 mongoexport 用来将数据库文件导出为 CSV 和 JSON 文件。mongoexport 常用参数如表 8-2 所示。

表 8-2　mongoexport 常用参数

参数选项	含义
-h	指明数据库宿主机的 IP
-u	指明数据库的用户名
-p	指明数据库的密码
-d	指明数据库的名字
-c	指明 collection 的名字
-f	指明要导入哪些列

续表

参数选项	含义
-o	指明要导出的文件名
-q	指明导出数据的过滤条件

下面通过一个案例加深对 mongoexport 工具的了解。将上面导入的数据库导出，然后与原始的 JSON 文件进行比对。

使用 mongoexport 工具进行导出，命令如下所示。

```
mongoexport –d import –c employees -o C:\Users\SJ\Desktop\export.json
```

代码执行结果如图 8-9 所示。

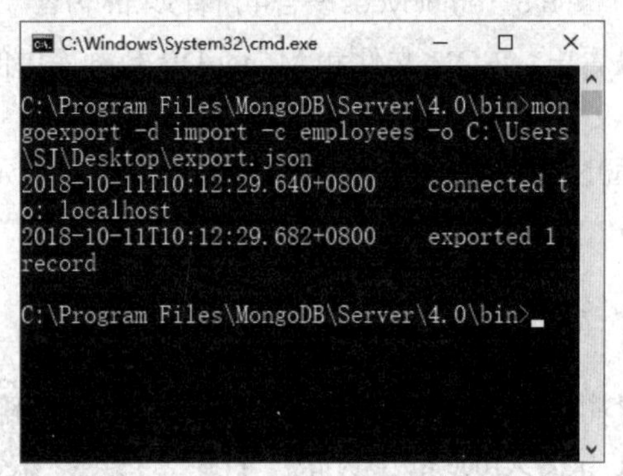

图 8-9 mongoexport 工具执行结果

"export.json"文件内容如图 8-10 所示。

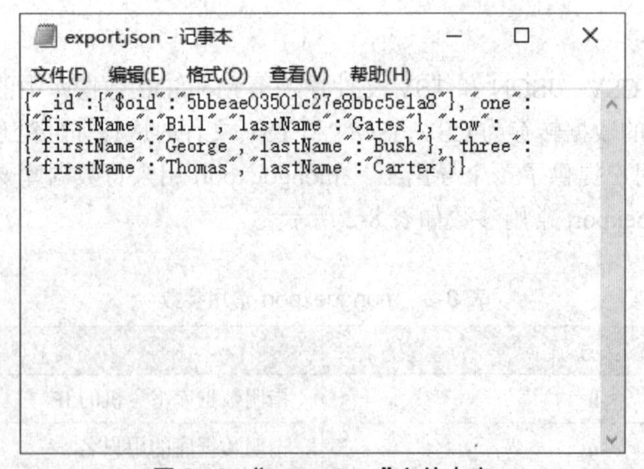

图 8-10 "export.json"文件内容

通过对比"export.json"和"import.json"两个 JSON 文件的内容可以发现，两个文件唯一的不同点在于：导出的 JSON 文件（export）会增加"_id"这个字段，而原本的 JSON 文件 (import) 没有"_id"这个字段。而"_id"字段是 MongoDB 分配的字段，因此可以得知，mongoimport 和 mongoexport 是一个互逆的过程。

技能点二　数据库备份与恢复

无论使用何种数据库，为了防止数据损坏而造成不可挽回的损失，都需要对数据库进行定期的备份。在 MongoDB 数据库中，同样如此。对系统进行定期备份是很重要的。对于可能面临的数据丢失问题，备份是很好的保护措施。

MongoDB 数据库为用户提供了三种备份方式，分别为使用文件系统快照、复制数据文件与使用 mongodump 备份。虽然备份的方法有三种，但是无论采取什么样的备份方式，备份的操作都会使系统的负担增大，因此建议在空闲时段（不使用系统的时段）对数据库进行备份。

1. 使用文件系统快照

在上述的三种备份方式中，使用文件系统快照是最为方便快捷的备份方式。

“快照”（snapshot）这一名词最早出现在照相技术中，指的是一种用时较短的冲洗照片的方法，后来该名词被广泛应用于计算机技术中。随着存储技术的发展，越来越多的用户需要对数据进行备份，以防止因为失误导致的数据丢失，快照技术由此诞生。Snapshot 快照如图 8-11 所示。

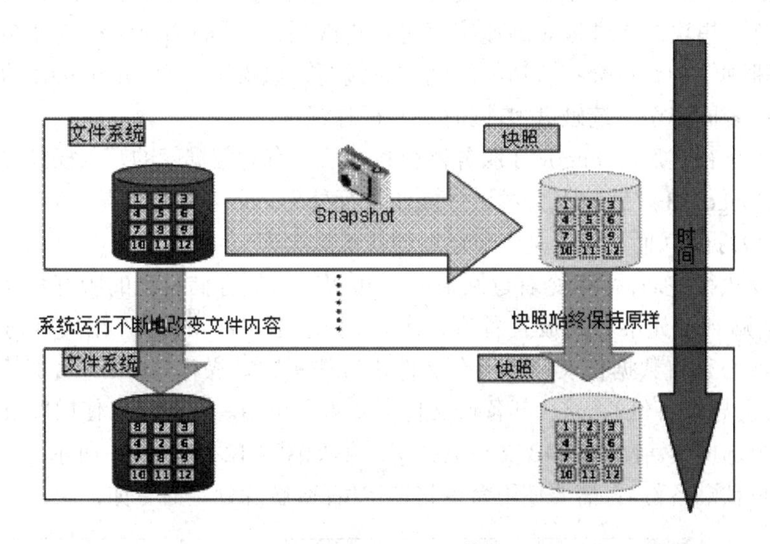

图 8-11　Snapshot 快照

在计算机领域，快照是指对整个系统在某个时间点上的状态进行存储。常见的快照是系统快照，是指对整个系统的状态进行存储，在系统出现故障时，可以使用快照将整个系统恢复至拍摄快照的状态。在存储技术发展的过程中，快照技术也应用到了数据库领域。

使用文件系统快照进行备份尽管很便捷，但是要使用这种方式，必须满足两个条件：第一，文件系统本身支持快照技术；第二，在运行 MongoDB 服务器时必须开启日志系统（journaling）。

文件系统快照的原理是：由于 MongoDB 数据库存在于文件系统之上，对文件系统进行快照备份，就相当于将整个 MongoDB 数据库进行了快照备份；在需要还原时，只需要将整个文件系统还原即可。

在进行文件系统还原时需要注意，一定要确保 MongoDB 的服务器没有在运行过程中。由于文件系统不同，所以恢复快照的命令也不同，但是本质上都是恢复快照，然后启动 MongoDB 服务器。

2. 复制数据文件

备份数据库的第二种方式是复制存放数据文件夹下的所有文件。此方法不仅可以用在 MongoDB 数据库中，还可以用在所有数据库中。

由于在数据库使用过程中数据可能会一直处于变化状态，所以在采用此方法时，需要先将数据库上锁。数据库上锁的命令如下。

```
db.fsyncLock()
```

此命令会将数据库锁定，禁止所有的数据文件的写入，并会对数据库进行同步。其实就是将所有的“脏页”存储到磁盘中，用来保证数据库中的文件是最新的，而且对其上锁，使其在解锁前不会更改。

而“脏页”是 Linux 系统内核中的概念。系统为了提高读写速度，会将读写比较频繁的数据（例如数据库数据）提前存放至内存中，而这种缓存被称为“高速缓存”。高速缓存的单位是“页”，当一些软件或进程对高速缓存进行更改后，此页的高速缓存就被系统内容标记为“脏页”，“脏页”的数据会在合适的时间被系统写入磁盘中。而 MongoDB 的 fsyncLock() 方法就是将内容同步至系统磁盘中，同时对其进行锁定。

当此命令运行之后，MongoDB 服务器会将之后所有对数据库的写入操作放置于等待队列，并且在 MongoDB 解锁前不会对这些操作进行处理。需要注意的是，该命令会停止所有的 MongoDB 数据库（而不仅仅是当前已经连接的数据库）的写操作。

当该命令执行完成后（命令有返回值），就可以对数据存储目录的所有数据文件进行拷贝，并将其粘贴到预先准备的放置备份目录（该目录由用户指定）。在执行拷贝粘贴操作时，需要注意：必须将数据目录中的所有文件进行拷贝粘贴操作，如果遗漏了其中的文件或者是文件夹，会导致备份的失败，其备份文件会变得不可用。在此建议使用“Ctrl+A”组合键对文件进行全选操作。MongoDB 文件夹拷贝粘贴如图 8-12 与图 8-13 所示。

完成拷贝粘贴备份后，需要使用命令将锁定解除，解除锁定命令如下。

```
db.fsyncUnlock();
```

在完成此命令后（命令行有正常返回值），MongoDB 服务器会开始正常的处理写入操作。

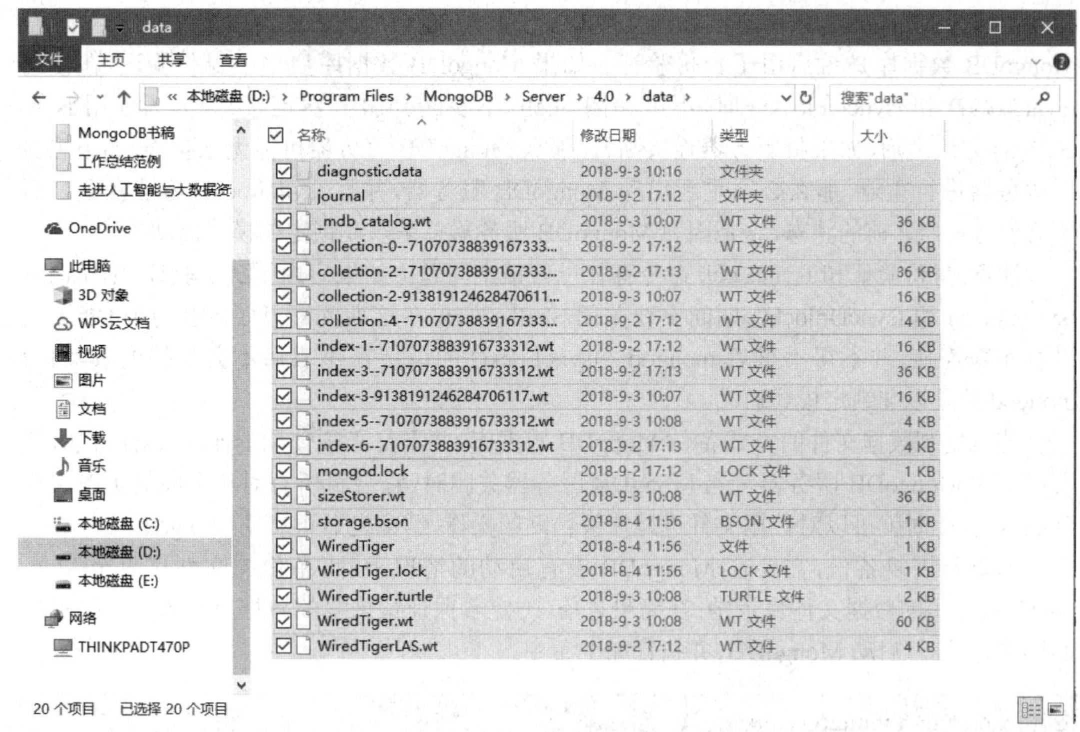

图 8-12　全选 MongoDB 数据文件并进行拷贝

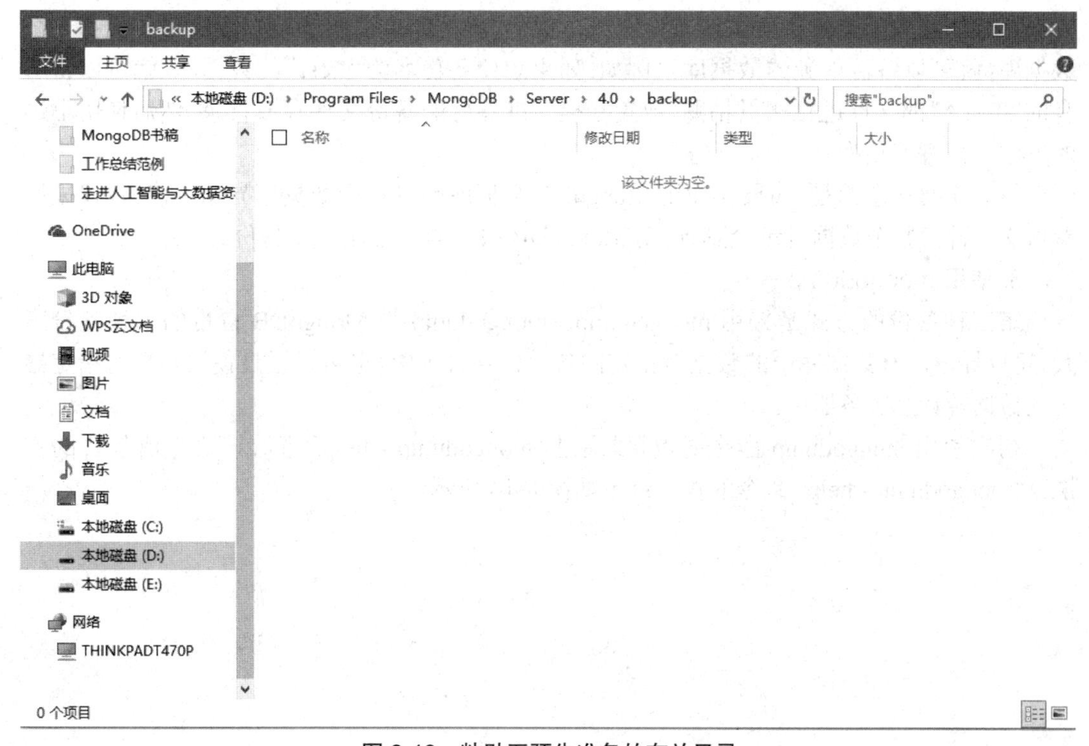

图 8-13　粘贴至预先准备的存放目录

上述为 MongoDB 采用复制数据文件的备份方式，在使用此方法时需要注意一点，就是 MongoDB 数据库是否启用了身份验证。如果 MongoDB 数据库启用了身份验证，在使用 fsyncLock() 和 fsyncUnlock() 时，不可关闭 Shell（不要断开服务器连接）。因为使用 fsyncLock() 方法之后，如果将服务器连接断开，那么 MongoDB 服务器可能无法重连，如果想要对服务器进行重连，那么必须重新启动 MongoDB 服务器，并且 fsyncLock() 方法在重启后不会保持重启之前的状态，这是因为 MongoDB 服务器总是以非锁定的模式启动。

注意：身份验证和 fsyncLock 命令存在一些锁定问题。如果启用了身份验证，则在调用 fsyncLock() 和 fsyncUnlock() 期间不要关闭 Shell。如果在这期间断开了连接，则可能无法进行重新连接，并不得不重启 mongod。fsyncLock() 的设定在重启后不会保持生效，因为 mongod 总是以非锁定模式启动。

使用复制数据文件的方式备份 MongDB 数据库，并不是必须使用 fsyncLock() 方法，还可以关闭 MongoDB 服务器。当 MongDB 服务器关闭时，它会将所有对数据库的更改保存到磁盘中，此时就可以对数据文件进行拷贝粘贴的操作，结束之后再启动 mongod。

如果要恢复备份，需要在 MongoDB 没有启动的情况下，将备份的文件拷贝至 MongoDB 数据库的数据文件目录中；在拷贝之前，一定要保证待恢复的数据目录为空。拷贝粘贴操作完成后，启动 MongoDB，并执行如下命令。

```
mongod –f mongod.conf
```

如果在执行过程中存在警告信息，可以直接忽略。

该方法相较于文件磁盘系统备份有一个优势，就是如果很明确地知道需要备份哪一个数据库，就可以备份单独的数据库。例如：如果想要备份名为“Test”的数据库，就可以将所有的“Test.*”的文件进行拷贝粘贴，放置在提前准备好的备份文件存放目录，然后使用上述的方法进行备份和恢复操作。

最后需要注意的是，如果在使用 MongoDB 数据库的过程中数据库异常退出，建议采用备份文件替换整个数据目录，然后启动 MongoDB 服务器的方法恢复备份。

3. 使用 mongodump

第三种备份的方式是采用 mongodump。mongodump 是 MongoDB 自带的一种备份工具，可以导出所有数据库中的数据至指定的备份保存目录中，也可以通过使用参数将指定导出的数据转存至服务器中。

初次使用 mongodump 命令时，可以通过“mongodump --help”查看该命令所包含的方法。“mongodump --help”命令的执行结果如图 8-14 所示。

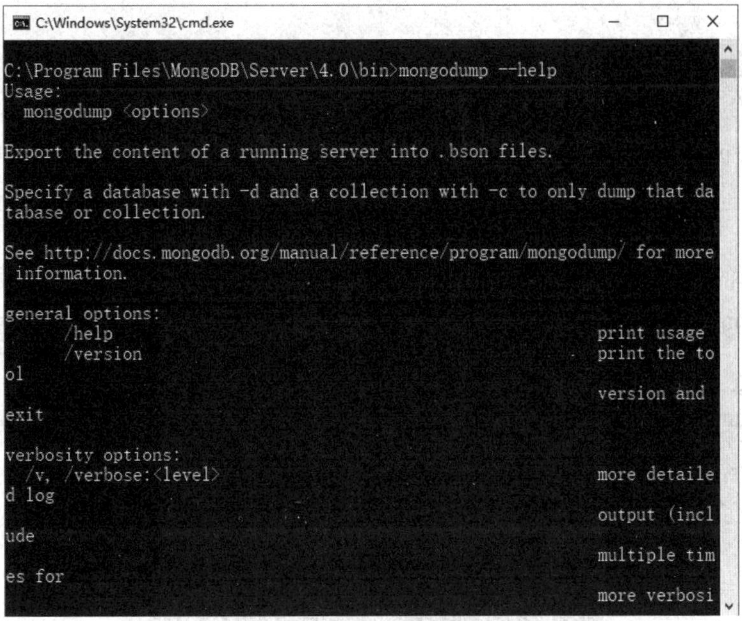

```
C:\Windows\System32\cmd.exe

C:\Program Files\MongoDB\Server\4.0\bin>mongodump --help
Usage:
  mongodump <options>

Export the content of a running server into .bson files.

Specify a database with -d and a collection with -c to only dump that da
tabase or collection.

See http://docs.mongodb.org/manual/reference/program/mongodump/ for more
 information.

general options:
      /help                                              print usage
      /version                                           print the to
ol
                                                         version and
exit

verbosity options:
  /v, /verbose:<level>                                   more detaile
d log
                                                         output (incl
ude
                                                         multiple tim
es for
                                                         more verbosi
```

图 8-14　“mongodump--help”命令的执行结果

由于该命令的选项过多，在此只介绍常用的选项，如表 8-3 所示。

表 8-3　mongodump 常用选项

命令	全称	默认值	参考释义
	--help		查看 mongodump 命令的使用帮助
	--version		返回 mongodump 的版本号
-h	--host <hostname><:port>	localhost:27017	指定 mongod 要连接的主机名及端口号
	--port <port>	27017	指定 MongoDB 实例监听客户连接的 TCP 端口号
-u	--username <username>		指定用于 MongoDB 数据库认证的用户名，与“--password”和“--authenticationDatabase”参数结合使用
-p	--password <password>		指定用于 MongoDB 数据库认证的密码。与“--username”和“--authenticationDatabase”参数结合使用
-d	--db <database>		指定要备份的数据库。如果不指定，mongodump 会将此实例中的所有数据库备份
-c	--collection <collection>		指定要备份的集合。如果不指定，则会将指定数据库或实例中的所有集合备份。
	--gzip		3.2 版本 +，压缩输出，如果 mongodump 指定导出到目录，则该参数会将每个文件都压缩，并添加“.gz”后缀；如果 mongodump 指定导出到文档或标准输出流，则该参数会压缩到文档或输出流中

续表

命令	全称	默认值	参考释义
-o	--out <path>		指定导出数据的目录路径。如不指定，则 mongodump 默认将文件输出到 dump 所在的工作目录中。该选项不能和“--archive”参数一起使用

通过下面的一个示例，可以更好地了解如何使用 mongodump 命令完成数据库的备份。在示例中，将 import 数据库保存至指定的目录下（C:\Users\SJ\Desktop\backup），命令如下所示。

```
mongodump –d import –o  C:\Users\SJ\Desktop\backup
```

代码运行结果如图 8-15 所示。

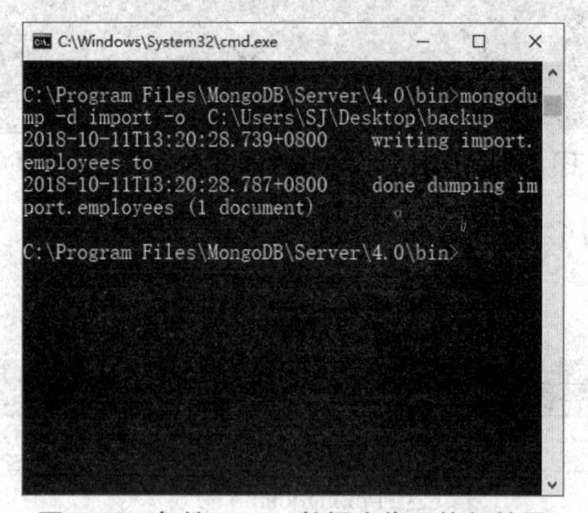

图 8-15　备份 import 数据库代码执行结果

代码具体执行结果如图 8-16 所示。

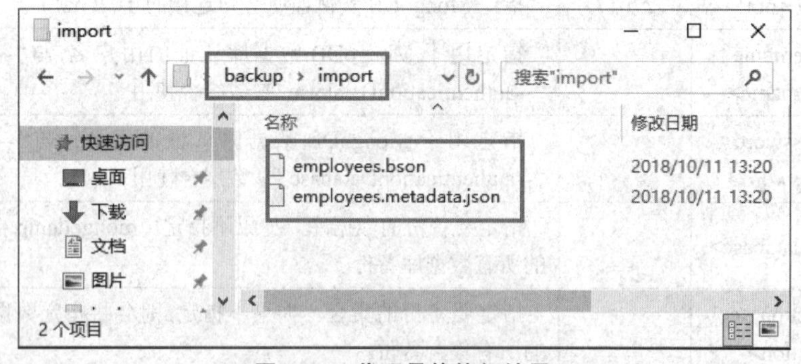

图 8-16　代码具体执行结果

从图中可以看出，import 生成了两个文件：“employees.matadata.json”为恢复数据的索引文件；“employees.bson”文件中存放的是真正的数据，在该文件中依次存储了集合中的所有文档。MongoDB 还提供了 bsondump 工具用于查看“.bson”文件。bsondump 工具使用命令如下所示。

```
bsondump C:\Users\SJ\Desktop\backup\import\employees.bson
```

执行结果如图 8-17 所示。

```
C:\Windows\System32\cmd.exe
C:\Program Files\MongoDB\Server\4.0\bin>bsondump C:\Users\SJ\Desktop\backup\import\employees.bson
{"_id":{"$oid":"5bbeae03501c27e8bbc5e1a8"},"one":{"firstName":"Bill","lastName":"Gates"},"tow":{"firstName":"George","lastName":"Bush"},"three":{"firstName":"Thomas","lastName":"Carter"}}
2018-10-11T13:25:08.366+0800    1 objects found

C:\Program Files\MongoDB\Server\4.0\bin>
```

图 8-17　使用 bsondump 工具查看“.bson”文件执行结果

通过使用 mongodump 命令，知道了如何对数据库进行备份，那么如何对备份的数据进行恢复呢？在 MongoDB 中，使用另外一个工具 mongorestore 可以对使用 mongodump 备份的数据进行恢复。

将以上创建的 import 数据库删除，之后使用 mongorestore 工具对之前 import 数据库备份内容进行恢复。命令如下所示。

```
mongorestore  -d import C:\Users\SJ\Desktop\backup\import
```

执行结果如图 8-18 所示。

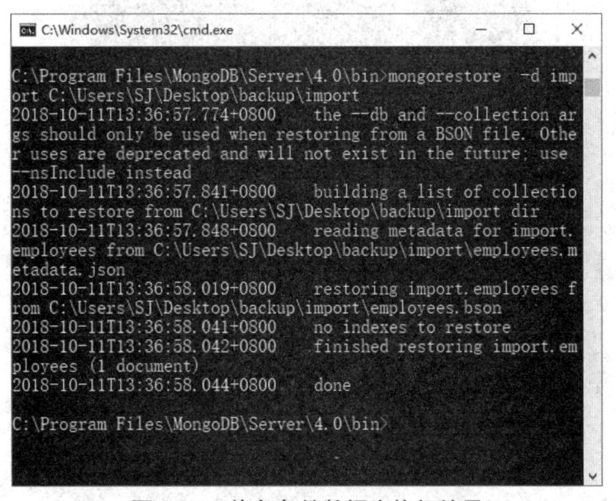

图 8-18　恢复备份数据库执行结果

完成命令后，进入 MongoDB 数据库对内容数据库进行查看，结果如图 8-19 所示。

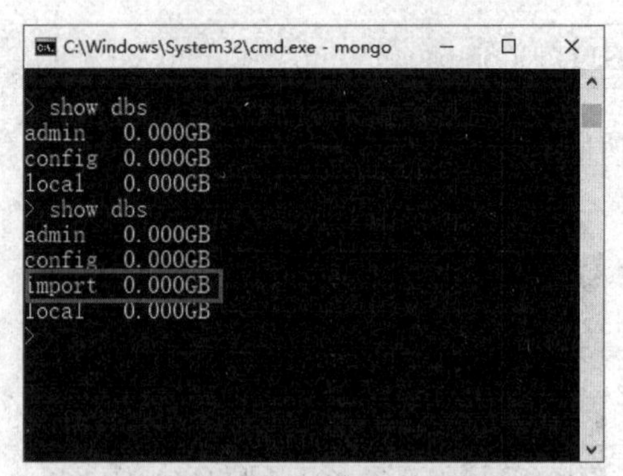

图 8-19　数据库备份恢复结果

从图中可以看出，数据库已经被成功恢复。通过上面的示例，简单地介绍了 mongorestore 的用法。在今后的使用过程中，结合表格中的参数并按照 mongorestore 语句的格式，就可以完成相关的操作。

事物的存在总具有双面性，mongodump-mongorestore 备份恢复的方式也一样。其最大的弊端就是备份和恢复的速度相较于前面两种方式（使用文件系统快照和复制数据文件）较慢，但是其优点依然明显：可以单独备份单个数据库、集合甚至子集，使用便捷等。因此如果要对数据库进行备份，尽量采用第三种（mongodump）方式，避免操作不当引起的数据丢失与备份失败。

最后，如果想要使用 mongodump 备份所有的数据库，只需运行 mongodump 命令即可。该命令执行完成后，mongodump 会在当前的目录（你所在的目录）下建立一个转存的目录，其中就包含了所有的备份数据，因此建议先建立一个存放备份的文件夹，然后进入该目录下执行备份命令。执行结果如图 8-20 所示。

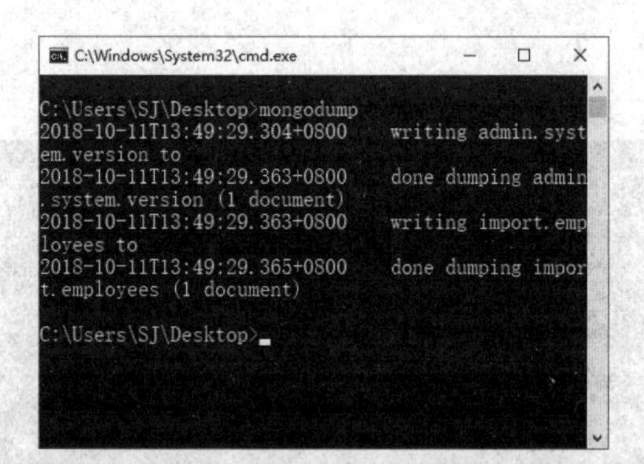

图 8-20　使用 mongodump 备份全部数据的执行结果

等待备份执行完成之后，就可以在数据目录中查看备份的结果了，备份结果如图 8-21 所示。

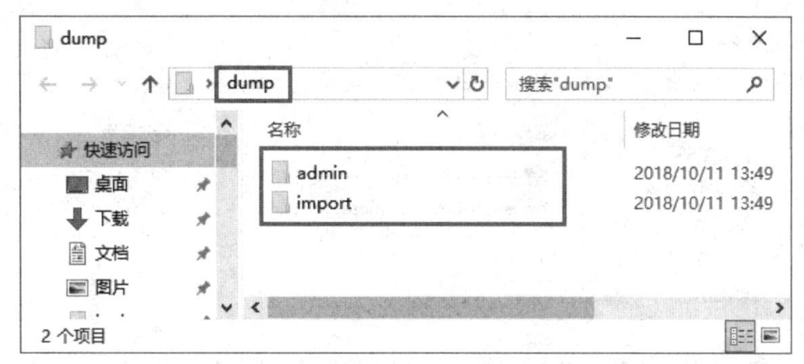

图 8-21　查看备份文件所在位置

从图 8-21 中可以看出，MongoDB 数据库中的两个数据库已经被备份完毕，并出现在指定目录的指定位置。

技能点三　数据库压缩与修复

1. 数据库压缩

在技能点二中，已经介绍过 mongodump 和 mongorestore 两个命令，一个用于备份数据，另一个用于恢复数据，但是它们不仅仅用于数据的备份和恢复，还可以用于数据库的压缩和解压缩。其中 mongodump 工具可以将数据库最终压缩成为“.gz”的格式。压缩数据库可以很好地节省硬盘的空间，尤其是在硬盘空间紧张但又需要备份，或者是数据库过大，备份会占用大量硬盘空间的情况下尤其见效。数据库压缩的命令如下所示。

```
mongodump –d import –o C:\Users\SJ\Desktop\backup --gzip
```

代码执行结果如图 8-22 所示。

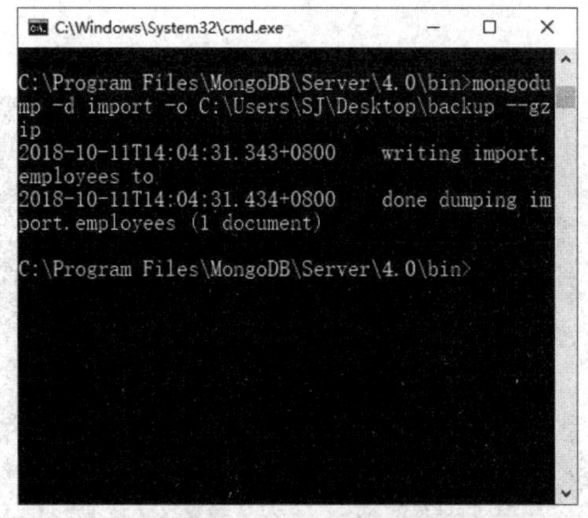

图 8-22　压缩数据库结果

进入文件夹下，查看压缩的数据库文件结果，如图 8-23 所示。

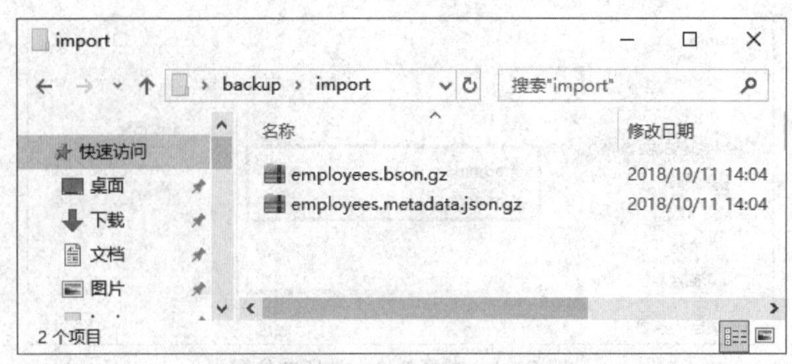

图 8-23 数据库压缩的结果

需要注意的是，如果数据库内文档较少，文件较小，不建议使用压缩命令。因为当数据库内容特别少时，压缩命令会使用压缩算法将文件压缩，反而会导致压缩出的文件比原文件要大。

提示：想要了解或学习更多的关于“.gz”格式压缩的相关知识，请扫描二维码，获得更多信息。

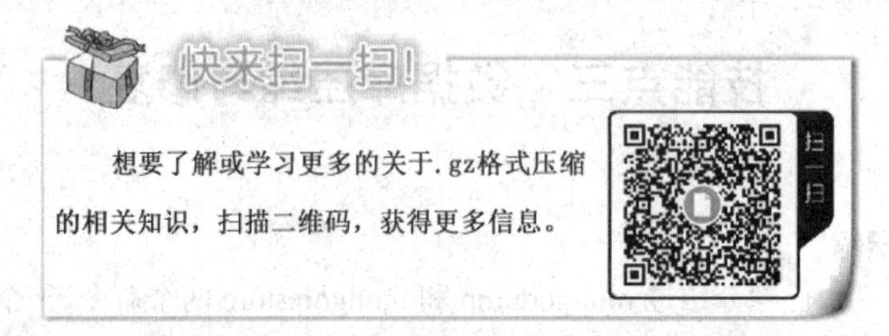

2. 数据库修复

在了解数据库压缩命令之后，还需要知道如何对压缩的数据库文件进行恢复。恢复已经压缩的数据库的命令十分简单，可以使用 mongostore 工具中的 --gzip 参数。在使用 mongostore 进行解压缩之前，需要将 MongoDB 中存在的 import 数据库删除，然后使用恢复命令进行恢复。命令如下所示。

```
mongorestore -d import C:\Users\SJ\Desktop\backup\import --gzip
```

执行结果如图 8-24 所示。

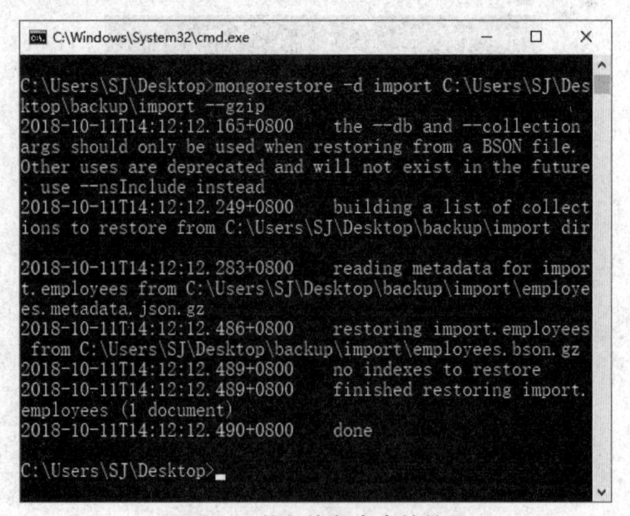

图 8-24 执行恢复命令的结果

命令完成之后，就可以进行数据库验证已经删除的 import 数据库是否已经恢复完成。效果如图 8-25 所示。

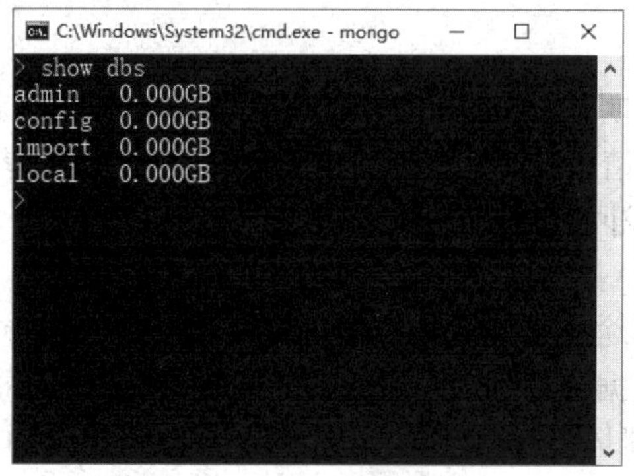

图 8-25　数据库恢复完成

技能点四　分片的应用

大数据量和高吞吐量的数据库应用会加大单机负载，庞大的查询量会耗尽单机 CPU 和内存资源，最终会将压力转移到磁盘 IO。MongoDB 的分片技术可以将大型集合分割到不同服务器或集群来降低大数据量和高吞吐量给单机带来的负荷。

1. 分片简介

分片（sharding）是 MongoDB 用来将大型集合分割到不同服务器或集群所采用的方法。也可使用分区（partitioning）表示。分片的意义在于将大型的数据集分片来进行存储，以避免单个服务器因为磁盘容量过小而无法存储大型数据集的状况。分片分为手动分片与自动分片。

1）手动分片

手动分片是指需要维护人员使用命令对数据库进行分片。常用的几种数据库都支持手动分片。使用分片后的数据库开发的应用程序，需要保持各个数据库的独立连接。应用程序需要分开管理这几个数据库，同时需要对业务进行判断从而在合适该业务的数据库上进行数据的操作。手动分片的方式可以让应用程序与不同数据库之间很好地工作，但是难以维护。例如：如果想要对集群进行节点的删除或者添加，实现的方式都比较困难。并且开发人员需要手动调整参数，且需要考虑如何进行负载均衡。

2）自动分片

与传统数据库不同，MongoDB 支持自动分片。自动分片的特点是应用程序对数据库的架构不可见。这表明，即便 MongoDB 数据库采用了多服务器集群，应用程序也像使用单机一样使用 MongoDB 数据库。

手动分片与自动分片的最大区别在于后者只需通过配置告知 MongoDB 对数据进行分片，它就能自动维护数据在不同服务器之间的均衡，将数据分散到不同的机器上来应对大数据量和高吞吐量的数据库应用对单机造成的过载。

2. 分片集群优势

在 MongoDB 中，分片集群的存在给开发者进行数据库的操作及内容的存储提供了非常大的便利，具体如下。

（1）易用性

MongoDB 自带一个叫作 mongos 的专有路由进程。mongos 就是掌握统一路口的路由器，其会将客户端发来的请求准确无误地路由到集群中的一个或者一组服务器上，同时会把接收到的响应拼装起来发回客户端。

（2）可靠性

MongoDB 通过多种途径来确保集群的可用性和可靠性。将 MongoDB 的分片和复制功能结合使用，在确保数据分片到多台服务器的同时，也确保了每份数据都有相应的备份，这样就可以确保有服务器坏掉时，其他的副本可以立即接替坏掉的部分继续工作。

（3）易于扩展

当系统需要更多的空间和资源的时候，MongoDB 允许人们按需方便地扩充系统容量。

3. 分片设计思想

分片技术为解决大数据量和高吞吐量问题提供了良好的解决方案，并能够减少处理的请求数，因此通过水平扩展可以提高集群的存储容量和吞吐量。举例来说，当插入一条数据时，应用只需要访问存储这条数据的分片。使用分片技术减少了每个分片存储的数据量。例如，如果数据库有 2 TB 的数据集和 4 个分片，然后每个分片可能仅持有 512 GB 的数据。如果有 40 个分片，那么每个分片可能只有 51 GB 的数据，如图 8-26 所示。

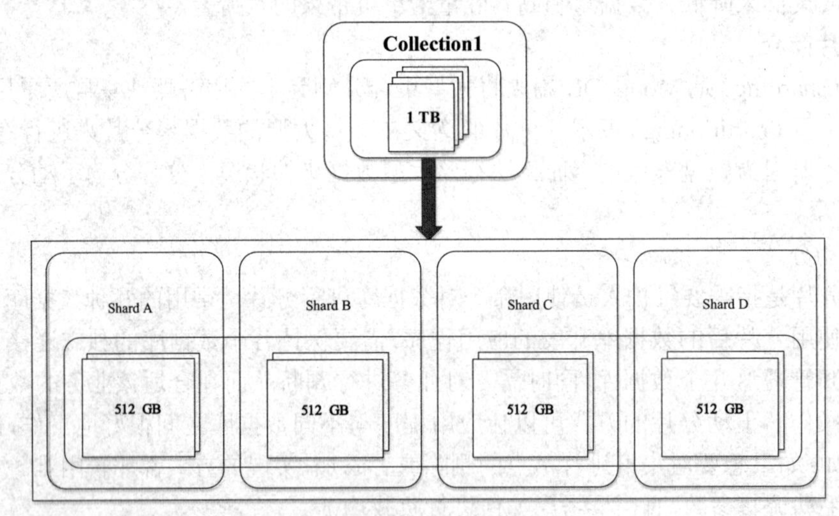

图 8-26　分片思想

4. 分片集群组建

MongoDB 用户可通过分片机制创建包含多台机器的分片集群，并将数据子集分散存储到集群的不同分片中，且每个分片都维护自己的数据集合。与单台服务器或副本集相比，使用分片集群架构能够使应用程序具有更大的数据处理能力。分片集群由分片、mongos 路由器、配置服务器组成，如图 8-27 所示。

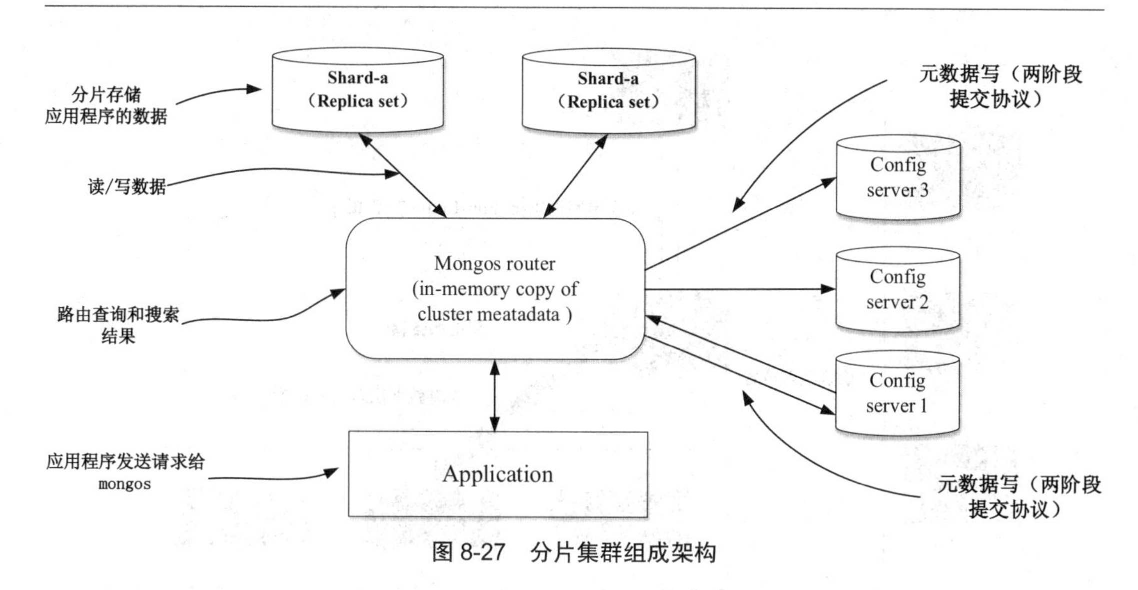

图 8-27　分片集群组成架构

（1）分片（shard）

在分片集群中存储应用程序的数据，只有 mongos 路由器或系统管理员有权限直接连接分片服务器节点。与单机部署一样，每个分片可以单独作为开发和测试的节点，但是生产环境下必须是一个可复制集。

（2）mongos 路由器（mongos router）

mongos 路由器如图 8-27mongos router 部分所示用来缓存集群中的元数据并可以直接转发所有读、写命令到正确的分片。mongos 能够提供客户端单点连接集群的方式，这使得集群使用与单点并无差别（这种方式也叫"集群不可见"）。当应用程序对作分片处理的数据集进行查询或写入时只需经过 mongos，如图 8-28 所示为 mongos 根据片键字段对应的配置信息直接找出对应的位置进行读写并回传给应用端，不过，若查询条件不包含片键字段的话，mongos 仍须到所有分片中查找数据，效率较低。

（3）配置服务器（config server）

由于 mongos 进程是非持久化的，这就需要使用配置服务器完成元数据的存储，如图 8-27 Config server 所示。这些元数据包含全局的集群配置信息以及保存跨片数据迁移历史的第一个修改日志，mongos 每次启动都会从配置服务器获取元数据并进行拷贝。没有这些数据和配置信息，就没有办法完整预览整个集群。

5. Chunk 数据块

在 shard server（分片服务器）内部，MongoDB 会把数据切分为若干个 chunk，每个 chunk 代表这个 shard server 内部一部分数据。Chunk 由以下两种产生方式。

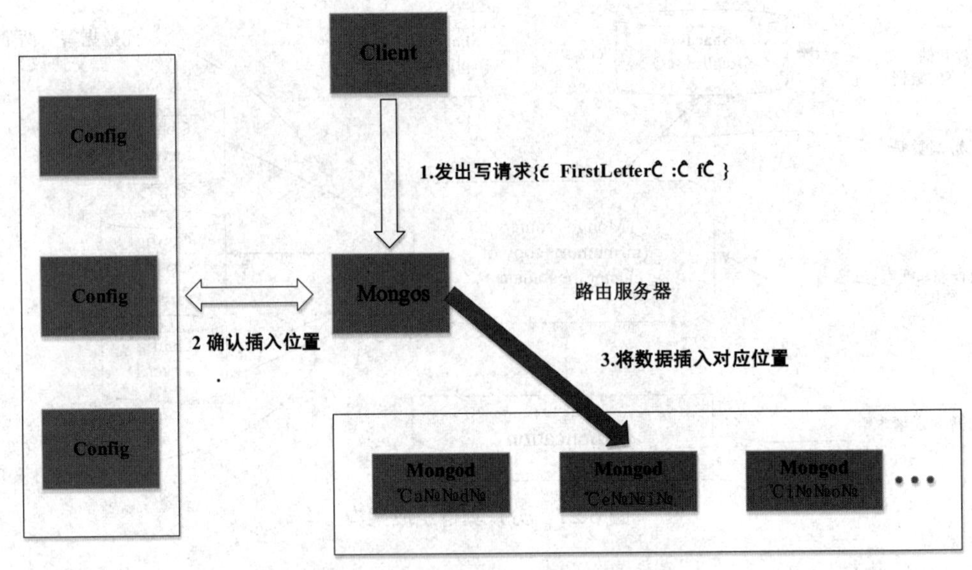

图 8-28 根据片键字段找出对应位置

● chunk：当一个 chunk 中数据大小超过配置值时，MongoDB 后台进程会把该 chunk 切分成更小的 chunk，避免 chunk 占用过多资源。

● balancer：后台进程，负责 chunk 的迁移，用于保证集群中的数据分布均衡。

分片集群的数据分布特点如下：

● 使用 chunk 来存储数据；

● 进群搭建完成之后，默认开启一个 chunk，大小是 64 MB；

● 当存储需求超过 64 MB 时，chunk 会进行分裂，如果单位时间存储需求很大，设置更大的 chunk；

● chunk 会被自动均衡迁移。

当 chunk 中数据大小超过了配置的 chunk size 时（默认为 64 MB），则这个 chunk 就会自动分裂为两个。数据的增长会使 chunk 分裂数量越来越多，chunk 分裂如图 8-29 所示。

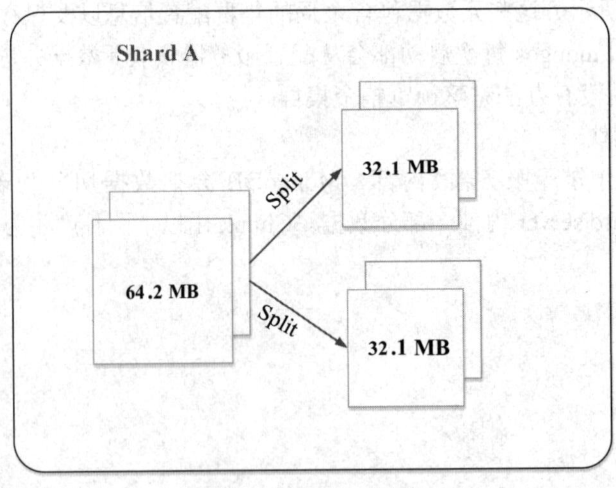

图 8-29 Chunk 分裂

当 chunk 分裂后，各个 shard 上的 chunk 会出现失衡的状态，mongos 中的一个组件 balancer 就会执行自动平衡，把 chunk 从 chunk 数量最多的 shard 节点移动到数量最少的 shard 节点，如图 8-30 所示。

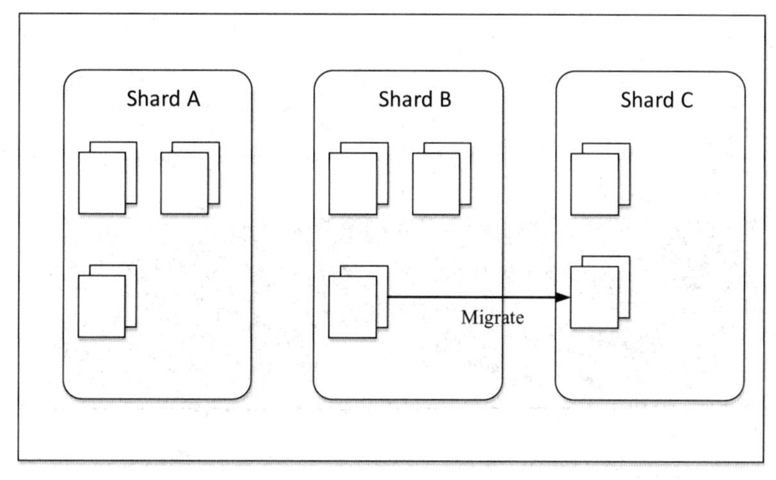

图 8-30　自动平衡

chunk 的自动分裂只在数据写入时触发。如果将 chunk size 改小，系统需要一定的时间来将 chunk 分裂到指定的大小，且 chunk 只能分裂，不能合并，所以即使将 chunk size 改大，已分裂出的 chunk 数量并不会减少，但 chunk 大小会随着写入不断增长，直到达到目标大小后再次分裂。

chunk 的大小在无特殊需求时，建议保持默认值（64 MB）。chunk 值太小，容易出现 jumbo chunk（即 shard key 的某个取值出现频率很高，这些文档只能放到一个 chunk 里，无法再分裂）而无法迁移；chunk size 太大，则可能出现 chunk 内文档数太多（chunk 内文档数不能超过 250000）而无法迁移。以上两种情况均会导致数据分布失衡。

技能点五　数据分区

1. 片键(shard key)

片键是指在集合中任意选择的一个键并用该键值作为数据拆分依据。MongoDB 中数据分片以集合为基本单位，集合中的数据通过片键（shard key）被分成若干部分。

片键必须是一个索引，在集合不存在的情况下使用 sh.shardCollection 会自动创建索引。一个自增的片键不利于数据的写入和均衡分布，因为自增的片键总会在一个分片上写入，达到设置的阈值后才会写入其他分片。但是按照片键查询会非常高效。

对集合进行分片时，每条记录都必须包含片键，MongoDB 会将建立了索引的单个字段或复合字段按照片键划分到不同的数据块中。

2. 以范围为基础的分片

sharded Cluster 支持将单个集合中的数据分散存储在多个 shard 上，用户可以根据集合内文档的某个字段即 shard key（片键）来进行范围分片（range sharding）。范围分片如图 8-31 所示。

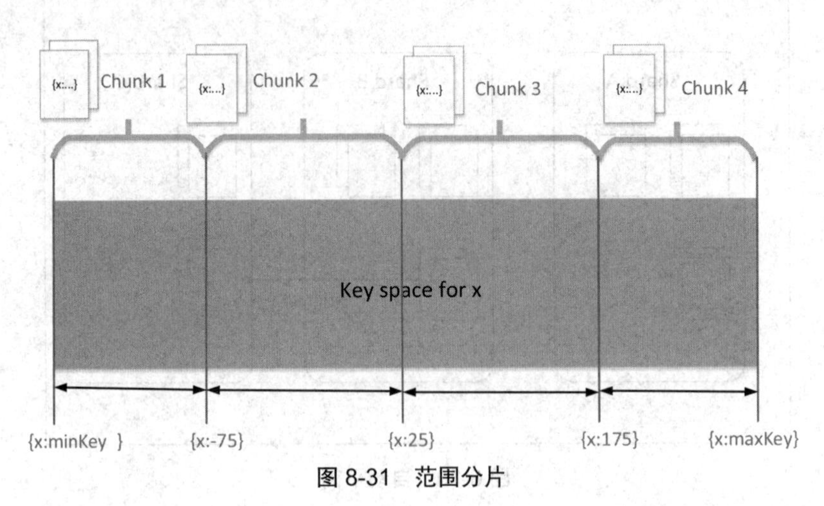

图 8-31　范围分片

MongoDB 按照片键的范围把数据分成不同部分，例如有一个从负无穷到正无穷的直线，每一个片键的值都是这条直线上的点。MongoDB 会把这条直线划分为更短且不重叠的片段，这些片段称为数据块，每个数据块都包含了片键在一定范围内的数据。在使用片键作范围划分的系统中，拥有“相近”片键的文档会有较大概率存储在同一个数据块中，因此也会存储在同一个分片中。

3. 基于哈希值的分片

MongoDB 在分片过程中可利用哈希值索引作为分片的单个键，且以哈希分片的片键只能使用一个字段，而基于哈希值片键能够保证数据在各个节的基本均匀分布。基于哈希值的片键如图 8-32 所示。

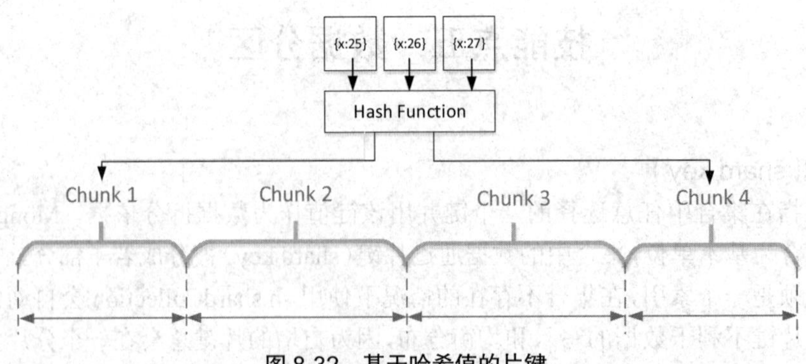

图 8-32　基于哈希值的片键

对于基于哈希的分片，MongoDB 计算一个字段的哈希值，并用这个哈希值来创建数据块。在基于哈希分片的系统中，拥有“相近”片键的文档很可能不会存储在同一个数据块中，因此数据的分离性更好一些。

Hash 分片与范围分片互补，能将文档随机地分散到各个 chunk；充分的扩展写能力，弥补了范围分片的不足，但不能高效地服务范围查询，所有的范围查询要分发到后端所有的 shard 才能找出满足条件的文档。

4. 分片键选择建议

使用分片是数据分发方式最关键的步骤，需要对 MongoDB 的数据分发机制非常了解，才能够选择适合分片的片键。在 MongoDB 中，片键有三种类型，分别为升序片键（ascending key）、随机片键和基于位置的（location-based）片键。

（1）升序片键

升序片键通常选用会随着时间稳定自增的字段如 data 或 ObjectId，它适合基于范围进行查询。

以使用 ObjectId 并依据升序片键做分片为例，集合会根据 id 范围拆分为多个块，当进行插入操作时新文档会插入到范围为 ObjectId("5112fa61b4a4b396ff87tfb") 到 $maxKey 的最大块中，每插入一个新文档它的 id 值就会比之前的 id 值更接近正无穷。如图 8-33 所示。

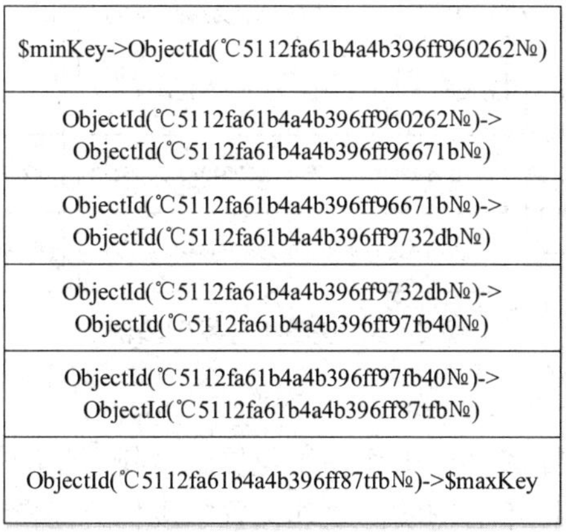

$minKey->ObjectId(℃5112fa61b4a4b396ff960262№)
ObjectId(℃5112fa61b4a4b396ff960262№)-> ObjectId(℃5112fa61b4a4b396ff96671b№)
ObjectId(℃5112fa61b4a4b396ff96671b№)-> ObjectId(℃5112fa61b4a4b396ff9732db№)
ObjectId(℃5112fa61b4a4b396ff9732db№)-> ObjectId(℃5112fa61b4a4b396ff97fb40№)
ObjectId(℃5112fa61b4a4b396ff97fb40№)-> ObjectId(℃5112fa61b4a4b396ff87tfb№)
ObjectId(℃5112fa61b4a4b396ff87tfb№)->$maxKey

图 8-33　升序片键

插入数据时 MongoDB 会将数据默认插入到较大数据块中。初始数据量较小时只有一个数据块，随着时间增长数据块数量增多，数据块会拆分为数据范围较小的数据块和范围较大的数据块。当再次插入新数据时只会向较大范围的数据块中插入，降低其写入性能，且其他数据块分裂后没有写入请求，空间利用率不高。最大数据块增长分裂如图 8-34 所示。

（2）随机片键

随机片键可以是用户名、邮件地址和 UDID（Unique Device Identifier，唯一设备标识）或无规律的键。

假设当前片键为 0 到 1 之间的随机数字，有三个分片，每个分片随机分发的块范围如图 8-35 所示。

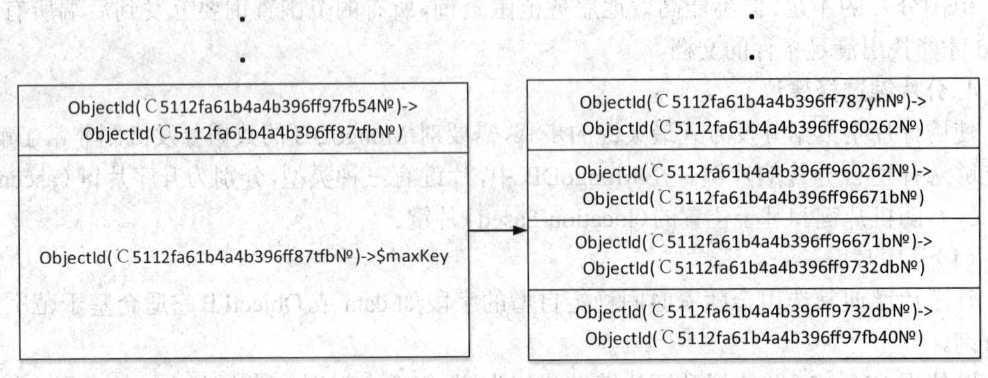

图 8-34 最大数据块增长分裂

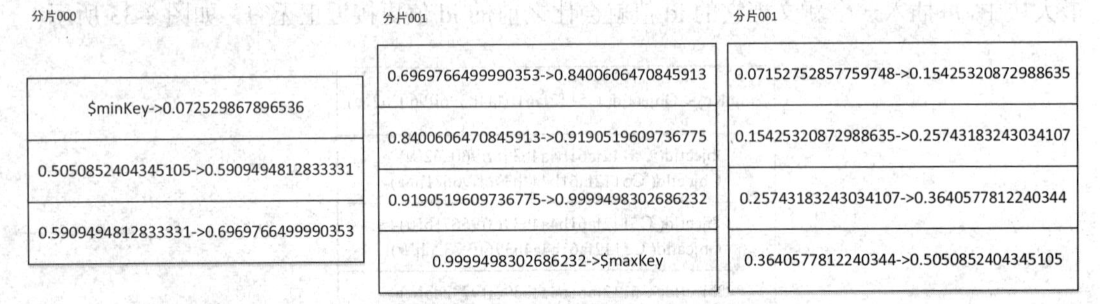

图 8-35 块随机分发到集群

(3)基于位置的片键

用户 IP、经纬度、地址等都可以用作基于位置的片键，这里的位置比较抽象，数据会根据位置进行分组，且位置片键不必与实际物理位置字段相关，所有与该键值较相近的文档都会保存到同一个文档中。这样就可以保证将数据与相关的用户或其他相关的数据保存到同一分块。

当一个集合中的文档按照 IP 地址进行分片时，文档会根据 IP 被分成不同的块，并随机分布在集群中，如图 8-36 所示。

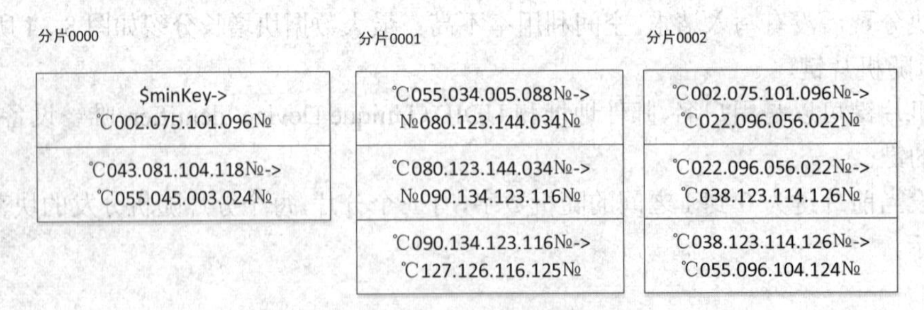

图 8-36 基于位置的片键

本项目通过如下步骤实现 Fettler 数据库安全运维。

第一步，在命令行中使用 MongoDB 导出命令，导出 Fettler 数据库数据。命令如下所示。

```
mongoexport -d Fettler -c User -o d:\data\User.json --type json -f "username,password,sex-,realname,address,phone,e_mail,registDate,activity"
```

结果如图 8-37 所示。

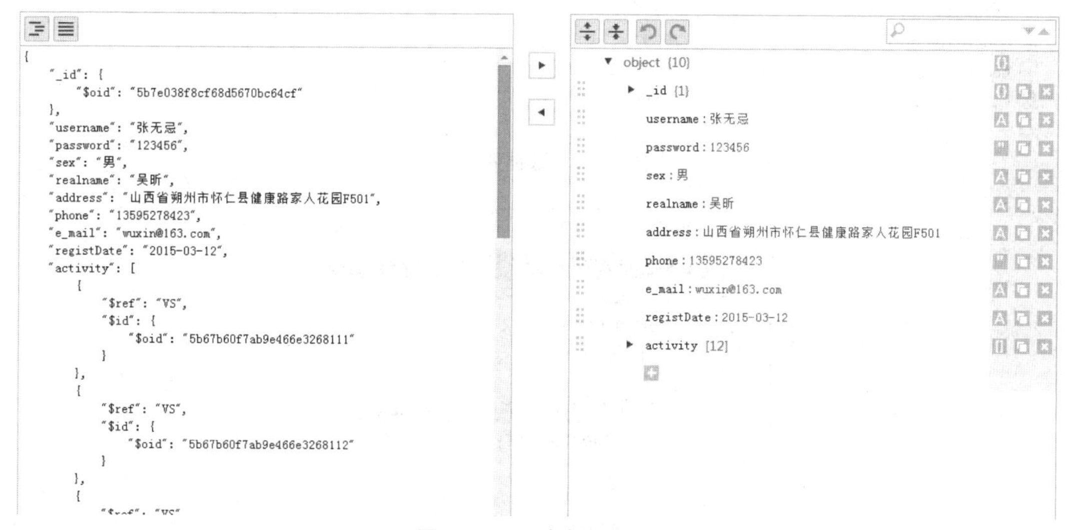

图 8-37　导出数据结果

第二步，在命令行中使用 MongoDB 备份命令，对 Fettler 数据库进行备份。命令如下所示。

```
mongodump -h 127.0.0.1:27017 -d Fettler -o d:\data\
```

结果如图 8-38 所示。

第三步，在命令行界面对备份的 Fettler 数据库进行恢复，并命名为“Fettlerback”，命令如下所示。

```
mongorestore -h 127.0.0.1:27017 -d Fettlerback --dir d:\data\Fettler
```

创建结果如图 8-39 所示。

▸ data ▸ Fettler

帮助(H)

刻录 新建文件夹

名称	修改日期	类型	大小
Admin.bson	2018/8/28 9:32	BSON 文件	1 KB
Admin.metadata.json	2018/8/28 9:32	JSON File	1 KB
CA.bson	2018/8/28 9:32	BSON 文件	2 KB
CA.metadata.json	2018/8/28 9:32	JSON File	1 KB
CRT.bson	2018/8/28 9:32	BSON 文件	1 KB
CRT.metadata.json	2018/8/28 9:32	JSON File	1 KB
Other.bson	2018/8/28 9:32	BSON 文件	2 KB
Other.metadata.json	2018/8/28 9:32	JSON File	1 KB
SM.bson	2018/8/28 9:32	BSON 文件	2 KB
SM.metadata.json	2018/8/28 9:32	JSON File	1 KB
SR.bson	2018/8/28 9:32	BSON 文件	4 KB
SR.metadata.json	2018/8/28 9:32	JSON File	1 KB
User.bson	2018/8/28 9:32	BSON 文件	4 KB
User.metadata.json	2018/8/28 9:32	JSON File	1 KB
VS.bson	2018/8/28 9:32	BSON 文件	3 KB
VS.metadata.json	2018/8/28 9:32	JSON File	1 KB

图 8-38 数据库备份

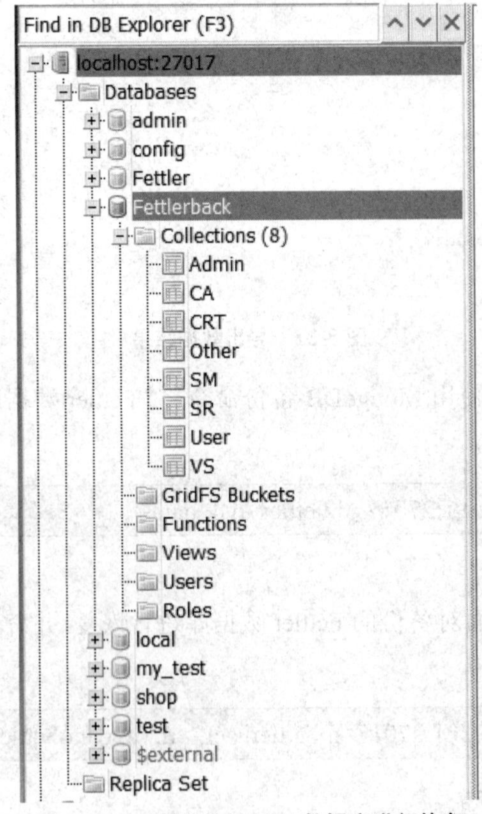

图 8-39 对备份的 Fettler 数据库进行恢复

第四步，在命令行界面对 Fettler 数据库数据进行压缩，命令如下所示。

```
mongodump-h 127.0.0.1:27017-archive=d:\data\Fettler.rar –db Fettler --gzip
```

创建结果如图 8-40 所示。

名称	修改日期	类型	大小
db	2018/8/28 9:46	文件夹	
Fettler	2018/8/28 9:32	文件夹	
log	2018/8/28 8:15	文件夹	
Fettler.rar	2018/8/28 16:19	WinRAR 压缩文件	6 KB
User.csv	2018/8/28 9:06	Microsoft Excel ...	5 KB
User.json	2018/8/28 8:55	JSON File	5 KB

图 8-40　压缩 Fettler 数据库

第五步，在数据库由于意外关闭或其他种种原因导致数据存储中的错误和不一致的地方，需使用“repairDatabase”命令进行数据库修复保证数据完整。命令如下所示。

```
mongo
db.repairDatabase()
```

结果如图 8-41 所示。

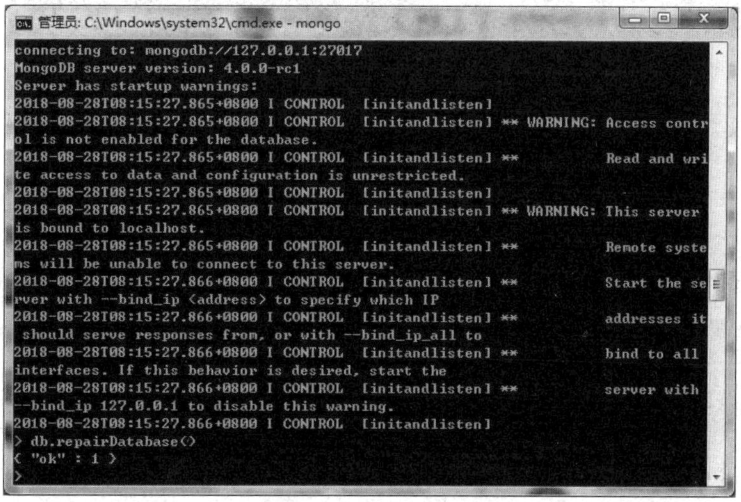

```
管理员: C:\Windows\system32\cmd.exe - mongo
connecting to: mongodb://127.0.0.1:27017
MongoDB server version: 4.0.0-rc1
Server has startup warnings:
2018-08-28T08:15:27.865+0800 I CONTROL  [initandlisten]
2018-08-28T08:15:27.865+0800 I CONTROL  [initandlisten] ** WARNING: Access contr
ol is not enabled for the database.
2018-08-28T08:15:27.865+0800 I CONTROL  [initandlisten] **          Read and wri
te access to data and configuration is unrestricted.
2018-08-28T08:15:27.865+0800 I CONTROL  [initandlisten]
2018-08-28T08:15:27.865+0800 I CONTROL  [initandlisten] ** WARNING: This server
is bound to localhost.
2018-08-28T08:15:27.865+0800 I CONTROL  [initandlisten] **          Remote syste
ms will be unable to connect to this server.
2018-08-28T08:15:27.866+0800 I CONTROL  [initandlisten] **          Start the se
rver with --bind_ip <address> to specify which IP
2018-08-28T08:15:27.866+0800 I CONTROL  [initandlisten] **          addresses it
 should serve responses from, or with --bind_ip_all to
2018-08-28T08:15:27.866+0800 I CONTROL  [initandlisten] **          bind to all
interfaces. If this behavior is desired, start the
2018-08-28T08:15:27.866+0800 I CONTROL  [initandlisten] **          server with
--bind_ip 127.0.0.1 to disable this warning.
2018-08-28T08:15:27.866+0800 I CONTROL  [initandlisten]
> db.repairDatabase()
{ "ok" : 1 }
>
```

图 8-41　修复数据库

第六步，以管理员身份登录 MongoDB 数据库并创建一个普通用户，赋予其数据库操作权限，命令如下所示。

```
mongo --port 27017 -u "myUserAdmin" -p "abc123" --authenticationDatabase "admin"
>use test
>db.createUser(
    {
        user: "testUser",
        pwd: "12345678",
        roles: [
            { role: "read", db: "children" },  #对children库有只读权限
            { role: "readWrite", db: "Fettler" }, #对Fettler库有读写权限
            { role: "readWrite", db: "test" } #对test库有读写权限
        ]
    }
)
```

结果如图 8-42 所示。

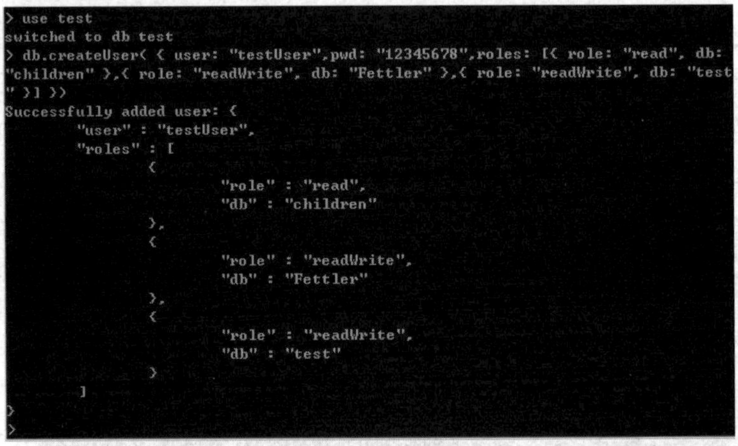

```
> use test
switched to db test
> db.createUser( { user: "testUser",pwd: "12345678",roles: [{ role: "read", db:
"children" },{ role: "readWrite", db: "Fettler" },{ role: "readWrite", db: "test
" }] })
Successfully added user: {
        "user" : "testUser",
        "roles" : [
                {
                        "role" : "read",
                        "db" : "children"
                },
                {
                        "role" : "readWrite",
                        "db" : "Fettler"
                },
                {
                        "role" : "readWrite",
                        "db" : "test"
                }
        ]
}
>
```

图 8-42　创建普通用户

第七步，使用新建用户“testUser”登录数据库，并尝试各数据库操作权限，命令如下所示。

```
mongo --port 27017 -u "testUser" -p "12345678"
>use children
>db.children.insert({name: "aaa"})
>use test
>db.test.insert({name: "aaa"})
```

结果如图 8-43 所示。

```
C:\Users\Administrator.Xt-201708021314.000>mongo --port 27017 -u "testUser" -p "
12345678"
MongoDB shell version v4.0.0-rc1
connecting to: mongodb://127.0.0.1:27017/
MongoDB server version: 4.0.0-rc1
> use children
switched to db children
> db.children.insert({name: "aaa"})
WriteCommandError({
        "ok" : 0,
        "errmsg" : "not authorized on children to execute command { insert: \"ch
ildren\", ordered: true, $db: \"children\" }",
        "code" : 13,
        "codeName" : "Unauthorized"
})
> use test
switched to db test
> db.test.insert({name: "aaa"})
WriteResult({ "nInserted" : 1 })
> _
```

图 8-43　普通用户操作数据库

通过对 Fettler 项目数据库的运维，对 MongoDB 数据库的常见运维方式有一定的了解，并对 MongoDB 数据库的导入导出、备份还原、压缩修复有所了解并掌握。能够根据所学的数据备份、数据导出等知识对数据库进行运维。

export	导出	repair	修复
import	导入	snapshot	快照
compression	压缩	fsync	被同步
recovery	恢复	dirty page	脏页
backup	备份	authentication	证明
restore	还原	configuration	配置

1. 选择题

（1）单机启动副本集时通常会占用（　　）个端口。

A. 1　　B. 2　　C. 3　　D. 4

（2）以下选项中不属于数据库备份方法的是（　　）。

A. 使用文件系统快照　　B. 使用副本集

C. 复制数据集　　D. 使用 mongodump 工具

（3）在 mongodump 方法中参数“-h”的作用是（　　）。

A. 查看命令帮助　　B. 指定用户名

C. 指定数据输出目录　　D. 指定主机名与端口号

（4）对压缩数据库进行修复，需要使用（　　）命令。

A. mongorestore　　B. mongodump　　C. mongorstore　　D. mongodumpre

（5）创建副本集之前首先需要进行什么操作？（　　）。

A. 启动一个不包含服务器的 shell　　B. 关闭现有数据库连接

C. 将现有数据库进行上锁　　D. 备份现有数据库

2. 简答题

（1）数据库恢复与备份的方法有几种？分别是哪些？

（2）简述分片集群的作用。